U0321878

基于场景理论的我国城市
择居行为及房价空间差异问题研究

The Research on Urban Residential Choice and Housing Price's Spatial
Difference in China: Based on the Theory of Scenes

吴 迪 著

经济管理出版社
ECONOMY & MANAGEMENT PUBLISHING HOUSE

图书在版编目（CIP）数据

基于场景理论的我国城市择居行为及房价空间差异问题研究/吴迪著. —北京：经济管理出
版社，2013.6

ISBN 978-7-5096-2514-9

Ⅰ.①基…　Ⅱ.①吴…　Ⅲ.①城市环境—居住环境—研究—中国 ②城市—房价—研究—
中国　Ⅳ.①X21 ②F299.233.5

中国版本图书馆 CIP 数据核字（2013）第 137212 号

组稿编辑：宋　娜
责任编辑：许　兵
责任印制：黄　铄
责任校对：李玉敏

出版发行：经济管理出版社
　　　　　（北京市海淀区北蜂窝 8 号中雅大厦 A 座 11 层　100038）
网　　址：www. E-mp. com. cn
电　　话：(010) 51915602
印　　刷：北京银祥印刷厂
经　　销：新华书店
开　　本：720mm×1000mm/16
印　　张：20.75
字　　数：340 千字
版　　次：2013 年 7 月第 1 版　　2013 年 7 月第 1 次印刷
书　　号：ISBN 978-7-5096-2514-9
定　　价：88.00 元

编委会及编辑部成员名单

（一）编委会

主　任：李　扬　王晓初

副主任：晋保平　张冠梓　孙建立　夏文峰

秘书长：朝　克　吴剑英　邱春雷　胡　滨（执行）

成　员（按姓氏笔画排序）：

卜宪群　王　巍　王利明　王灵桂　王国刚　王建朗　厉　声
朱光磊　刘　伟　杨　光　杨　忠　李　平　李　林　李　周
李　薇　李汉林　李向阳　李培林　吴玉章　吴振武　吴恩远
张世贤　张宇燕　张伯里　张昌东　张顺洪　陆建德　陈众议
陈泽宪　陈春声　卓新平　罗卫东　金　碚　周　弘　周五一
郑秉文　房　宁　赵天晓　赵剑英　高培勇　黄　平　曹卫东
朝戈金　程恩富　谢地坤　谢红星　谢寿光　谢维和　蔡　昉
蔡文兰　裴长洪　潘家华

（二）编辑部

主　任：张国春　刘连军　薛增朝　李晓琳

副主任：宋　娜　卢小生　高传杰

成　员（按姓氏笔画排序）：

王　宇　吕志成　刘丹华　孙大伟　陈　颖　金　烨　曹　靖
薛万里

　　本书获得了博士后基金面上项目"基于场景理论的我国城市居住空间特征及形成机制研究"（2011M500412）、博士后基金特别资助项目"我国房价的形成机制及其预测模型研究"（2012T50151）、国家自然科学基金青年基金项目"我国大城市房价的空间属性及其对房价形成与演化的影响研究"（71203217）和国家自然科学基金面上项目"我国房地产市场的区域差异及调控政策的差别化研究"（71173213）的支持

序 一

　　博士后制度是 19 世纪下半叶首先在若干发达国家逐渐形成的一种培养高级优秀专业人才的制度，至今已有一百多年历史。

　　20 世纪 80 年代初，由著名物理学家李政道先生积极倡导，在邓小平同志大力支持下，中国开始酝酿实施博士后制度。1985 年，首批博士后研究人员进站。

　　中国的博士后制度最初仅覆盖了自然科学诸领域。经过若干年实践，为了适应国家加快改革开放和建设社会主义市场经济制度的需要，全国博士后管理委员会决定，将设站领域拓展至社会科学。1992 年，首批社会科学博士后人员进站，至今已整整 20 年。

　　20 世纪 90 年代初期，正是中国经济社会发展和改革开放突飞猛进之时。理论突破和实践跨越的双重需求，使中国的社会科学工作者们获得了前所未有的发展空间。毋庸讳言，与发达国家相比，中国的社会科学在理论体系、研究方法乃至研究手段上均存在较大的差距。正是这种差距，激励中国的社会科学界正视国外，大量引进，兼收并蓄，同时，不忘植根本土，深究国情，开拓创新，从而开创了中国社会科学发展历史上最为繁荣的时期。在短短 20 余年内，随着学术交流渠道的拓宽、交流方式的创新和交流频率的提高，中国的社会科学不仅基本完成了理论上从传统体制向社会主义市场经济体制的转换，而且在中国丰富实践的基础上展开了自己的伟大创造。中国的社会科学和社会科学工作者们在改革开放和现代化建设事业中发挥了不可替代的重要作用。在这个波澜壮阔的历史进程中，中国社会科学博士后制度功不可没。

值此中国实施社会科学博士后制度20周年之际，为了充分展示中国社会科学博士后的研究成果，推动中国社会科学博士后制度进一步发展，全国博士后管理委员会和中国社会科学院经反复磋商，并征求了多家设站单位的意见，决定推出《中国社会科学博士后文库》(以下简称《文库》)。作为一个集中、系统、全面展示社会科学领域博士后优秀成果的学术平台，《文库》将成为展示中国社会科学博士后学术风采、扩大博士后群体的学术影响力和社会影响力的园地，成为调动广大博士后科研人员的积极性和创造力的加速器，成为培养中国社会科学领域各学科领军人才的孵化器。

创新、影响和规范，是《文库》的基本追求。

我们提倡创新，首先就是要求，入选的著作应能提供经过严密论证的新结论，或者提供有助于对所述论题进一步深入研究的新材料、新方法和新思路。与当前社会上一些机构对学术成果的要求不同，我们不提倡在一部著作中提出多少观点，一般地，我们甚至也不追求观点之"新"。我们需要的是有翔实的资料支撑，经过科学论证，而且能够被证实或证伪的论点。对于那些缺少严格的前提设定，没有充分的资料支撑，缺乏合乎逻辑的推理过程，仅仅凭借少数来路模糊的资料和数据，便一下子导出几个很"强"的结论的论著，我们概不收录。因为，在我们看来，提出一种观点和论证一种观点相比较，后者可能更为重要：观点未经论证，至多只是天才的猜测；经过论证的观点，才能成为科学。

我们提倡创新，还表现在研究方法之新上。这里所说的方法，显然不是指那种在时下的课题论证书中常见的老调重弹，诸如"历史与逻辑并重"、"演绎与归纳统一"之类；也不是我们在很多论文中见到的那种敷衍塞责的表述，诸如"理论研究与实证分析的统一"等等。我们所说的方法，就理论研究而论，指的是在某一研究领域中确定或建立基本事实以及这些事实之间关系的假设、模型、推论及其检验；就应用研究而言，则指的是根据某一理论假设，为了完成一个既定目标，所使用的具体模型、技术、工具或程序。众所周知，在方法上求新如同在理论上创新一样，殊非易事。因此，我们亦不强求提出全新的理论方法，我们的最低要求，是要按照现代社会科学的研究规范来展开研究并构造论著。

我们支持那些有影响力的著述入选。这里说的影响力，既包括学术影响力，也包括社会影响力和国际影响力。就学术影响力而言，入选的成果应达到公认的学科高水平，要在本学科领域得到学术界的普遍认可，还要经得起历史和时间的检验，若干年后仍然能够为学者引用或参考。就社会影响力而言，入选的成果应能向正在进行着的社会经济进程转化。哲学社会科学与自然科学一样，也有一个转化问题。其研究成果要向现实生产力转化，要向现实政策转化，要向和谐社会建设转化，要向文化产业转化，要向人才培养转化。就国际影响力而言，中国哲学社会科学要想发挥巨大影响，就要瞄准国际一流水平，站在学术高峰，为世界文明的发展作出贡献。

我们尊奉严谨治学、实事求是的学风。我们强调恪守学术规范，尊重知识产权，坚决抵制各种学术不端之风，自觉维护哲学社会科学工作者的良好形象。当此学术界世风日下之时，我们希望本《文库》能通过自己良好的学术形象，为整肃不良学风贡献力量。

中国社会科学院副院长

中国社会科学院博士后管理委员会主任

2012 年 9 月

序 二

在 21 世纪的全球化时代，人才已成为国家的核心竞争力之一。从人才培养和学科发展的历史来看，哲学社会科学的发展水平体现着一个国家或民族的思维能力、精神状况和文明素质。

培养优秀的哲学社会科学人才，是我国可持续发展战略的重要内容之一。哲学社会科学的人才队伍、科研能力和研究成果作为国家的"软实力"，在综合国力体系中占据越来越重要的地位。在全面建设小康社会、加快推进社会主义现代化、实现中华民族伟大复兴的历史进程中，哲学社会科学具有不可替代的重大作用。胡锦涛同志强调，一定要从党和国家事业发展全局的战略高度，把繁荣发展哲学社会科学作为一项重大而紧迫的战略任务切实抓紧抓好，推动我国哲学社会科学新的更大的发展，为中国特色社会主义事业提供强有力的思想保证、精神动力和智力支持。因此，国家与社会要实现可持续健康发展，必须切实重视哲学社会科学，"努力建设具有中国特色、中国风格、中国气派的哲学社会科学"，充分展示当代中国哲学社会科学的本土情怀与世界眼光，力争在当代世界思想与学术的舞台上赢得应有的尊严与地位。

在培养和造就哲学社会科学人才的战略与实践上，博士后制度发挥了重要作用。我国的博士后制度是在世界著名物理学家、诺贝尔奖获得者李政道先生的建议下，由邓小平同志亲自决策，经国务院批准于1985年开始实施的。这也是我国有计划、有目的地培养高层次青年人才的一项重要制度。二十多年来，在党中央、国务院的领导下，经过各方共同努力，我国已建立了科学、完备的博士后制度体系，同时，形成了培养和使用相结合，产学研相结合，政府调控和社会参与相结合，服务物质文明与精神文明建设的鲜明特色。通过实施博士后制度，我国培养了一支优秀的高素质哲学社会科学人才队伍。他们在科研机构或高等院校依托自身优势和兴趣，自主从事开拓性、创新性研究工作，从而具有宽广的学术视野、突出的研究能力和强烈的探索精神。其中，一些出站博士后已成为哲学社会科学领域的科研骨干和学术带头人，在"长江学者"、"新世纪百千万人才工程"等国家重大科研人才梯队中占据越来越大的比重。可以说，博士后制度已成为国家培养哲学社会科学拔尖人才的重要途径，而且为哲学社会科学的发展造就了一支新的生力军。

哲学社会科学领域部分博士后的优秀研究成果不仅具有重要的学术价值，而且具有解决当前社会问题的现实意义，但往往因为一些客观因素，这些成果不能尽快问世，不能发挥其应有的现实作用，着实令人痛惜。

可喜的是，今天我们在支持哲学社会科学领域博士后研究成果出版方面迈出了坚实的一步。全国博士后管理委员会与中国社会科学院共同设立了《中国社会科学博士后文库》，每年在全国范围内择优出版哲学社会科学博士后的科研成果，并为其提供出版资助。这一举措不仅在建立以质量为导向的人才培养机制上具有积极的示范作用，而且有益于提升博士后青年科研人才的学术地位，扩大其学术影响力和社会影响力，更有益于人才强国战略的实施。

今天，借《中国社会科学博士后文库》出版之际，我衷心地希望更多的人、更多的部门与机构能够了解和关心哲学社会科学领域博士后及其研究成果，积极支持博士后工作。可以预见，我国的博士后事业也将取得新的更大的发展。让我们携起手来，共同努力，推动实现社会主义现代化事业的可持续发展与中华民族的伟大复兴。

人力资源和社会保障部副部长

全国博士后管理委员会主任

2012 年 9 月

摘　要

　　城市居住问题是近十年来我国社会各界关注的焦点。在房价高企的背景下，"房奴"、"蜗居"、"蚁族"等"非经济理性"择居行为层出不穷；在宏观调控及严厉问责的形势下，一些城市房价变化凸显"空间两极分化"。这些现象无一不严重妨害了我国城市居住秩序的稳定运行，其既不利于百姓生活，也不利于政府管理，同时也困扰了许多学者。在这些现象背后，一些超越传统理论研究范畴的、来源于"文化、价值观认同感"的影响作用"若隐若现"，但由于现有研究理论、方法的局限性，因而尚未被系统性研究且有待证明。

　　与此同时，在当今发达国家的城市社会进入后工业化发展阶段的背景下，新芝加哥城市学派率先提出了以"场景"为载体，以文化、价值观为主体的区域认同感正在逐渐改变城市生活及发展的新论断。由此，笔者将场景理论引入了对我国城市居住秩序的相关研究中。本书认为，在城市中"区域场景"由"城市便利设施"组合而成。城市区域场景不仅蕴含了功能，并通过不同的构成及分布，组合形成抽象的符号感知信息，将包括文化、价值观在内的各类认同感传递给了不同人群，从而引导了其行为模式的选择，进而极大地改变了现代城市的居住秩序。

　　笔者自2010年从美国芝加哥大学深造归国后，一直致力于将该理论引入到我国城市居住问题及房地产经济、管理相关的研究当中。本书作为笔者主持的国家自然科学基金青年基金项目（我国大城市房价的空间属性及其对房价形成与演化的影响研究（71203217））、博士后基金面上项目（基于场景理论的我国城市居住空间特征及形成机制研究（2011M500412））、博士后基金特别资助项目（我国房价的形成机制及其预测模型研究（2012T50151））的阶段性研究成果，在系统性地梳理和凝练了已有研究成果的基础上，揭示了我国城市居住秩序的三个规律：

规律一：我国的城市择居行为受居住者对城市场景特征的认同感影响。也就是说，居住者对是否能在所处城市空间中获得更多的发展机会和更便捷地享用公共产品的价值判断影响其居住选择。本书利用来自我国35个大中城市的374个城区的12组分年龄人口数据及85类城市便利设施数据，利用相关分析、主成分分析、逐步回归分析、交叉检验等多种计量方法对理论模型进行了检验并进一步得出三个结论：第一，城市场景特征对我国城市居民的择居行为具有显著影响；第二，城市传统性场景特征引导了当代我国年青一代城市居民的择居行为；第三，我国年青一代城市居民与其父辈在择居行为中具有不同的场景特征诉求。规律一较好地解释了"房奴"、"蜗居"、"蚁族"的"非经济理性"择居行为。

规律二：我国城市房价在当今城市经济社会发展及人本理念的背景下，反映了房地产市场各主体对住宅所处空间场景价值量的认可。也就是说，房价在现代城市社会中不再仅仅是关于建安成本的计量，也不再完全匹配购房者的收入。本书以北京市为例，利用北京市六环内的220个热点区域的房价数据及85类城市便利设施数据对理论模型进行了检验。其中，由于城市房价存在较强的空间关联性，为了克服原有场景理论在空间评价中的缺陷，本书结合地理信息系统技术（GIS）对原有理论进行了创新，原创了ST@GIS方法，并以此通过空间自回归、地理加权回归、克里金插值等空间计量方法进一步得出三个结论：第一，北京市的场景特征分布存在空间极化现象；第二，北京市二手房价格的分布受到了城市区域场景特征的显著影响；第二，在当前城市区域场景特征的影响下，未来北京市二手房价格分布的"彗星状"特征将日趋显著，并出现向城市西北方向"集中、加长的趋势"。规律二较好地解释了当前我国一些城市在房价宏观调控下出现的城市区域房价变化的"空间两极分化"。

规律三：区域场景关系结构对我国城市区域房价的高低具

有重要影响。也就是说，不同的区域场景特征存在不同的核心场景及关系结构，其网络结构特征对区域房价的形成具有重要的影响。本书选取了来自北京市的190个代表性区域的房价数据及144种城市便利设施数据，利用凝聚子群分析、聚类分析、相关分析对理论模型进行了检验并进一步得出三个结论：第一，场景关系结构是城市区域形态及发展阶段的重要表征；第二，场景关系结构的形态与市场主体的房价空间预期具有密切联系；第三，区域场景关系结构对我国城市区域房价的形成具有重要影响。规律三为城市规划及管理者利用场景理论调控我国城市房价提供了理论基础。

基于上述对城市居住秩序规律的揭示，本书提出了"场景管理"这一新颖的城市规划及城市社会管理理念。笔者针对当前我国城市规划及城市社会管理中存在的难题，提出了在未来我国城市社会集约化、科学化、人本化发展的特点下，城市社会管理应施行更符合居民意愿的、柔性的"场景管理"；在城市房价调控方面应该更科学地、全面地考虑城市空间场景价值量、城市区域场景核心结构及城市便利设施结构、分布差异等因素对房价空间差异的影响。

最后，本书对自身的创新性与局限性进行了剖析，对场景理论的发展及我国城市居住、房地产相关研究进行了展望。

关键词：场景理论　择居行为　房价空间差异　ST@GIS方法　场景管理

Abstract

Urban living problems have been the focus of public concern in China for the past decade. Against the backdrop of spiking housing prices, there have emerged numerous types of irrational residential selection behaviors such as "House Slave", "Snail Dwelling" and "Ant Tribe". In addition, macroeconomic austerity and strict regulation on housing prices have also given rise to a different set of problems known as "space polarization" in urban areas. Both types of problems have perverse implications for the stability of the urban living order not only under cutting the life quality of ordinary people but also adding difficulties to the administration of urban life. These problems have puzzled many scholars in the fields of economics, sociology and management. Behind these phenomena are some influential factors that are grounded in cultural values and identities but are generally outside the purviews of traditional theories. Systematic analysis of these phenomena from a cultural and value perspective are still lacking in empirical research.

Meanwhile, as urban societies in the West has now moved into a post-industrial stage of development, the New Chicago School has taken the lead in proposing that the regional identities which are based on scenes and embodies local culture and values are gradually changing the urban living order. Thus, I had tried to put the Theory of Scenes into the research of urban residential in China. In this book, I claimed that regional scenes in the city are constituted by urban amenities. Regional scenes contains not only functions but also abstract symbolic informations that delivers various senses of identities to different groups of people through the interior structures and shape the choices of behavioral patterns and in return change the living orders of modern cities.

Since I return from the University of Chicago in 2010, I have been aiming at applying the "Theory of Scenes" to improve the study of urban management and planning in China. As periodic research results of National Natural Science Fund Youth Fund Projects: Research on the Spatial Property of Housing Price and Its Impact to the Evolution Mechanism of Housing Price in China's Metropolis (71203217); Postdoctoral Fund Surface Project: The Characteristics and Cause Research of Urban Residential Space in China: Based on Theory of Scenes (2011M500412); Postdoctoral Special Funded Project: Research on the Evolution Mechanism and Prediction Model of Housing Price in China (2012T50151), this book reveals three principles of city living orders in China based on systematic review of the existing evidence:

First, living behavior is affected by the acceptance of the city's scene features. This means that more development opportunities and convenient amenities influence residential choice. In this book, I conducted empirical analyses based on 12 groups' population data and 85 kinds of amenities data, both collected from a sample of 374 districts in 35 big cities in China. By doing Pearson Correlation Analysis, Exploratory Factor Analysis, Stepwise Regression and Cross-Validation Analysis, the author tested the model and draws three conclusions: 1) Urban Scenes Features have significant influence on Chinese urban residential choices. 2) Traditional Urban Scenes Features have significant influence on Chinese young inhabitant's urban residential choice. 3) Chinese youth and their parents have entirely different demands on Urban Scenes Features in choosing residential locations. The first principle has great explanatory power in making sense of the economically irrational residential choices evident in "House Slave", "Snail Dwelling", and "Ant Tribe".

Second, housing prices reflects the recognition of the value of spatial scenes of each agent in real estate market against the background of economic development and humanistic philosophy. Housing price is not merely the cost of construction and installation, nor does it match buyers' income exactly. By using Beijing as an example, I collected the housing prices data and 85 kinds of amenities data from 220 hot point areas of Beijing to conduct the Spatial Analysis. In consideration to the strong spatial correlation among housing prices and in order to make up the drawbacks of the original scene theory in spatial evaluation, I combined GIS to make an innovation and created the ST@GIS method. Through Spatial Autocorrelation, Geographically Weighted Regression and Kriging Mapping, I made further study and got three results: ① The distribution of scene features in Beijing appears to be polarized. ②The distribution of second-hand house price is significantly influenced by the regional scene features. ③ It seems that in the future, the distribution of second-hand house price will be regarded as coma and spread to the northwest. The second principle well explains the "spatial polarization" caused by changes in urban housing prices under the tight macroeconomic controls.

Third, nuclear structures of the regional scenes are a great importance to the variation of housing prices, which says that different regional scene features have different nuclear structures and there are various correlations between structure and house price. In this book, I used the housing price data from 190 typical areas and 144 kinds of amenities data of Beijing. By doing Condensed Subgroup Analysis, Cluster Analysis and Correlation Analysis, I have once again proved the validity of the model and got three additional results: ①Nuclear structure of the regional scene is the significant performance of the development stage of urban area. ②The character of nuclear structure of the regional scene is closely related to spatial housing perspective. ③The regional housing price has been a significant influence by a nuclear structure of the regional scene. The third principle provides theoretical basis for us to use the Theory of Scenes to regulate our housing price.

In conclusion, I argue that, since the future of the society is towards intensification, scientification and humanization, gentle "Scene Management" should be applied to conform to the public opinion. More scientific and comprehensive considerations of scene value, core structures, amenities and distribution diversities should be taken to regulate the housing price. At the same time, operational scene management processing system should be built up.

In the final analysis, I summarized the innovative ideas in the research, pointed out the limitations and suggested possible directions of future research in applying the Theory of Scenes in urban residential space.

Key Words: Theory of Scenes; Residential Location Choice; Spatial Housing Price; ST@GIS; Scenes Management

目　录

Contents

Contents

第一章　绪论

　　源自芝加哥城市社会学派的场景理论最先发现并研究了文化和价值观对现代城市生活及城市发展的影响力正在逐渐增强这一趋势。以该理论创始人之一、芝加哥大学社会学系教授特里·克拉克（Terry N. Clark）为代表的一群国际城市研究者正在世界范围内围绕场景理论展开各类相关研究。2009 年，笔者作为中国科学院研究生院（现为中国科学院大学）管理学院的博士研究生，受国家留学生基金委资助公派美国芝加哥大学社会学系进行合作培养。留美期间，笔者直接师从于克拉克教授展开了对场景理论的研究，并提出了借鉴场景理论研究我国城市居住问题的研究构想。归国至今，笔者一直致力于将该理论运用到我国城市居住及与房地产经济、管理相关的研究当中。2011 年起，在笔者获得的博士后基金面上项目〔基于场景理论的我国城市居住空间特征及形成机制研究（2011M500412）〕、博士后基金特别资助项目〔我国房价的形成机制及其预测模型研究（2012T50151）〕以及国家自然科学基金青年基金项目〔我国大城市房价的空间属性及其对房价形成与演化的影响研究（71203217）〕等科研基金的资助下，笔者将场景理论引入了对我国城市择居行为及房价空间差异问题的研究当中。研究至今笔者已取得许多重要的阶段性研究成果，本书将对这些阶段性成果进行梳理、总结并呈现给广大读者。

　　在对我国城市择居行为及房价空间差异问题展开大量调研分析的基础上，笔者认为，在当今我国快速的城市化背景下，伴随着城市住房供给方式的市场化进程，文化和价值观对城市居住空间之影响日渐浓郁。文化和价值观对于国人的居住方位、居住地段及居住形式的选择，甚至居所功能定位等一系列的关于城市居住的问题均产生了巨大的影响，包括一些特殊居住空间现象，如小至"房奴"、"蜗居"、"蚁族"等群体的聚集，大到"鬼城"、"睡城"等城市空间板块的涌现，等等，这些都与城市居住的文

化和价值观相关联，都客观地反映出了该趋势在我国城市当今居住问题上的日益增强。

一方面，"房奴"群体为了在城市较好地段拥有一套住房不惜以巨额的贷款和月供为代价，承受着超越自身经济能力的购房负担，生活质量大为下降，却以在城市较好地段拥有住房为荣。"蜗居"群体大多由于结婚需要必须在城市，甚至城市较好地段或中心区位购房，然而在城市房价飞涨的情况下，他们的愿望与实际渐行渐远，因此心中有极度的焦虑并感到不幸福。"蚁族"是对当今聚居在中国城市的特殊大学毕业生低收入聚居群体的称谓，其主要聚居于城乡接合部的"聚居村"，忍受着"生存以上，生活之下"的居住条件却不愿意离开现居城市。另一方面，"睡城"虽然为居民提供了生活必需的住宅却没能提供相应的生活质量而不能让居民"安居乐业"。"鬼城"则更是在城市房价飞涨的今天，坐拥大量住宅而无人问津。以上现象严重地阻碍了城市的均衡发展以及资源的有效分配，成为我国快速城市化背景下必须攻克的"城市病"。

从这些"城市病"的共性来看，其形成的根源并非单一的经济性因素，而是交织着包括观念、理想、风俗等在内的文化、价值观因素。在这些现象中，"文化力"对居住空间形态的影响已经在一定程度上超越了经济约束。这也正符合了芝加哥大学城市社会学派的最新研究设想"场景理论"对"文化的影响力正在上升"的预判。

同时，受上述独特的城市择居行为的影响，我国城市居住空间的形成、发展及演化变得尤为复杂多样。无论是从理论上进行研讨，还是从现实中加以辨析；无论从政府到开发商还是到每个公民，只要介入该问题就会自然而然地涌现出一个全社会都"耳熟能详"的词语——"房价"。社会各界对"房价的走势、房价的区域差异、房价收入比、房屋空置率、房价调控"等等问题的关注，再一次反映了在厚重的中国传统文化体系中，家文化、居住文化的重要。因此，房价已经成为了当代中国人实现家文化及居住文化理念的一个现实门槛，同时也成为了市场博弈各方都一致认可的"标识"，城市空间中每个居住板块的价格都因各种各样的原因和条件，而不断地"被"反复争夺和重新标的。

因此，围绕光怪陆离的城市居住行为和复杂难测的城市区域房价，本研究提出运用场景理论，从"城市场景"这个新视角出发，挖掘城市居住空间形态形成的关键因素及客观规律，探索我国城市择居行为及房价空间差异问题形成的科学原因，进而以此指导我国正在进行的房价调控和快速的城市化，尤其是新城市化进程，并以此为公众理性地看待房价、和谐居住提供决策依据；为开发商科学投资、合理定价提供方法策略；为政府的房价调控、城市规划及社会规划提供科学、有效的智力支持。

第一节　我国城市居住中的"怪现象"：择居行为中的"非经济理性"

20世纪末，随着改革开放和住房体制改革的深入，我国城市居民的思想、文化及意识得到了进一步的解放。传统家庭文化对市民居住区位选择的作用逐渐恢复并加剧。如今，我国城市居民的居住选择出现了许多不同于新中国成立后30年的现象，最具有代表性的有：

一、"痛并快乐着"之"房奴"

"房奴"是对一部分用商业住房抵押贷款购房的城镇居民的特指。"房奴"的特征表现为，在生命黄金时期的20~30年中，每年用可支配收入的40%~50%甚至更高的比例偿还贷款本息，从而造成居民家庭生活的长期压力，影响正常消费。"房奴"一词最早于2006年由《中国青年报》一篇题为《购房成不能承受之重　31.8%房贷一族成"房奴"》的文章首次提出。2007年，"房奴"一词被中国教育部收入到汉语辞典中，成为官方承认的社会现象。所谓"房奴"，就是房子的奴隶，其工作赚的钱不是为养家，而是为了养房子。这些人在享有"有房一族"的心理安慰的同时，生活质量却大为下降，不敢轻易换工作，不敢娱乐，害怕银行涨息，担心生病、失业，更没时间好好享受生活。更可悲的是，对很多"房奴"来说，购房已不是个人行为，甚至是一个家庭、一个家族在供房。有媒体用"六一模式"一词概括"房奴"全家供房的情景：六个人——青年夫妻、男方父母、女方父母用多年的积蓄共同出资，在城市里买一套房。

同样是"房奴"，在我国房地产市场大发展的背景下，境遇也各不相同。《北京青年报》2012年11月18日刊登的署名文章《三代房奴在路上》

一文中指出：2003 年前后，我国迎来第一次贷款购房高潮，因此，所谓的"首代房奴"应该被称为"第一代贷款购房人"，他们大多数以"70后"为主。时至今日，他们中的绝大多数早已经提前还完贷款，也享受到了资产爆炸式增长带来的财富，因此又被称为"最幸福的房奴"。该文章进一步指出，真正的"房奴"则多数集中在"80后"。该群体因为在进入社会、谈婚论嫁而需要购房时，房价已经日益高企，其中大量的人需要用几乎全部月收入的 70% 来偿还贷款，所以该群体（"80后"）是"典型的房奴"。最后，该文章也预言，在未来，"90后"将是"最为潇洒的房奴"。

由上述的报道和各界对"房奴"的描述可见，一方面，在对城市居住的需求方面，受到固有习惯、文化的影响，这些人是真正的"刚需"群体；另一方面，不同年龄段人群的不同境遇也从侧面反映了我国房地产市场过去 10 年间飞速发展的现状；尤其是房价"击鼓传花"般的"接力赛"，非常形象地表征了我国房地产经济的惊险与刺激。如果"击鼓传花"还在继续，那么"80后"也许会在 10 年后将"典型房奴"的称号传递给"90后"群体，然而市场、经济、社会的变化却使得学者们并不敢乐观。2013 年 2 月末，国家统计局发布的 2012 年统计公报指出，2012 年末，我国大陆 15~59 岁劳动年龄人口为 93727 万人，比 2012 年末下降 0.60 个百分点。这是在相当长时期以来，我国劳动年龄人口绝对数量的第一次下降，而这也意味着我国人口红利拐点的出现。由此，人们不禁要猜测，当"90后"群体继承了来自父辈的一到两套住宅，是否还会有人去接"80后"的接力棒？当"90后"拥有了多套住房而担心由此而来的以房地产税等为代表的高额保有成本的时候，他们是否还能"潇洒"？

经典的马斯洛需求层次理论（Maslow's Hierarchy of Needs）指出：人的最高需求是自我实现。因此，"房奴"究竟是因为高额的还款压力而痛苦，还是因为在大城市实现了居住夙愿而欣喜？他们是痛苦的还是快乐的？个中滋味也许只能由每个"房奴"自己来诠释；这不单单关乎经济诉求，而且还关乎更多基于文化、价值观取向的自我实现的愿望。

二、"幸福与房子有关吗"之"蜗居"

"蜗居"一词源于 2009 年在我国播出并引起广泛而强烈的社会共鸣的

热门同名连续剧。"蜗居"的字面意义是指住在类似蜗牛壳一样狭小的住房内，而实际意义则是映射我国当代的年轻"房奴"，由于经济能力限制只能在城市中购买面积较小的住宅，并因此承受巨大的经济、社会及心理压力的现象。"蜗居"现象可以看做"房奴"的一个子类。这个子类特指年轻人，尤其是处于"适婚"年龄的年轻人。这些青年由于结婚需要，因而必须在城市购房，然而在城市房价飞涨的情况下，他们的愿望与实际渐行渐远，因此在情感上表现为焦虑和不幸福。为此，我国许多网站就"蜗居"问题展开了"房子和幸福的关系"调查。《北京青年报》2009 年对这些调查进行了统计综述，其中主要的调查结果显示："八成人认为幸福与房子有关"（腾讯网）；74.3% 的人认为"没房子生活就谈不上幸福"，"房子是影响幸福感的重要因素"（北青网）；不到 6% 的人认为"感情绝不会受房子影响"（搜狐网）。

"蜗居"问题，不论是因为同名电视连续剧的火爆热映，还是因为其关乎当今我国社会的另一个最大热点"结婚"，其作为一种居住现象和择居行为，正以不同的版本在我国各地不断地"上演"，甚至已经成为了开发商的商业卖点。也许是因为"北上广"（北京、上海、广州）三个一线城市的居住问题尤为突出，所以对城市狭小居住空间的报道大量地来源于《北京青年报》。同样是来源于《北京青年报》的一则报道——《天津蜗居现实版：一层住 65 户，进门便上床》一文描述了这样一个局促的场景：位于天津海河边的"水岸银座"楼盘，开发商主打适合于年轻人的密集小户型，有些户型出现在房产证上的面积甚至只有 3~6 平方米，还有约一半的户型只能见到天井的阳光。两个人在房间内转身都很吃力，1.5 平方米左右的卫生间，最多只能容下一个人。在房间之内，几乎所有的家具都是"可变形"的，一张折叠床打开即是睡觉的地方，收起便是会客沙发，同样地，本是电视机下的电视柜，拉开便是餐桌。

"在这样的房子里居住幸福吗？"这个问题也许与"幸福与房子有关吗"同样地令人琢磨不透、难以回答。许多人套用一句经典的歌词"有你的地方就是天堂"，浪漫地调侃当今在大城市中"蜗居"着而"幸福"着的人们。而"丰满的理想"与"骨感的现实"的差距，其个中滋味同样也不单单关乎金钱，而饱含更多对"所谓财富"的认识。

三、"生存之上，生活之下"之"蚁族"

所谓蚁族，是对当今聚居在中国城市的一群特殊年轻人——"大学毕业生低收入聚居群体"的称谓。"蚁族"一词由学者廉思在《蚁族——大学毕业生聚居村实录》（廉思，2009）一书中最早提出。在该书中，他将"蚁族"群体的特点归结为：受过高等教育，主要从事保险推销、电子器材销售、广告营销、餐饮服务等临时性工作，有的甚至处于失业半失业状态；平均月收入低于2000元，绝大多数没有上"三险"；平均年龄集中在22~29岁，90%出生于1980年以后；主要聚居于城乡接合部并已形成了独特的"聚居村"的人群。此外，"蚁族"群体成员大多对城市生活及未来充满希望和期待，其普遍认为"自己在未来五年内在现居城市能够有车有房"。秉承着这种信念，"蚁族"们忍受着较低的生活水平却不愿意离开现居城市。廉思将"蚁族"的这种生活状况描述为"生存以上，生活之下"。

该群体作为受过现代高等教育的青年一代，从居住行为的角度看，不惜牺牲居住文化中的个人身心的舒适宽裕、不惜居住场所及环境对自己身份和社会地位所具有的损伤因素，情愿如同"蝼蚁"般的集体状"扎堆"居住，这似乎难以理解。从表面上看，"扎堆"居住行为是基于经济支撑能力及居住成本方面的原因；然而，从城市场景理论、城市择居行为的功能分析，可以认为该群体正是自觉地或不自觉地把居住作为自己未来发展的重要阶梯。"蚁族"中的绝大多数人都认为，相比于居住在该城市之外的任何地方而言，只要能够在这些城市（如北京、上海等大城市）生存下去（且不管当前的具体居住条件如何），自己就有发展的机会，自己就能拥有享受城市现代化发展成果的机会。

不仅如此，在年轻"蚁族"群体的背后，来自父辈的、世俗的、传统的影响讳莫如深。在《蚁族》一书的调查个案中，当一位"蚁族"对父亲说希望离开北京回老家工作时，却遭到了家人的反对与责备。她说："爸爸严厉责备我，希望我怎么着也得在北京坚持下去。他觉得我能来北京是光耀门楣的事情，在当地逢人就说。在他眼里，我在北京学习、工作就成了北京人"。对于这位"蚁族"的父亲而言，子女能在大城市，尤其是首都北京生活、工作代表了自身地位的上升，左邻右舍甚至十里八村的父老乡亲也会因此肯定他的成功和社会地位。

由此可见，一方面，"蚁族"群体的行为根源并非单一的经济性因素，而是交织着包括观念、理想、风俗等在内的文化、价值观因素。在这些现象中，"文化力"对居住空间形态的影响已经在一定程度上超越了经济约束。另一方面，"蚁族"群体的择居行为可以看做是住宅在城市现代化发展进程中所延展出来的新功能，反映了城市场景理论对公众居住行为的导引作用，值得城市学者们深思。

第二节　我国房价调控中的"新难题"：房价变化的"空间两极分化"

在厚重的我国传统文化体系中，"家文化"、"居住文化"是其中的重要组成部分之一。"居者有其屋"、"四世同堂、含饴弄孙"等文化理念强烈地支撑着许许多多的中国人对拥有属于自己的一套甚至多套住房的期盼。在当今社会，特别是在房价高企的背景下，显而易见而又毋庸置疑的是：房价是当代中国人实现"家文化"及"居住文化"等传统文化理念的一个现实门槛。正是由于这种特殊文化价值和意义的存在，赋予了房地产商品以更多的附加属性和期盼，由此也极大地改变了房价属性的构成，进而导致了我国房地产调控的复杂性和特殊性。因此，来源于"文化、价值观"的非经济因素在城市房价的研究中，尤其是在关于"房价空间两极分化"问题的研究中具有重要的意义和价值。

一、"难以说清的指数"之"房价空间差异"

近10年来，为应对快速上涨的房价，我国政府曾从信贷控制、银根收紧等多方面出台了一系列的房地产调控政策，如"国八条"、"国六条"和"国十条"等。在经历了以美国"两房"问题为爆发点的2008年金融危机之后，为应对2009年全国房价的过快上涨，政府进一步调整了调控思路。国务院于2010年2月首次提出了"合理房价"调控理念。同年5月北京率先实施"限购令"；9月直接抑制投机性需求的"二次调控"在各地展开。

时至今日，在我国一些主要城市，房价快速上涨势头从数据上看已经得到了"控制"。2011年北京市二手房价格同比下降近2%；上海、广州全年房价同比上涨仅为2%和2.6%，远低于2010年全年同比上涨的38.9%和38%。然而，这些数据是否说明了我国房价正在向"合理回归"呢？通过对当前我国部分大城市房价的数据进行分析可以得到这样惊人的结论：从分布于城市不同空间板块的房价数据走势看，当前我国一些主要城市的房价变化虽然在"总体数据"上呈现"平稳发展"态势，但在空间上却出现了房价变化的"两极分化"现象，如图1-1所示。

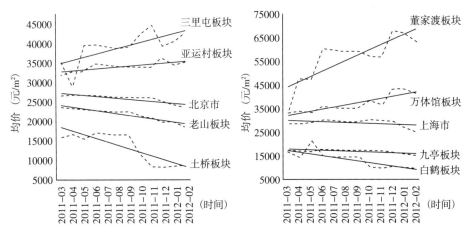

图1-1　北京、上海代表性房价空间板块2011年3月至2012年2月二手房价格变化趋势图

数据来源：搜狐焦点房地产网（www.focus.cn）。

图1-1中以二手房价格变化为例，由"喇叭状"趋势线呈现出的北京、上海不同空间板块房价的发展趋势，清晰地展现出了城市房价变化所存在的"空间两极分化"现象。该现象在广州、深圳等许多大城市也都不同程度地存在。如果任由这种现象进一步发展或加剧，就有可能引发诸如"贫民窟"等极具危害的各类城市病的产生，这是不利于城市和谐居住与可持续发展的。

为什么会存在房价变化的空间两极分化现象？除了已经认识到的"地

价"、"建安成本"、"相关税赋"、"开发商利润"等经济性指标是构成房价的基本元素之外，还有哪些要素决定着城市房价并影响着城市房价的形成和演化？房价在我国城市现代化建设的环境下、在人本精神的理念下具有哪些新的含义？一系列的疑问每时每刻地都在"敲打"着购房者的信心，每时每刻地都在啮噬着社会对城市居住的美好期盼，每时每刻地都在"较量"着政府调控房价的底线。

二、"难以估计的价值"之"房价空间属性"

空间属性是城市房价所具有的独特的、必须深入研究的重要属性。空间属性是房地产区别于一般商品的重要属性，在城市房价的形成中具有重要的作用，它直接影响着购房者、开发商及城市政府对目标地区房价的判断。从典故"孟母三迁"到时下的"买房就是买了一种生活方式"均可以看出居住地的空间属性在购房者心中的重要性。开发商则通常以楼盘周边便捷的交通、便宜的生活、优质的教育等空间属性作为溢价的砝码。因此，对房价空间属性的认识差异往往就是上述矛盾的焦点。2011 年 5 月发生的"北京市住建委紧急叫停位于西城区的'钓鱼台 7 号院'楼盘 30万元/平方米（建筑成本仅 4 万元/平方米）天价销售事件"突出反映了这一矛盾（谢静，2011）。由此可见，城市政府要实现对城市房价的科学调控，引导房价的合理回归，就必须对城市房价的空间属性具有充分的认识。笔者认为：

1. 房价在现代城市社会中不再仅仅是关于建安成本的计量

我国学术界围绕"购地价格变化是否是房价变化的主因"展开了诸多研究，研究结论均表明：房价变化不单纯由土地购置成本变化导致（龙开胜、李凤，2006；郑娟尔、吴次芳，2006；黄健柏等，2007），还有许多其他非建安成本因素对房价的变化具有影响（郭斌，2010）。在现代社会中，还涉及房地产所处区位及属性影响（许光建等，2010）。"钓鱼台 7 号院"案例也佐证了这一观点。

2. 房价在现代城市社会中不再完全匹配购房者的收入

"房价收入比"一度被认为是"合理房价"制定的重要依据（郑睿祺等，2002；金三林，2007；廖天飞，2008）。然而，许多新型居住现象的大量存在，如"房奴"、"蚁族"及"学区房"现象却是依据"收入水平"

难以解释的居住消费现象（廉思，2009；Di Wu 等，2011）。由此可见，随着市民居住理念、居住行为的变化，在当代城市中已经不能仅依据收入度量房价的合理水平。

3. 房价的空间属性与居住者能否获取更多发展机会和更便捷地享用城市公共产品相关

房价与通勤（Alonso，1964）、与工作地点（Simmons，1974）、与居住环境（A. W. Evans，1985）、与教育资源（Weibrod 等，1980；许晓晖，1997；熊海璐 等，2011）、与社区服务（Eppled，1984；Brueckner 等，1999）及与文化氛围（Glaeser 等，2001；Clark，2002；Di Wu 等，2011）关系的相关研究成果从不同角度支持着这一观点。

4. 城市房价空间属性在当今城市经济社会发展及人本理念的背景下，主要表现为房地产市场各主体对住宅所处空间价值量的认可

随着现代社会的发展，越来越多的学者意识到，房价的空间特征和意义正在发生改变。对房价空间的研究也已经历了从早期基于"工作便利"（Alonso，1964；R. F. Muth，1969），到基于"生活便利"（Eppled，1984；Brueckner 等，1999），再到基于"文化、价值观"的研究视角演进（Glaeser 等，2001；Clark 等，2003；Banzhaf，2012）。

三、"难以揣测的动机"之"房价空间预期"

基于空间属性的房价空间预期能更好地解释城市房价变化的空间差异。房地产所具有的投资保值品属性是预期影响房价的基础（Mankiw，Weil，1989；Case，Shiller，1989；Todd H. Kuethe，2012）。由于预期的存在，使得简单按照供求关系来解释房价过高的原因并寻找调控房价措施的方法难以取得良好的效果（任荣荣、郑思齐 等，2008；况伟大，2010）。然而，当前对于预期的研究主要集中于预期对房价的影响研究方面，较少关注预期的成因，尤其是空间背景下的预期差异问题。因此，很有必要从择居行为的视角做如下分析：

1. 空间预期是房价不同板块发生变化差异的重要推动力

房价的空间预期是购房者对获得社会资源、分享城市发展所提供的公共产品可能性的时空预判。以位于北京市海淀区的中国人民大学周边区域为例，该地区由于拥有大量优质的教育资源，如人大附中，因而无论在

2008 年"次贷危机"还是在当前的"二次调控"中，购房者对该区域可获得优质教育资源的空间预期一直较好，因此该区域的房价长期保持稳步上升趋势。在北京市的通州区，虽然该区域有地铁与 CBD 核心商务区相连，具有较好的交通属性，但教育、医疗、文化等市政设施发展滞后，被长期冠以"睡城"称号。购房者对该区域的空间预期较差，因此该区域的房价波动也较大。

2. 房价空间预期概念的引入能够较好地解释房价空间变化的两极分化现象

房价空间预期概念的引入能够较好地解释房价空间变化的两极分化现象，而现有的房价空间特征分析和预期理论都较难解释该现象：房价空间特征分析无法解释在短期内、在空间要素不变的情况下为什么房价会发生变化？不考虑空间特征差异的预期理论难以解释在相同的大众预期下，为什么城市不同房价板块会呈现差异化的发展趋势？在当前我国百姓对美好居住生活的热切渴望和政府对巩固民生的强烈期盼下，这些难题的解决显得尤为重要，也正因为如此，我国居住及房地产市场中的每一个特殊现象和问题，都值得广大的研究者认真地思考。

第三节 本书的研究目标、意义与思路

作为一部研究型的著作，本书的研究目标与笔者已经完成的及正在从事的对我国城市经济及社会发展、居住及房地产问题的相关研究，其目标是一致的。一方面，从科普性的角度来看，本书期望通过基于场景理论思想体系及方法论的推演和解构，为社会大众对当前我国城市居住问题中突显出的"房奴、蜗居、蚁族"现象及"房价的空间两极分化"问题提供经得起科学推敲的新解释。另一方面，从研究性的角度来看，本书更期待能够针对我国现有城市居住问题研究的不足，探索新的研究视角，提出新的研究思路，运用新的研究方法，发现新的经济规律并最终给出新的解决方案。

与此同时，作为阶段性的研究成果汇总，本书在研究意义和行文思路方面均具有承上启下的两方面特点。①一方面，在研究意义上，本书期待研究成果能够做到"为百姓生活解惑答疑、为企业决策出谋划策、为政府施政提供依据";另一方面,在科学研究意义上,本书更希望能够通过借鉴当前世界上最新、最前沿的研究成果,发现新规律、新机制,补充和完善当前国内相关研究中所存在的不足,产生并构建贯穿社会科学与自然科学、体现人本理念及可持续发展主线的研究城市发展的新理论。以此,综合实现笔者在研的国家自然科学基金、博士后科研基金、中国科学院院长基金所资助的研究项目阶段成果的梳理、总结及推广,实现本书在研究意义上的"承上"。②本书另一个更重要的意义和价值在于"启下"。不论是初生的场景理论,还是尚在发展中的我国城市发展及居住相关研究,均处于进一步探索的阶段。因此,本书从系统性的研究角度来看,虽然是国内第一部利用场景理论对我国城市居住问题展开研究的著作,但就整个相关理论及方法论理论体系而言,这仅仅是一个"开始"。

一、研究目标:发现问题与解决问题

"发现问题,解决问题"是科学研究永恒的主题。面对当前我国城市凸显的择居行为中的"非经济理性"和房价变化的"空间两极分化"这两大突出问题,本书的主要研究目标就是厘清现象背后的成因、探明问题形成的机制、揭示事物运行的规律和提出问题化解的办法。具体的研究目标包括以下三个方面的内容:

1. 厘清当前我国城市择居行为及房价空间差异的主要成因

对该问题展开研究的主要目的在于探明我国城市择居行为及房价空间差异的形成原因。尤其是在当今我国城市房地产快速发展的背景下,通过比较、分析,针对当前我国城市突显的择居行为中的"非经济理性"和房价变化的"空间两极分化"两大突出问题,利用场景理论的思想体系及研究方法,找到这些"怪现象"和"新难题"的主要影响因素,并从经济、社会、文化等多个角度给出深度的解析,力求对这些当前在我国城市中已经较为普遍的"特殊现象(或新变化)"给出较为科学的、全面的、经得起推敲的成因解释。

2. 揭示当前城市新发展背景下我国城市择居行为及房价空间差异形成背后的新规则

在厘清我国城市择居行为及房价空间差异两大现象背后的主要成因的

同时，本书将展开对城市居住秩序新构成规律的挖掘。一方面，针对既有的研究文献展开研究，分析成熟理论在我国城市居住秩序研究中的适用性；另一方面，结合我国城市经济、社会乃至文化发展的历史特点，从我国城市居住行为及房地产发展的特性出发与旧有文献展开比较分析。以此进一步结合场景理论的思想体系，找到在当前我国城市新发展背景下，城市择居行为及房价空间差异问题形成的一般规律，并最终揭示出我国城市择居行为及房价空间差异形成背后的新规则。

3. 提出解决当前我国城市居住特有的相关矛盾的新思路和新办法

"经世致用"、"知行合一"是本书行文追求实用价值的基本原则。"解决问题"是本书的实践目标之一。在此原则基础上，本书将一方面揭示规律，另一方面阐释和解构规律。通过深入分析我国城市择居行为及房价空间差异两大现象背后的成因及规律，结合我国城市经济、社会及文化发展变化的实际情况，有针对性地为不同的群体提供适合的决策参考依据。对于普通百姓而言，本书试图解答他们对当前我国城市居住相关问题的困惑；对于相关企业而言，本书希望能服务于他们的针对我国当前城市居住理念的商业行为及决策分析；对于政府部门，本书希望能够为政府施政提供科学的依据和创新的、先进的城市居住问题相关管理办法，以此最终实现本书服务我国经济、社会发展的最终目标。

二、研究意义：创新理论与紧扣实践

本书的研究对我国当前的城市居住问题，尤其是对"择居"和"房价"两大关系国计民生的重点、难点问题的分析和解构具有重要的理论研究和实践应用价值及意义。

1. 对我国城市居住及房地产相关理论研究的系统补充和完善是本书理论研究价值的重要体现

相对于城市居住房地产业的快速发展，我国城市居住及城市房地产理论的研究，尤其是关于择居行为和房价空间差异的理论研究却略显滞后。因此，本书的理论价值体现在：①不同于当前我国城市居住与房地产相关研究主要从微观的成本及宏观的收入角度进行的研究特点，本书主要从不同的方面，以场景为载体，从文化、价值观认同感的角度出发研究城市择居行为及房价空间差异。本书获得的研究成果有助于完善我国城市居住及房地产研究的系统性。同时，本书将源自芝加哥学派的最新研究成果场景理论与我国城市居住结合研究，更进一步地丰富和完善了该领域的研究方法论体系。②本书研究成果的推出有助于提升我国城市居住及房地产相关研究的本土性。在全球化背景下，地域文化在经济、社会领域发挥着重要作用。当前，众多的城市居住研究者正在挖掘本民族居住习惯下的城市居住新秩序。本书研究结论中展现出的我国城市择居行为与房价空间形成不同于西方城市的特点及原因，有助于提升我国城市居住及房地产相关研究的本土性。

2. 为百姓生活解惑答疑、为企业决策出谋划策、为政府施政提供依据是本书实践应用价值的主要体现

就购房者而言，本书针对当前我国城市择居行为及房价空间差异问题挖掘、揭示出的研究结论及规律，有助于社会公众理性看待择居现象、房价问题及和谐居住理念，可以为购房者提供重要的决策依据，并进而引导购房者科学择居及对城市房价理性预期的合理回归。就开发商而言，厘清城市房价的形成机制，把握居住者的择居行为，有助于开发商进行投资、开发决策，有助于其科学地投资开发、合理地制定产品价格。就政府而言，择居行为成因及房价空间差异形成机制的探明将为政府"合理房价"标准的制定提供重要的理论支持，尤其是本书提出的"场景管理"方法及体系，将直接为城市政府制定差别化的空间调控政策提供科学的理论依据和多样化的调控手段，进而为中央及地方政府和相关管理部门在城市房地产发展、经济建设及民生稳固三者间寻求最佳平衡点提供智力支持。

综上所述，本书提出的基于场景理论的我国城市择居行为及房价空间差异问题研究，具有重要的理论意义与实践价值。笔者也期盼并相信，本书的出版一定能为丰富和完善我国的城市居住及房地产相关理论起到重要的基础性及开拓性作用；在实践价值方面，本书也一定能为我国政府主导的房价合理回归提供有力的政策拟定依据，进而为我国城市居民的居住安定、祥和、惬意，为房地产行业的全面、健康、稳健发展，尤其是在"十二五"期间，在我国新一轮城镇化建设的时代背景下，为我国国家、社会的全面、快速、和谐发展做出贡献。

三、研究思路：兼容并包与由内到外

本书作为笔者所从事相关研究的阶段性成果，在构建的思路上力求全面地、启发式地总体反映笔者在我国城市居住问题研究、房地产问题研究及场景理论的拓展与应用尝试方面所展开的科研努力。基于笔者所从事研究所具有的多学科交叉性特点，本书的研究思路力求做到兼容并包，即利用"多角度、多学科及多方法"的"三多"思路对被研究对象进行剖析和解构。此外，近年来在我国经济领域的相关研究中，对于经济形态形成的"微观基础"的讨论成为了学者们关注的焦点。一方面，本书对城市择居行为的研究即是从全体的微观行为展开的研究；另一方面，基于城市场景——城市便利设施组合而展开的房价空间差异问题探索则更加突出地展现了本书"由内到外"的研究思路，而这突破了既有研究中大多采取的从宏观分析展开的房价问题研究范式。在上述总体思路的基础上，本书具体的研究思路体系包括如下三个部分：

1. 通过大量学派间、文献间的比较分析提出本书的理论基础

将源自芝加哥城市学派的最新研究成果——场景理论引入我国城市择居行为及房价空间差异问题的研究是本书及笔者研究的一个突出特点。作为理论的创新，必须有坚实的理论基础和发展根基。为了全面地、科学地、有说服力地展现本书在研究问题、研究方法、研究框架及范式上的切实可行，本书首先将展开大量的文献综述工作，通过大量的文献梳理和对比，尤其是通过与本研究应用理论发源地渊源深厚的几个主要城市理论学派学术思想的对比及分析，找出这些理论在当代我国城市相关研究应用中的优劣，进而突出本书在理论上的坚实基础和在我国相关研究中应用的科学性、必要性及创新性。

2. 通过多角度的历史、文化、社会、经济分析构建本书的研究框架

本书认为，在当今我国城市居住问题中出现的"非经济理性"择居行为和房价存在的"空间两极分化"现象，其背后蕴含着超越传统理论研究范畴的、来源于"文化、价值观认同感"的深刻影响；同时，这种影响的上升和发展与城市及人类社会的变化、发展、进步密切相关。要证明这些观点，论证本书研究框架的科学性和可行性，则必须展开对研究对象历史演进、文化变革、社会进步及经济发展的全面、综合分析。为此，本书根

据各研究领域的特点，收集了各类历史史料、文化评述、社会报道及经济分析，并希望以此多角度地全面支撑本书的研究框架，也为后续的实证研究奠定理论基础和研究根源。

3. 利用来自经济学、统计学、地理学、社会学的实证方法证明本书的核心观点

利用多种先进研究方法和采用海量复杂大型数据对研究问题展开实证分析是本书的一个主要特色。针对研究对象和内容的不同，本书有针对性地选择各类较为简捷、适用且科学的实证方法。在对我国择居行为演化的研究中，主要利用经典的统计学方法和思路，探索新因素对既有问题的影响变化；在房价空间差异的研究中，主要借鉴来自空间经济学的研究成果，从研究对象的地域性特点出发，充分地考虑距离因素的可能影响；在和谐场景挖掘的研究中，主要借鉴了社会学中用于关系挖掘的社会网络方法，以期解释场景的核心所在。

尤其是针对如何将复杂、抽象的城市文化、价值观因素从城市空间特征中剥离并量化处理这样的技术性难题，借鉴一些学者的先进研究方法就更显重要。一方面，国内外许多学者或采取利用一些替代变量，或采取综合利用指标体系评价的方式对空间因素进行综合度量；另一方面，许多学者的研究也表明，在样本空间较复杂、差异性较大的情况下，利用指标体系评价的方式能较好地实现评价的全面性（Clark，2004；Stevenson，2004）。因此，本书采用指标体系评价的方法，引入并改进源自芝加哥城市学派的场景理论的空间研究思想和方法论体系进行属性量化，即对城市便利设施的数量、组合及其个体中蕴含的功能、内容、意义等信息进行测度，构建评价指标量表，最终实现对城市区域文化、价值观因素的量化。

第四节　本书的主要内容、研究方法与技术路线

为了便于本书读者简单明了地把握本书的主要内容、研究方法与技术路线，本书对这些内容进行梳理、总结和精炼，汇总如下：

一、主要内容

本书共设立九章。各章主要内容如下：

1. 第一章：绪论

作为"开篇名义"的起始章节，本章的主要目的在于向广大的读者提供一个对本书研究的直观印象。一方面，通过背景的介绍激发读者对于研究内容的普遍共鸣；另一方面，通过对一些在当前我国城市社会中特有现象的新鲜解读，勾起读者深入了解的好奇及愿望。

依照上述章节的功能和目标：本章率先提出，源自芝加哥城市社会学派的场景理论最先发现并研究了文化和价值观对城市生活与城市发展的影响力正在逐渐增强这一趋势，并进一步指出，这与当前在我国城市中凸显的"房奴、蜗居、蚁族"及"鬼城、睡城"等现象具有密切的联系，具有重要的研究意义和价值。接着，本章围绕我国城市居住问题的实际，紧扣主题，分两部分论述了上述特殊现象。一方面，在"我国城市居住中的'怪现象'，即择居行为中的'非经济理性'"部分，本章就"房奴、蜗居、蚁族"整体的复杂行为及背后的矛盾心理进行了全面的描述和概括，并着重指出了"非经济理性"在这些行为中的普遍性以及以"城市场景"为代表的"文化、价值观"的引导在这些行为中的独特作用。

另一方面，在"我国房价调控中的'新难题'，即房价变化的'空间两极分化'"部分，本章就"鬼城、睡城"进行了进一步的展开，分别从房价空间差异、空间属性及空间预期三个方面，在城市内部视角上解读了我国房价在城市中的发展、分布状况。由中国传统文化及中国人生活中关于居住的重要性出发提出了"房价是实现家文化及居住文化理念的一个现实门槛"。并由此进一步指出，随着城市的不断发展，城市的房价不再仅仅是关于建安成本的计量，也不再完全匹配购房者的收入，转而与居住者能否获取更多的发展机会和更便捷地享用城市公共产品相关，进而引出了本书的一个重要观点——城市房价在当今我国城市经济社会发展及人本理念的背景下，主要表现为房地产市场各主体对住宅所处空间场景价值量的认可。

在此基础上，基于科研型学术作品的特性，本章进一步就本书的研究目标、意义及思路进行了介绍，主要阐述了本书力求在城市居住及房地产相关研究领域"发现问题、解决问题"的主要研究目标；总结了包括理论创新与实践价值在内的两方面研究意义；概括了兼容并包及"由内到外"的研究思路。同时，基于科普类大众读物的特性，本章还构建了包括主要内容、研究方法及技术路线在内的内容体系，以便读者阅读。

2. 第二章：城市择居行为及房价空间差异问题的国内外研究进展

在这一章中，笔者将近年来系统收集的国内外学者有关城市择居行为及房价空间差异问题研究的成果进行梳理。笔者就研究对象，即城市择居问题及城市房价空间差异问题分别进行了研究文献综述，通过大量的文献梳理和对比指出现有研究存在的局限性与不足。在对择居问题的讨论中，本书着重论述了当前对择居行为的研究尚较少定量考虑"文化、价值观"等因素的问题；同时，本书认为，海量微观数据的选取也是制约择居问题研究的关键技术性难题。在对房价空间差异展开的讨论中，本书则指出，当前对房价空间的研究思路主要是从房价空间特征的研究视角出发，较少有对房价空间形成原因及构成要素属性的进一步量化研究。其原因主要在于采取"由外到内"的房价空间特征研究方式更易于对房价的空间分布进行现状探索。"特征类似却成因不同"的难题却不易"由外到内"挖掘。因此，再一次对应了本书在研究思路中提出的应该改变研究思路，从房价的空间微观形成基础的说法，如从文化、价值观传统出发，进行"由内到外"的研究探索。

除了对国内外相关研究文献进行梳理和分析，本书还对其行为的内涵及意义，即学者研究中对城市理念的认识展开了分析和探讨，指出不论是对居住偏好、社会组织架构等城市社会层面展开的研究，还是从土地经济、空间经济等城市经济角度开展的探索，其中的基本立足点和背景假设均是对城市生活与城市发展的期许与预期。基于该论断，本书进一步就城市与居住的关联关系及现代城市居住的内涵实质展开了分析和讨论，并最终提出了中国特色的城市居住形态构想——"惬意城市"及"惬意生活"城市理念。

3. 第三章：场景理论——新芝加哥学派对现代城市生活与城市发展的新认识

本章作为本书的核心章节，采用了较多的篇幅对本书的核心研究理论及方法论——场景理论进行了系统、全面的梳理和总结。首先，本书就场景理论的定义与主要研究对象展开讨论，从艺术和社会学对比的角度分别对场景及场景理论进行了定义，介绍了场景理论的研究对象、城市发展动力的来源、创意城市环境的构建、城市公众行为的导引及拉动城市消费的机理。同时，还介绍了场景理论的两位创始人物。接着，本书就场景理论与芝加哥学派之渊源展开了讨论。首先，就芝加哥社会学派的发展历程进行了描述，并就与场景理论关联密切的人类生态学的产生背景及主要学术观点进行了回顾。其次，重点讨论了场景理论与芝加哥学派的学术渊源。本章的第三节则从场景理论的起源及其城市发展观视角对场景理论进行了剖析，指出城市经济社会现实"孕育"场景理论及城市社会学学术争议"催生"场景理论这样两个主要的观点，并总结了场景理论的城市发展理念，即城市文化支撑着城市的发展，以及城市文化的魅力在于散布在城市中的场景。本章的最后一个部分对场景理论的研究体系及其应用展开了分析和探讨，指出场景理论作为新芝加哥学派的代表作，其秉承芝加哥学派的一个重要特征，那就是既要凝练出社会经济发展大环境下的城市社会经济现象，找出支撑这些现象表现的内在规律，又必须给出剖析这些现象、化解社会矛盾的办法，并分别从场景理论与现实城市生活现象剖析及场景理论与现代城市居住秩序研究两个方面展开了讨论。本章的内容为后续的理论剖析及实证分析奠定了坚实的研究基础。

4. 第四章：我国城市择居行为的演化及其受城市文化、价值观场景特征的影响分析

作为核心的理论研究章节，本章主要就我国城市择居行为的演化及在城市文化、价值观场景特征影响下我国城市择居行为的变化展开了研究和分析，并最终提出了本书的核心观点之一：在城市中"区域场景"由"城市便利设施"组合而成，城市区域场景不仅蕴含了功能，并通过不同的构成及分布，组合形成抽象的符号感知信息，将包括文化、价值观在内的各类认同感传递给了不同人群，从而引导了其行为模式的选择，进而极大地改变了现代城市的居住秩序。

本章首先就我国城市择居行为的历史沿革进行了回顾。通过探讨我国古代传统城市区位属性下的择居行为提出两个主要观点："消费属性而非西方城市所具有的经济属性是我国传统城市的主要属性"、"等级化的传统文化、价值观是我国古代城市居民居住区位选择的主导思想"。在此基础上，本章进一步就近代我国城市择居行为的变革及新中国成立后我国城市居住空间及择居行为的新变化进行了梳理和分析，提出了"从古至今，在

我国城市居民的择居行为中,文化、价值观的影响一直贯穿始终,持续地发挥着重要的作用"的重要观点,并构建了我国城市居民居住区位选择主因子的历史演进图。在探明了文化、价值观在我国城市居民择居行为中的重要作用之后,本书将其进行了细分,并分别从城市传统文化、价值观场景特征变革及城市家庭文化、价值观场景特征变革这两个近代以来我国变革最激烈的文化、价值观因素出发展开了分析和讨论,对其在当代社会、现代城市发展氛围中的演化及传承进行了深入的剖析。在对两类文化、价值观场景特征变迁的论述中,本书分别以"单位制"及"20世纪70年代"为重要的时间节点,就文化、价值观场景特征变迁对择居行为的影响进行了探讨,同时讨论了这些影响与当代我国城市中一些"非经济理性"择居行为之间的关系。

在上述分析的基础上,基于现代社会科学的研究范式,本书对文化、价值观场景特征对城市择居行为的影响问题进一步展开了影响路径分析、假设提出及模型构建。首先,本书利用来自城市符号互动理论的思想体系,阐明了场景符号对择居行为的影响及作用路径。其次,本书基于理论研究,提出三个择居行为研究假设:假设一:城市场景特征对我国城市居民的择居行为具有显著的影响。假设二:传统性场景特征对我国年青一代城市居民的择居行为具有正向的影响作用。假设三:不同城市场景特征对具有不同文化、价值观诉求的城市居民的择居行为的影响具有显著的影响差异。最后,本书结合前述章节中对城市择居行为既有研究的分析空间,构建了基于场景理论的我国城市择居行为模型。

5. 第五章:基于场景理论的我国城市择居行为实证检验

第五章是本书主要的实证章节。该章节主要针对第四章中提出的理论假设及研究模型、借鉴和创新的利用场景理论的方法体系及经典统计方法展开实证研究。

首先,本书就场景特征的识别方法及流程展开了概述。①本书就场景价值得分的概念及评测方式进行了说明,介绍了由芝加哥大学场景理论研究课题组构建的5点式场景价值量表的构成及评价原则,并从合理性和科学性两个方面出发讨论了场景价值得分的评测方式,并构建了专家评分的一致性检验,证明了本书研究所使用的场景价值得分的科学性和可靠性。在此基础上本书进一步对场景表现得分的构建进行了概述。②本书就场景特征及其识别的步骤及理论原则进行了阐述。

其次，本书以来自我国 35 个城市的 374 个城区为研究样本，在这些区域中选择了 85 类生活、娱乐设施数据展开场景特征识别。在定量分析方面，本书应用探索性因子分析中的主成分分析对我国城市场景特征展开了测度，分析了来自我国 374 个城区的 5610 个区域场景表现得分，并将由 15 个场景子因子构成的场景特征矩阵降维成两个场景特征公因子。其中，场景特征公因子 F_1 可以近似看做是戏剧性和可靠性的组合，而场景特征公因子 F_2 则主要支配了合法性。在定性分析的基础上，本书结合前文对我国城市区域场景特征的理论推演及分析，指出区域场景特征公因子 F_1 源于国家，受国家相关因子所主支配，并符合我国的社会主流文化属性，因此 F_1 代表了我国的政治文化；而文化、价值观场景特征公因子 F_2 源于传统，受传统文化相关因子所主支配，并符合我国社会主流文化的演变历史，因此 F_2 代表了我国的传统文化。

最后，本书对第四章构建的基于场景理论的我国城市择居行为模型进行了变量及数据匹配，将两个区域场景特征公因子纳入到模型中，并利用回归分析、交叉检验等方法实证本书提出的模型及假设。在此基础上，本书应用 11 个自变量分别对 12 个因变量进行了逐步回归。由逐步回归的分析结果所示，12 个拟合方程具有较好的拟合优度。因此，证明了本书研究假设及理论模型的科学性。本书根据实证分析结果，对研究假设和理论模型进行了分析及讨论，得到了三个主要结论。结论一：城市场景特征对我国城市居民的择居行为具有显著影响；结论二：城市传统性场景特征引导了当代我国年青一代城市居民的择居行为；结论三：我国年青一代城市居民与其父辈在择居行为中具有不同的场景特征诉求。

6. 第六章：区域场景特征对我国城市房价空间差异的影响实证——以北京市为例

结合绪论中对房价变化的"空间两极分化"现象的概述，本书进一步认为，在受城市场景特征认同感影响下而产生的"非经济理性"择居行为的存在，使得我国城市房价在现代城市社会中不再仅仅是关于建安成本的计量，也不再完全匹配购房者的收入。由此，笔者提出本书的另一个核心观点：我国城市房价在当今城市经济社会发展及人本理念的背景下，反映了房地产市场各主体对住宅所处空间场景价值量的认可。本书将以北京市为例，同样利用理论与实证相结合的方式论证这一观点。

首先，本书就北京市的区域场景特征及其对房价空间差异的影响展开了分析和讨论。回顾了北京市的场景特征的历史形成，接着利用地理信息系统工具构建了北京市的房价空间分布现状图，以此就城市区域场景特征对北京市房价空间差异的影响展开了探讨，并为后续空间分析的展开奠定了理论基础。

本书的一个重要贡献在于，为了克服原有场景理论方法论体系在空间评价中的缺陷，笔者结合地理信息系统技术（Geographic Information System，GIS）对原方法论体系进行了创新，原创了更适应于城市空间分析的 ST@GIS 集成方法。本书对 ST@GIS 方法的模型及应用流程进行系统的解析，以此为后续分析奠定了方法论基础。

在此基础上，本书基于 ST@GIS 方法对北京市的房价空间差异展开了实证研究。该研究利用北京市六环内的 220 个热点区域的房价数据及 85 类城市便利设施数据对理论模型进行了检验。首先，本书利用场景识别方法提炼出三个场景特征公因子，其中场景特征公因子 F_1 主要代表了传统性；场景特征公因子 F_2 主要代表了国家性；场景特征公因子 F_3 主要代表了违规性。其次，本书通过空间自回归、地理加权回归、克里金插值等空间计量方法进一步得出三个结论：第一，北京市的场景特征分布存在空间极化现象；第二，北京市二手房价格的分布受到了城市区域场景特征的显著影响；第三，在当前城市区域场景特征的影响下，未来北京市二手房价格分布的"彗星状"特征将日趋显著，并出现向城市西北方向"集中、加长的趋势"。

7. 第七章：我国城市区域场景关系结构对择居行为、区域房价的影响

本章在前两章实证的基础上，指出从操作层面上看，由第五、第六两章中对区域场景特征构建方法的描述可见，区域场景特征的构建与推导尚较为复杂，要直接地、简明地应用于实际的城市规划、建设及相关管理仍具有一定的难度。由此，本书在场景理论的思想体系框架下，提出了"区域场景关系结构"这一新概念，并提出了"区域场景关系结构是指构成城市区域场景的生活、娱乐设施组合的内部关系网特征"及"区域场景关系结构主要包含两个核心子概念：区域核心场景与区域场景关系结构的网络特征"这两个核心观点。

首先，本章利用国际比较探索了区域场景关系结构变化对现代城市发展的影响，指出了区域场景关系结构具有"双刃剑"属性，必须深入地对其展开研究，才能服务于城市区域建设及管理。其次，本章就我国城市区

域场景关系结构对城市发展的影响，针对我国城市发展中的三大问题："学区房"热、"睡城"和"鬼城"、保障性住房"空置"现象展开了分析和探讨，并从学术研究的角度分析梳理了城市空间氛围及文化空间研究从城市景观到场景关系结构研究的演进。

在此基础上，本章对区域场景关系结构的分析方法与区域场景的解构方法展开了讨论，分别综述了社会网络分析方法及凝聚子群方法，接着利用来自北京城区的数据，对北京市海淀区和朝阳区的区域核心场景展开了挖掘，并以此指出了区域核心场景对区域经济、社会及人文发展及氛围建设的重要性。

其次，本章就本书研究的核心议题之一：我国区域场景关系结构对区域房价的影响展开了实证研究和分析。利用来自北京市 190 个代表性区域的 144 种生活、娱乐设施数据，通过网络分析及特征挖掘，从涵盖 190 个区域的区域场景关系结构网络特征图中提炼出了三类代表性分类，并将其命名为：金鱼型区域场景关系结构、海螺型区域场景关系结构和海葵型区域场景关系结构。然后，本章继续通过相关分析和比较分析对场景关系结构与房价的关系展开了分析和探讨。

最后，在基于对区域场景关系结构的网络特征、相关分析和对比分析结果的综合考量及分析的基础上，本章提出了区域场景关系结构对城市区域房价影响的三个阶段性研究推论：第一，场景关系结构是城市区域形态及发展阶段的重要表征；第二，场景关系结构的形态与市场主体的房价空间预期具有密切联系；第三，区域场景关系结构对我国城市区域房价的形成具有重要影响。

8. 第八章：结论与管理启示

本章的主要写作目的是对本书研究结论进行总结和梳理，并提出能够应用于城市建设及城市社会管理实践的管理启示。

本章首先就本书的三项主要结论进行了阐述，提出了当今我国城市居住秩序中的三个场景规律：第一，我国的城市择居行为受来自于居住者对城市场景特征的认同感影响；第二，我国的城市房价反映了房地产市场各主体对住宅所处空间场景价值量的认可；第三，区域场景关系结构对我国的城市区域房价高低具有重要影响。

在此基础上，本章提出了"场景管理"这一"当今我国城市建设规划的新思路"及"当今我国城市社会管理的新办法"。在这一章中，本书以我国城镇化建设新要求、城市规划及转型发展新态势、城市社会管理新特点作为场景管理的有效例证阐述了这一城市管理的新思路。本书针对我国正在面临的城镇化建设新要求，以场景管理之理念破解人口城镇化的难题；从城市建设规划的历史及对城市转型发展态势的回顾，论述了城市建设规划所存在的不足，并以来自芝加哥城市建设规划的经验及启示提出引入"场景管理"于城市规划和转型发展之中；本书就当代社会发展中的人文价值观剖析了城市社会管理所需要厘清的要点，如基于场景理论再次解析了当前我国城市择居中的"房奴、蜗居、蚁族"怪现象，解析了为防范因城市居住空间分异极化所采取的"混居模式"所遭遇的"两难"抉择之内涵，针对这些城市社会管理问题，提出了"通过场景管理实现我国城市择居行为的'柔性'引导"的政策建议。

9. 第九章：未来研究展望

本章作为本书的最后一章，首先对本书的创新性与局限性进行了分析和总结。在此基础上，本章还对场景理论及我国城市相关研究的未来发展进行了展望。提出了居住空间分异极化遏制研究、城市可持续发展新动力挖掘及我国人口城镇化发展道路探索三个研究议题与读者分享讨论。

图1-2为本书各章的内容要点及本书篇章结构。

二、研究方法

本书拟采用学科交叉、理论研究与实证研究相结合、定性分析和定量分析相结合、归纳法与演绎法相结合等多种方式进行研究。研究的具体方法如下：

1. 在定性研究方面

本书由于多学科交叉研究的属性，因而将采用来自不同学科的理论研究方法。在历史学方面，本书将借鉴历史学中的史料研究，从历史文献的记载中发现和提取支持本书研究内容的历史事件和历史评论；在社会学方面，本书将借鉴社会调查和假设研究的理论研究方式，通过收集和整理大量的社会、时代信息，提出核心的研究假设，并采用相关的科学研究文献在理论上推演假设的可行性和科学性；在经济学方面，本书将借鉴理论模型及模型推演等模式，从过往学者的研究范式中提炼具有共性的研究因子和模型，并在本书研究的基础上对其进行改进和优化；在地理学方面，本

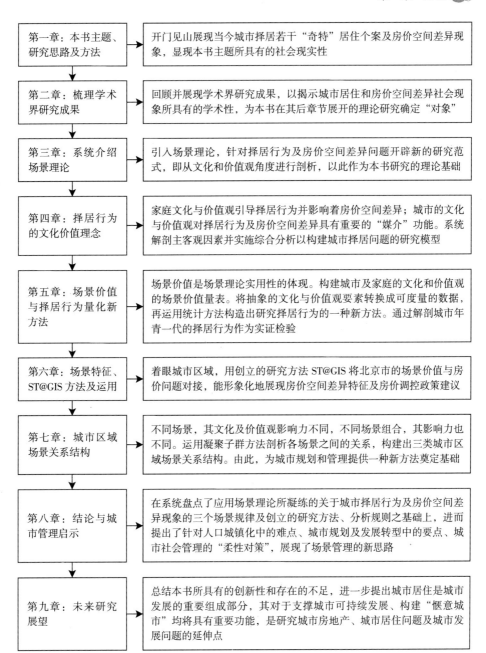

| 第一章：本书主题、研究思路及方法 | 开门见山展现当今城市择居若干"奇特"居住个案及房价空间差异现象，显现本书主题所具有的社会现实性 |

| 第二章：梳理学术界研究成果 | 回顾并展现学术界研究成果，以揭示城市居住和房价空间差异社会现象所具有的学术性，为本书在其后章节展开的理论研究确定"对象" |

| 第三章：系统介绍场景理论 | 引入场景理论，针对择居行为及房价空间差异问题开辟新的研究范式，即从文化和价值观角度进行剖析，以此作为本书研究的理论基础 |

| 第四章：择居行为的文化价值理念 | 家庭文化与价值观引导择居行为并影响着房价空间差异；城市的文化与价值观对择居行为及房价空间差异具有重要的"媒介"功能。系统解剖主客观因素并实施综合分析以构建城市择居问题的研究模型 |

| 第五章：场景价值与择居行为量化新方法 | 场景价值是场景理论实用性的体现。构建城市及家庭的文化和价值观的场景价值量表。将抽象的文化与价值观要素转换成可度量的数据，再运用统计方法构造出研究择居行为的一种新方法。通过解剖城市年青一代的择居行为作为实证检验 |

| 第六章：场景特征、ST@GIS方法及运用 | 着眼城市区域，用创立的研究方法ST@GIS将北京市的场景价值与房价问题对接，能形象化地展现房价空间差异特征及房价调控政策建议 |

| 第七章：城市区域场景关系结构 | 不同场景，其文化及价值观影响力不同，不同场景组合，其影响力也不同。运用凝聚子群方法剖析各场景之间的关系，构建出三类城市区域场景关系结构。由此，为城市规划和管理提供一种新方法奠定基础 |

| 第八章：结论与城市管理启示 | 在系统盘点了应用场景理论所凝练的关于城市择居行为及房价空间差异现象的三个场景规律及创立的研究方法、分析规则之基础上，进而提出了针对人口城镇化中的难点、城市规划及发展转型中的要点、城市社会管理的"柔性对策"，展现了场景管理的新思路 |

| 第九章：未来研究展望 | 总结本书所具有的创新性和存在的不足，进一步提出城市居住是城市发展的重要组成部分，其对于支撑城市可持续发展、构建"惬意城市"均将具有重要功能，是研究城市房地产、城市居住问题及城市发展问题的延伸点 |

图1-2 本书的篇章结构与各章要点

书将借鉴地理学可视化的图形研究模式，对城市社会及空间分布进行直观的图形分析，以提取出有价值的共性特点和趋势。

2. 在定量研究方面

本书的统计实证方法主要包括专家打分（Expert Estimate Method）、相关分析（Pearson Correlation Analysis）、假设检验（T-test）、因子分析（Exploratory Factor Analysis）、回归分析（Regression）、交叉检验（Cross-Validation）等经典、可靠、有效的计量方法。在专家打分方面，本书拟在借鉴芝加哥大学已有的场景价值量表的基础上，将对其进行一致性检验以检测评估的有效性和可信度；在因子分析方面，本书拟通过探索性因子分析解决场景理论跨国界、跨文化研究可能带来的地域性和局限性；在回归分析方面，本书拟采用逐步回归的方式，重点解决多因子回归可能存在的共线性和伪回归问题；在交叉检验方面，本书拟采用交叉检验的方式，针对最小二乘回归的缺陷，对回归方程的精度及可靠性进行再检验，以求实现本书研究的科学性和严谨性。

同时，为了直观有效地反映本书的研究结论，并将本书的研究结论应用于城市规划，本书拟采用地理信息系统（Geographic Information System）技术，运用 ArcGIS 研究软件进行场景理论的空间研究分析及预测。在空间研究方面，本书将主要采用空间自回归（Spatial Autocorrelation）、地理加权回归（Geographically Weighted Regression）、克里金插值（Kriging Mapping）等经典、可靠、有效的空间计量方法。在空间自回归方面，本书拟通过对空间数据进行分析来探索场景数据及房地产数据在空间上的相关性；在地理加权回归方面，本书拟将空间因素加入回归模型以实现模型与现实情况的优化拟合；在空间预测方面，本书拟采用克里金插值的方式基于场景理论的思想对房价的空间蔓延趋势进行模拟和预测，以求实现本书科学性和实操性的有效结合。为了实现场景理论与地理信息技术的有机结合，本书还将提出由作者原创的 ST@GIS（具体介绍见第三章）集成分析方法。

最后，在核心场景挖掘方面，本书还将应用社会学的经典研究方法——社会网络分析（Social Network Analysis），拟通过凝聚子群方法挖掘、探索核心场景的构成及其作用，并在此基础上进一步结合经典的统计方法，如相关分析，对场景结构与城市居住相关特性、指标间的关系进行分析和解构。

三、技术路线

本书作为科研性的著作，在研究方法及构成逻辑上均具有清晰的技术路径及科学特点。本书的研究方案及技术路线如下：

1. 研究方案

依据本书的研究内容设计，拟使用文献调研、实地调研、案例研究、文本挖掘、场景分析、假设检验、多元回归、地图绘制、空间计量、社会网络及综合评价等方法展开研究。

首先，利用文献研究、实地调研、案例研究以及文本挖掘等方法对被研究对象展开研究：

（1）文献调研。该方法贯穿于整个研究的始终。搜集相关的国内外期刊论文、硕博士论文、研究专著及报告、新闻报道和电子信息资源。搜集渠道主要包括中国国家图书馆馆藏资料、中国期刊网、维普中文科技期刊数据库、"SpringerLink"数据库和"Elsevier"数据库等。

（2）实地调研。这是获取第一手研究素材和资料的重要研究手段。在对我国35个大中城市的374个城区实施系统的信息分析的基础上，从更为细化的层面对北京市220个热点区域进行实地调研，着重采集与择居、房价及文化、价值观相关的空间信息数据、历史资料、城市市政设施分布与享用状态信息，构建对样本空间的直观感性认识，并以此为后续的研究提供一手材料。

（3）文本挖掘。该方法一方面将配合文献调研使用，另一方面主要将用于对城市案例以及空间分析及特征提取。

（4）场景分析。借鉴场景理论的关于量化抽象概念的场景价值量表法，即对城市便利设施的数量、组合及其个体中蕴含的功能、内容、意义等信息进行测度，构建评价指标量表，最终实现对城市区域文化、价值观因素的量化。

（5）地图绘制与空间计量。采用GIS工具进行空间分析。采用反距离加权插值方法或克里金插值方法等空间拟合方法绘制房价分布图。采用空间相关分析、地理加权回归等空间计量方法探究城市房价的空间形成规律。

（6）社会网络分析。利用社会网络分析对城市核心场景进行挖掘，主要利用凝聚子群方法探索核心场景的构成及其作用。

2. 技术路线

首先，本书通过国内外研究文献回顾，城市志、地区志研究及对样本区域进行调研的方式建立知识库、案例库，同时汇总相关数据库数据和抓取相关网络数据资源数据的方式建立本地数据库，在此基础上，展开对城市择居行为剖析和量化。其次，利用空间计量相关方法实现对房价分布的制图，并进一步探索房价形成的空间规律。再次，利用社会网络分析对城市核心场景进行挖掘。最后，综合利用上述研究成果，在结合城市空间建设、发展规划及已有的城市居住及房地产调控目标的基础上，综合提出管理办法。

本书的技术路线图如图 1-3 所示。

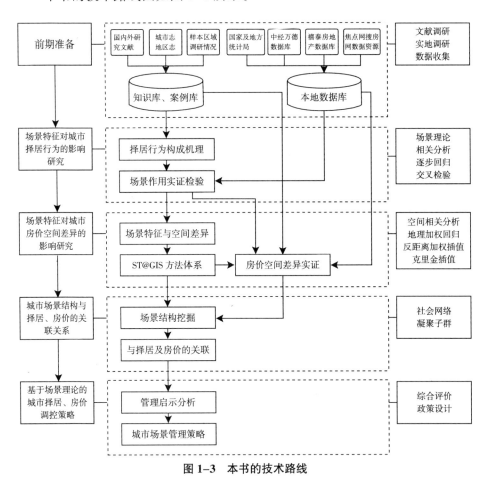

图 1-3　本书的技术路线

第二章 城市择居行为及房价空间差异问题的国内外研究进展

在上一章中，本书通过若干现实案例指出，在当今我国快速的城市化背景下，在城市住房供给市场化的进程中，涌现出了许多特异的城市择居现象以及显著的城市房价空间差异。事实上，这些现象与差异并非仅仅出现在我国，更非仅仅只与社会主义市场经济相伴生；这些城市择居行为、城市不同区域上的房价差异是许多国家在生产力和社会发展进程中均不可避免、不同程度存在的现象和问题，是世界城市发展中所必须要共同面临和解决的现实问题。为此，国内外许多学者对此展开了大量的研究，从理论上、方法上对城市择居行为及房价空间差异问题进行了探讨，并积淀了丰富的研究成果。

由此，本章将围绕"我国城市择居行为及房价空间差异问题研究"主题，分两个主要部分展开文献综述。首先，就与城市择居行为相关的国内外研究进展展开分析和讨论；然后就城市房价空间差异的国内外研究进展展开梳理和探讨。通过对来自不同专业领域、不同研究视角的学术思想及成果的对比与分析，通过在针对不同的城市发展阶段及经济社会背景下所凝练出的研究结论的梳理及总结，找到支撑城市择居行为及城市房价空间差异现象形成的客观条件和理论基础，并为后续的将场景理论引入城市居住秩序问题的研究做准备。

第一节 与城市择居行为相关的国内外研究进展

对城市择居行为的研究可以追溯到早期对城市择居行为问题的研究。

城市择居行为的定义可以分为狭义和广义两个部分：狭义上的择居行为仅仅是一个地理学上与空间相关的概念。在此概念下，城市择居行为可以被理解为选择城市内部用于居住的一个地理区域。广义的择居行为则包含了来自经济学、社会学、人类学、生态学、建筑学等多方面的人类生存与发展的内容。因此，广义上的城市择居行为指的是在城市内部用于居住的一个区域内的人类的，包括经济、文化、科技、娱乐等在内的一切活动以及人们居住活动的区域布局及相互关系。本书在借鉴了曹振良（2003）对城市区位特性的定义的基础上，将城市择居行为定义为城市内部居住行为所占据的区域以及该区域与其周围事物之间的经济、社会、地理关联关系。城市择居行为的特性可以表现为：①概念上的经济、社会、地理多属性；②附作物经济、社会、地理内涵的动态性；③来自宏观、微观对比的层次性；④发展质量上的等级性；⑤资源属性上的稀缺性；⑥机会发展选择上的相对性；⑦发展、质量上的设计性。

对城市居住问题的研究包括宏观研究和微观研究两个方面：一方面，宏观研究的主要研究对象是城市居住问题的空间秩序及形态演变。最早的对城市空间进行的系统研究开始于欧洲的工业革命时期。18世纪中叶的英国工业革命引发了人类历史上最大的生产力及生产关系的变革，由此也拉开了西方早期资本主义国家城市化运动的序幕。在工业革命的推动下，在以法、德、美等国家为代表的早期资本主义国家内部，由于社会化大生产的需要，城市化进程极大加快，新兴城市不断涌现，而工业和人口的快速扩张给城市带来了许多新的社会问题及城市发展问题。于是，在此历史背景下，面对一系列的"城市病"，许多早期的来自城市相关领域的学者展开了对城市空间的研究（A.Weber，1909；W.Christaller，1933；August Losch，1940）。此时，城市空间研究的目标是通过对城市居住问题的规划与控制来实现社会、经济和环境的综合发展（Park和Burges，1925；Hoyt，1940；Harris和Ullman，1945）。另一方面，微观研究的主要研究对象是城市居民的居住行为及区位选择问题。从时间上看，学者们对城市居住问题的微观研究要晚于宏观研究。本书在借鉴了任绍斌和吴明伟（2010）基于人文地理学视角对城市空间研究阶段进行划分的基础上，进一步认为，对城市居住问题的微观研究开始于20世纪60年代左右。微观城市居住问题研究在方法上表现为计量分析方法的引入（Alonso，1964；Mill，1967；R. F. Muth，1969）；在研究内容上表现为对空间行为的研究，并强调城市居民行为主体和城市空间客体之间的互动关系（Lynch，1958；Jacbos，1961；A.W.Evans，1985）。城市居住问题的微观研究弥补了宏观研究中对人的主观能动性研究的不足，极大地完善了城市居住问题研究的方法和内容。

此外，城市居住问题研究还可以从研究结构属性的角度分为物质空间结构和社会空间结构两类。其中，物质空间研究主要包括了对城市土地及住宅构成的研究（W. C. Wheaton，1982；Paul Waddell，2000；Glaeser 等，2001）；而社会空间结构研究则主要包括了对城市人口、家庭生活及贫富空间隔离的研究（Robson，1975；Glen Weisbrod 等，1980；Stuart Gabriel 和 Gary Painter，2001）。

由此可见，本书提出的对择居行为的研究与城市居民的居住行为及区位选择问题相类似，是侧重于微观行为问题的研究。

一、与城市择居行为相关的国外研究进展

最早的对城市居住问题的研究起源于德国在 19 世纪 20 年代开始的对区位理论的研究。德国农业经济和农业地理学家杜能（J.H.V.Thiunon）是现代西方区位理论的开创者。他在 1826 年撰写的《孤立国同农业和国民经济的关系》一书中首次提出了农业区位理论。该书是第一部关于区位理论的古典名著。杜能在该书的研究中设计并分析了"孤立国"的生产布局，充分讨论了农业、林业、牧业的布局。其根据当时德国农业和市场的关系，摸索出因地价不同而引起的农业分布现象，创立了农业区位理论。杜能构建了"孤立国"七假设：①只有一座城市；②土地是均质的；③农田均在城市外；④只有马车可以作为运输手段；⑤运费与距离成正比；⑥远郊无农田；⑦矿产资源在城市附近。

在此基础上杜能提出了位置极差地租模型如下：

$$R = (P - C - sk) \times Q$$

其中，R 是地租量；P 是农产品价格；C 是单位农产品生产费用；s 是农产品产地与市场的距离；k 是单位农产品的单位运费，运输率；Q 是农产品的产量（假设出清）。在此模型基础上其构建了著名的"杜能圈"，如图 2-1 所示。

虽然，随着城市化的发展和人类社会的进步，杜能圈效应逐渐失效，

在现代一些地区甚至出现了由于城市化快速发展而带来的"逆杜能圈"现象，但是，杜能在区位研究中所提出方法论和表现形式都是具有开创性的，其对后来的各类区位研究都产生了重要的影响。

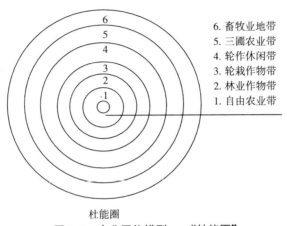

图 2-1　农业区位模型——"杜能圈"

在农业区位论的启发下，20 世纪 40 年代，德国经济学家韦伯（A. Weber）在《论工业区位》一书中，运用工厂区位因子分析的方法，对德国鲁尔工业区进行了研究，奠定了现代工业区位的理论（A. Weber，1909）。其研究认为，运输成本和工资是决定工业区位的主要因素，区位因子决定生产场所，将企业吸引到生产费用最小但节约费用最大的地点。韦伯的工业区位理论主要可以分为：①运输费用研究。其核心思想是厂址应该选择在运输成本最低的地点。原料指数 = 稀有性原料总重量/制成品总重量。②劳动成本研究。该研究认为，劳工系数 = 劳工成本指数/地域重量 = 劳工成本指数/所运输重量。③集聚与分散因子研究。该研究最早将规模效应（Economics of Scale）和规模不经济（Diseconomy of Scale）等问题引入了区位研究。

此后，德国地理学家克里斯塔勒（W. Christaller）和奥古斯特·勒施（August Losch）分别就商业区位理论进行了研究。

W. Christaller（1933）在《德国南部的中心地方》一书中提出了中心地理论。中心地理论为商品或服务的供应范围定义了两个界限：一个是下限（内侧界限）；另一个是上限（外侧界限）。其中，上限是中心地商品和服务的最大半径；下限是为维持正常利润，中心地提供某种商品或服务所必须达到的空间界限。

August Losch（1940）在《经济的空间秩序》一书中进一步发展了商业区位论，从而形成"廖什的六边形市场网络"。其研究认为，每一单个企业产品销售范围，最初是以产地为圆心、最大销售距离为半径的圆形，而产品价格又是需求量的递减函数，所以单个企业的产品总销售额是需求曲线在销售圆区旋转形成的圆锥体。在自由竞争条件下，在空间区位达到均衡时，最佳的空间范围是正六边形。

由上述研究可见，早期的区位理论主要起源于德国，这是与德国快速的资本主义工商业发展密不可分的。进入 20 世纪后，随着城镇规模的进一步扩大，大量的土地资源被城市侵占，学者们又开始重新思考城镇在空间上应该采取什么样的发展形态。其中，备受关注的住宅区位论诞生于20 世纪 20 年代美国芝加哥学派对城市社会的研究。

Park 和 Burges（1925）提出的"同心圆带状"住宅区位论开启了近代居住区位理论研究。在《城市的发展：课题研究导论》中，Burges 针对以芝加哥为代表的大城市进行了研究。其从生态学角度出发，对城市人群进行分类并研究各分类人群的社会活动、行为目的和影响，利用统计数据分析了不同人群的最终居住点，并将这些点连接成片构建了代表不同人群的城市居住区域，由于该区域的形状酷似树干年轮，因而而得名"同心圆理论"。其得到的同心圆理论共由 5 个环组成，分别是依次向外的环形商业区（Loop）、过渡区（Zone in Transition）、工人聚集区（Zone of Workingman's Homes）、居民区（Residential Zone）和通勤区（Commuters Zone），如图 2-2 所示。

图 2-2　同心圆模型

这些区域反映了不同社会阶层人群的居住行为。其中，最内部的是地理位置优越的商圈；第二层是聚集了社会底层人群的贫民区；第三层是产业工人区；第四层是高档住宅区；第五层是市郊、卫星城等区域。除了对区位建筑进行分类以外，同心圆理论还根据人类生态学的研究分析各区域间的关系。例如，中心区由于地理位置优越，因而会不断地扩大，从而侵占第二层贫民区的居住空间，因此导致贫困进一步集中和贫富矛盾加剧等社会问题。Burges 的研究开创了城市社会学研究的新范式，此后不论是城市区位理论研究还是人类生态学研究，都或多或少地借鉴了他的研究思想，即从人类群体特征的角度出发研究城市居住分布的重要研究范式。

然而，由于 Burges 的研究主体仅仅是芝加哥城市，因而具有一定的片面性。Hoyt（1940）在《美国城市住宅附近的结构与增长》一书中对同心圆模型进行了改进，在加入了土地利用方式和住宅等级因子后，其认为城市居住分布应该是"扇形"结构（Sector Model）的。扇形理论通过对美国60 多个城市房租的分类统计调查用实证的方法得出结论，认为住宅区倾向于沿着空间摩擦和时间摩擦最小的路径由中心向外延伸。

此后，Harris 和 Ullman（1945）秉承这些研究方法，在同心圆带状理论与扇形住宅区位论的理论基础上提出了城市多核心总体结构框架下的住宅区分布理论。其核心观点认为，城市的中心往往不止一个，而是由多个中心组成的，城市实际上是靠这些城市中心及附近的工业、商业和住宅业的联合扩张来发展壮大的。在多个城市中心和城市总体扩张过程中，形成了与之规模和特点相适应的住宅区位格局。虽然这些学者的研究所形成的区位模型各不相同，但是其本质，即对城市居民通过职业、收入进行划分居住区位的思想是相同的。本书认为，这些早期的居住区位研究，一方面其具有开创性；另一方面缺乏对具体作用因子和作用路径的研究，并未能在根本上把握城市居住区位分布的内在规律，因此容易由于特殊性而受到质疑。经济学中效用思想的引入为居住区位研究的推广开辟了新的道路。

效用理论主要是通过基于经济效用最大化的思想对居民居住区位选择进行分析。Alonso（1964）从通勤费用和居住费用的相互关系角度出发，提出了住宅区位的互换理论，就是其中的典型代表之一。其互换理论公式如下：

$$Y = PZ \times Z + P(t) \times G + K(t)$$

其中，Y 是收入；PZ 是其他商品单价；Z 是其他商品数量；P（t）是距离市中心 t 处单位面积的地价；G 是住宅所占土地数量；K(t) 是到市中心的通勤费用。该模型就是在收入约束条件下，通过对通勤及地价因素进行偏好选择最终实现居民效用最大化的研究方法。

E. Mills（1967）和 R. F. Muth（1969）分别研究指出，在完全竞争的土地市场中，居民可以通过投标获得土地，因此城市中心区位应该拥有最高的地租。

W. C. Wheaton（1982）对居住用地的增长进行了研究，提出在城市居民收入增加、通勤费用下降及人口增加提速的情况下，城市土地的开发由内向外延伸的态势。但是如果以上情况倒转，将发生土地开发向内转移的态势。

A. W. Evans（1985）对 Alonso 的互换模型进行了发展研究，但是其研究的核心思想并未改变，即居住区位选择是收入条件控制下的通勤与地租的最优组合。但 Evans（1990）在《城市经济学》一书中修正了其对居住区位的旧有认识，进而指出不是集聚因子影响了住宅区位决策，而是人的心理需求影响了住宅区位的选择。其新理论认为人的主要心理需求包括：社会交往需求、需求类型的差异和"向美心理"，其研究思路的转变，也为后来居住区位理论的发展开启了更广泛的研究空间。

此外，类似于 Evans 的早期研究模式，Brown 和 Moore（1970）基于效用理论建立了居住选择的迁移和搜寻决策两阶段模型。其研究结论强调迁居是由于对现有住房不满意而引起的，但只有当期望搜寻的效用超过现有的效用时迁居才会发生。

Quigley（1973）也通过构建效用模型的方式分析城市居民的居住分布，其研究认为，主要期望居住地区的居住效用大于现居住地区，则迁居行为则有可能发生。Simmons（1974）构建了与迁移和搜寻决策两阶段模型类似的社会重力模型，公式如下：

$$I_{ij} = kV_iW_jF_{ij}$$

其中，I_{ij} 表示迁徙量，V_i 表示原住地推力，W_j 表示目的地吸引力，F_{ij} 表示可行性，k 为常数。在该模型中，其用推力表述迁徙愿望，用吸引力表述目的地效用，并用"熵模型"对该模型进行了最大化求解。但是，从"熵模型"的求解前提假设条件（住宅量必须与工作机会相等；迁徙量必须与房屋供给相等；通勤费用必须等于系统总成本）可以看出，一方面该模型过于理想化；另一方面该模型也主要强调了通勤、房价、职业对居住区位的影响。

Smith 等人（1979）虽然也从效用理论出发对居住区位选择进行了研究，但不同的是，其认为居住选择是不确定家庭行为下的理性决策。其公式如下：

$$Y = E_{it}(uB) - uB$$

其中，$E_{it}(uB)$ 是新居住区域的期望效用；uB 是当前居住的最大效用。则，对于任何区域只要 $Y > 0$，则有可能发生迁居行为。因此，地区居住区位的最终模型为：

$$Y = \max(Y_1, Y_2, \cdots, Y_n)$$

本书认为，这些基于效用理论的分析是优于一般影响的因子分析的。基于效用理论对居住区位的研究加入了居住行为因素，即居住选择偏好对区位的影响，但是效用理论的缺陷在于只能单纯地考虑经济因素对居住区位的影响。经济因素无法解释包括家庭构成、社区环境及邻里关系等因素在内的许多非经济性居住需求，因此基于"经济人"假设的效用理论无法全面地反映城市居民居住区位的分布及选择。本书认为，影响居民居住选择及分布的因素多种多样，其不仅受经济条件影响，也受社会背景和文化、价值观等因素的影响。许多学者也结合了社会背景等因素对居民居住区位选择进行了研究。

如果说效用理论是侧重于住宅的区位对择居行为的经济性进行分析的话，那么过滤理论是侧重于从住宅价位与居住者支付能力这两者之间的互动关系上研究择居行为的经济性。

探讨城市住房更换、房客更替现象之根源者，最早也可追溯到 Park 和 Burges（1925）对芝加哥住宅格局的研究。其认为住宅的价位与择居家庭的收入水平是推动住宅"流通"的根本。通常这种"流通"均以向上更替为主导，即随择居家庭收入的增加而发生选择"更好"的住宅（价位更高者），并由此才有家庭经济收入较低者的住房选择跟进。这一理念后来得到许多研究城市经济发展与城市社会现象的学者所推崇，并称为"过滤论"，如以 Hoyt（1940）等学者为代表。随着城市居住问题越来越凸显着家庭收入的影响力，并因城市居住问题引发城市社会断裂趋势的增强，至 20 世纪后半叶，许多学者在城市住房过滤理论的实用性方面加大了方法类研究，提出了许多具有理论性和实证性价值的过滤模型。Sweeney James

（1974）及其提出的《住房市场的商品等级模型》为其中的代表。

近年来，国内许多学者借用住房市场的商品等级模型以探讨保障性住房问题，并称之为斯威尼（Sweeney）模型。在此模型中，以住房出租所获取的收益最大化作为目标函数，以当时当地的住房市场价作为约束条件，由此比较其可收获的租金与房东对住房维护的投入值。模型将住房的使用年限、自然环境、房屋拥有的面积、住宅的区位等因素皆隐含在房地产市场所表现出来的房价之中，其突出的是房客支付房租的能力与房屋的维修费用。

从斯威尼（Sweeney）模型的构建，人们可以看到，个性化的择居行为与社会化的房地产市场有着密切的关联性。

Firey Walter（1945）对波士顿的土地利用问题进行了研究，他在其中发现了一个特殊的现象，即波士顿一个名叫 Beacon Hill 的富人区在长期毗邻城市中心贫民窟的情况下，长期忍受周边的环境却一直未出现衰弱的迹象。他在进行实地调研之后指出，"情感"和"象征"是该现象的主要成因。此后，Gerald（1984）在 Firey 的研究基础上进一步地对城市情感和象征进行了研究，并指出市民的城市区位选择受到蕴含于城市地标功能的城市文化的影响，并利用波士顿、纽约、芝加哥、洛杉矶和休斯敦为例证明了城市地标在这些"受震动"的城市中所发挥的文化吸引力。

W. Kirk（1963）从行为研究的角度对针对城市居住行为提出了现象环境及行为环境概念。其研究指出，现象环境是外部的自然世界，行为环境是人感知下的环境，而城市居民的居住行为应是两者的综合体。Wolpert（1965）提出了地点有效和行动空间这两个关于城市居民择居行为的解释。Robson（1975）从经济学和社会学两个方向提出了居民居住分布的压力理论。其研究认为，迁居行为是由内、外两类压力共同作用的结构。其中，内部压力是家庭收入的增加和社会地位的提高，外部压力则来源于社区环境及邻里关系的变化。

Glen Weisbrod 等人（1980）针对家庭特征对居住区位的影响展开了研究。其以生活在美国明尼苏达大都市区的家庭为例，通过比较通勤、就业等因素对家庭的居住区位分布展开研究。其研究结果显示，家庭的构成特征对居住区位的选择具有重要影响。例如，年轻、无子女家庭倾向居住于中心城区。

Paul Waddell（2000）通过模拟房地产行业的运行对居民的居住区位选

择进行了研究。其研究发现，一方面居民居住区位选择的主要因素是住宅与工作地和购物场所的可达性；另一方面有无孩子和房价也是居住考虑的重要因素。人们根据这些经济因素与非经济因素的重要程度，在房地产市场的供求变化下进行调整并实现自身效用的最大化。

Stuart Gabriel 和 Gary Painter（2001）通过研究美国洛杉矶地区，得出了居住区位以种族为标志进行分类的结论。其研究结果显示，非洲黑人移民家庭和白人家庭的居住区位处于分异状态，白人家庭倾向于选择郊区住宅，而非洲黑人移民家庭倾向于选择城市中心住宅。由以上研究的结论来看，家庭结构、区位通勤、社区环境、种族构成及邻里关系等众多非经济因素对居民的居住区位选择也具有着重要的影响，因此值得深入研究。

此外，Michael Pacione（2001）、Ruoppila S.和 Kahrik A.（2003）都研究认为居住选择的空间偏好受到来自居民个人社会属性特征差异的影响。

二、与城市择居行为相关的国内研究进展

我国的近代城市研究起步较晚，学者们的研究大多借鉴了西方经典的城市研究理论。本书从国内学者对城市择居行为相关研究的主要关注点和学科背景出发，将其划分如下：

1. 对区位经济性展开的城市择居行为研究

张庭伟（1982）在对我国一般城市的居民居住区位选择研究中，提出了居民迁居的"始显点理论"。其理论认为，从城市内部来看，虽然居民普遍向往更好的住房，但是家庭收入的限制妨碍了居民迁向更好的住宅。只有家庭的经济实力增强后（人均 GNP 要在 3000 美元以上，即起点），迁移才成为可能。因此，无论是城区的扩展或内部空间结构的重组，都受制于市民的经济实力。

杨盛元（1996）研究认为，20 世纪 90 年代城市人口及其居住区位分布的变化与产业分布和发展的变化呈现中同步集中化的趋势，因此区域经济发展是居住区位分布的重要影响因素之一。其以重庆市为例，研究了重庆居民居住区位在 20 世纪 90 年代的变化趋势，并证明了重庆城市人口及其居住区位分布的变化与当地产业分布和发展的变化呈现同步集中化的趋势。

冯健、周一星和程茂吉（2001）以南京为研究对象，针对城市外来务工人员的居住分布进行了研究。其研究认为，外来打工人员的居住分布已呈现出按省籍、职业等属性分布的特点，并通常聚居于城市边缘区域与城乡接合部地区，与城市原住人口呈现居住分离趋势。

江曼琦（2001）效法 Alonso 的互换公式，对城市居民的居住区位效用进行了研究。其将经济的聚集效益概念加入到了原互换公式中。通过实证分析其认为，在我国用地密度与城市中心距离呈反比，居民的居住区位偏好由需求差异决定，而房屋的形态则由收入约束控制。

曹振良（2003）认为，住宅区位论是研究住宅空间分布规律、探讨住宅开发和建设活动所应遵循的空间经济法则的理论。可见城市区位研究具有极强的经济性，基本的研究目的首先在于研究空间经济法则，然后才是研究区位上的其他社会关系。

2. 从区位生活属性展开的城市择居行为研究

向大庆（1995）认为，区位、居住区整体环境及单体居住品质三个因素是影响中国城市居民择居标准和消费价值的主要因素。

许晓晖（1997）通过分析上海市商品住宅价格的空间分布规律，探讨了上海各城区区位因子对价格空间分布的影响，并指出区位、通勤是影响上海市民居住选择的重要因素。

周霞等（1999）通过分析古代广州的城市空间格局，得出了广州城市形态深受"风水"思想影响的结论。

陶松龄等（2001）在研究上海市形态演化的基础上，认为城市形态是地域文化的一种文化信息载体，任何一种城市形态都是在文化的长期积淀和作用下形成的，上海城市形态的演化就深受吴越文化和西方文化的影响。

董昕（2001）分析了我国在计划机制和市场机制两个不同的经济体制下居民住宅区位选择的影响因素。其研究结论认为：在计划经济体制下，住宅区位主要受到政治因素和单位力的影响。在市场经济条件下，则呈现出了多元化的影响因素。其中，影响中高档公寓区位的主导因素是就业区、商业区及城市公共服务设施的位置、交通运输条件和地价；影响经济适用房的区位主导因素是地价和城市规划；影响花园别墅区位的主导因素是自然条件。

吴启焰（2001）结合城市的历史、政治及社会变革等因素对中国城市居民的居住分布展开了深入的研究。其指出当前中国城市择居行为分异的成因，主要是运用激进的马克思主义的社会空间统一体理论对城市空间进行规划的产物。

3. 从区位综合属性展开的城市择居行为研究

杜德斌等（1996）以家庭为研究对象，从居住区位的需求理论出发，对城市家庭的居住分布进行了研究。其根据家庭的不同结构，将中国城市家庭的类型划分为：工薪家庭、高收入家庭、单身和夫妻家庭、"空巢"家庭和"外来人口"六种类型。其指出在中国市场经济不断发展的情况下，家庭结构、经济收入和社会文化背景将是造成城市家庭居住区位分化的三个主要原因。

吴良镛（1996）创立的人居环境学着眼于人居环境。其指出环境，它不仅仅指住房、乡村、集镇、城市的实体，而是人类的活动过程，如居住、工作、教育、卫生、文化、娱乐等，以及为维护这些活动而进行的实体结构的有机结合，这些都是人居环境的组成部分。

程海燕和施建刚（2000）从房地产价格的角度出发，研究了市民居住的选择与房地产产品的周围环境、交通通信、社会文化环境及购物出行的方便程度和地租呈显著的相关关系。

叶迎君（2001）以苏州为例，分析了中国城市存在的居住空间分异现象。其研究结论认为，造成当前中国城市择居行为分异的主要原因有五个：经济发展带来的社会阶层分化、城市建设带来的城区快速扩张、住房制度带来的分配方式变革、市场经济带来的房产投资多元化和社会发展带来的价值观念变化。

刘冰等（2002）以上海不同类型的社区为案例进行了调查研究。其调查认为，当前以上海为代表的城市存在居住水平差距大、社会阶层分化、居住价值取向多元化等趋势，并建议政府通过社区建设提高社区质量、增强社区凝聚力等方法应对这些社会问题。

张文忠（2001）以北京为例对北京市民的居住区位选择进行了研究，其研究结论认为，一方面，房价的高低是决定城市居民住宅区位选择的主要条件，一旦居民确定了自己愿意支付，其居住的区位就大体决定了；另一方面，居民自身的社会、经济、文化等特征，以及对不同住宅区位和环境的偏好也左右着其住宅区位的选择过程和结果。其在之后的研究中还系统地指出了我国城市居民的居住区位选择包括内生和外生两方面因素。其中，内生因素包括了居民的收入、年龄、家庭、出生地、民族及宗教等因素；外生因素包括了区位、社区服务、地区房价、治安状况、教育环境及医疗水平等因素（张文忠等，2004）。

郑思齐（2005）构建了城市住宅区位支付意愿梯度模型，利用北京、上海、广州、武汉和重庆五城市的调研数据对模型参数进行了估计。模型估计结果显示，高收入群体仍倾向于居住在距离市中心偏近的位置。另外，工作地点、对环境的偏好、城市规模和郊区基础设施完善程度都会从各方面影响支付意愿的梯度值。

王波（2006）指出，造成上海居住空间分布的原因主要有：①社会结构分层导致的空间分异；②城市功能调整造成的空间分异；③居民消费心理与习惯不同带来的空间分异；④交通技术变革促进了空间分异；⑤重大工程选择政策导致的空间分异。其由此指出空间分异带来的问题为：中心城区居住负荷过重，功能配置失调，城市居民出现隔离现象。

4. 从居住分异的视角展开的城市择居行为研究

许多学者的大量研究成果均表明，城市居住问题不仅是一个经济范畴的问题，而且还是一个社会范畴的问题。后者最为集中地表现于城市居住分异现象。

在我国实施以货币分配为主的住房制度改革以来，借助市场的力量将孕育于社会的择居潜能极大地调动了起来。一方面，其在很大程度上满足了许多人改善居住条件的愿望。另一方面，由经济支付能力决定居住水平的住宅经济又自然而然地引发出以家庭经济收益水平作为城市社会群体居住条件的新划分标准，形成居住分异。并且，在以家庭经济收益为主线的引导下，这种分异划分的影响还逐渐扩展到了其他社会元素。在分异条件下，职业的选择、获取社会资源的能力及社会地位等社会元素或多或少地受到了影响。

居住分异与择居行为呈现为一种互为因果的相互作用关系。既可以是由于居住分异的内因诱导了城市择居行为的发生，也可以是城市择居行为映射了城市居住分异的客观存在。许多学者的研究均反映了该问题。魏立华、李志刚（2006）认为，自20世纪80年代中期以来的大规模旧城改造和新区房地产开发凸显出居住差异，将由于市场竞争所造就的具有不同经济能力的人群占有城市不同的居住区位的现象得以充分暴露。其在文中形象地描述了这样一组居住景观：穷人首选地点，逐工作机会而聚居；富人首选环境或凸显其"身份性"的区位。俞静、朱嵘（2006）认为，城市空间分异是社会分化在地域空间上的投影，是指不同收入群体的住房选址趋于同类相聚，空间分布相对独立、分化的现象。赵凤（2007）指出，不同收入和社会地位的人开始不断分离、各自聚集，原来混居的人们开始分别属于不同地段的住宅区域内。张祚、李江风等（2008）则认为，在居住分异影响下，居民通过自由化的居住选择，与社会阶层对应起来，形成住房和邻里的阶层化。

从既有的研究来看，学者们对不同分异原因诱导下的差别化城市择居行为均展开了深入而广泛的研究。本书将国内的此类相关研究归结为三类。

第一类：由房价、家庭支付能力等经济因素主导的择居行为。杨上广等（2006）通过上海商品住宅面积、单位均价、不同房屋类型的空间分布来研究房价对上海不同社会阶层的空间分选作用。郑思齐、曹洋、刘洪玉（2008）认为，城市房价与城市价值、城市居住之间具有正相关性。王玥、王闯（2008）指出，在房地产价格较高的沈阳市，房价是市民决定其居住区位的重要制约因素。因为大多数中低收入者都受经济条件的限制。相比之下，其他因素和价格因素比起来，其影响程度都是相对微弱的。王林、易文华（2009）通过研究中低价位住房选址问题认为，中低收入群体的货币支付能力与城市居住空间分异、中低价位住房选址等方面因素相关。

第二类：由职业、乡情、户籍等社会因素主导的择居行为。李若建（2003）通过对广州市外来人口居住空间分布的社会调查发现，影响该群体在城市分布形态的直接因素中，就业价值取向位列居住环境改善之前。梁丹、甘豫华（2010）在对郑州城市居民择居行为的影响因素进行分析后认为，不同职业对居住空间的选择也不尽相同。一般地，相同职业的社会群体在居住区位空间选择行为上具有类似性和趋同性。

第三类：由保障性住房空间区位及配套设施折射出的择居行为。城市家庭经济收入低微群体享用政府提供的保障性住房，通常被认为是符合于该群体居所的优良选择。然而，在当前我国一些城市出现的保障性住房空置现象，却折射出了该群体的"非一般"的择居行为。钱瑛瑛、陈哲、徐莹（2007）依据"空间失配"理论对上海市保障性住房选址进行分析，认为经济性和社会性标准影响着居住者的择居行为。钱瑛瑛、王振帅（2009）在针对"不少集中兴建的保障性住房被空置，没有人愿意买或者租赁"及"待保障群体仍旧没有合适和充足的住房"等典型现象进行剖析后认为：居住者的自主择居行为、原有的城市文化命脉和良好邻里社区支持网络关系、生活方式保障是保障性住房建设应当要充分予以关注的。宋伟轩（2011）在对我国五个特大型城市北京、上海、南京、武汉、广州的保障性住房空间布局特征进行分析后指出，保障性住房远离城区是影响保障对象入住的主因之一，如"广州市目前建成的保障性住房大多分布在番禺、花都、黄埔、白云等距离市区较远的区域，虽然新建的保障性住房在建筑质量、户型结构、基础设施等方面达到较高的标准，但是由于远离市区，不少特困户出于交通费用和时间成本的考虑，只能选择放弃入住"。

鉴于上述相关研究，及由一些城市的保障性住房入住率较低所展现出的事实可以看到，住房虽然是在城市生活所必需的重要组成部分，但即使是在城市住房困难的低收入群体中，其择居行为也不仅仅是关注住房的居住功用，而是将择居的视角放大到现代社会的城市发展环境之中，具有强烈的文化、价值观背景。同时，这些现象和研究结果，也佐证了本书引言部分所展现的，在现代社会的城市居所选择中，家庭经济支付能力虽然是重要的影响因素，但这并非是唯一的重要推断。

三、对国内外城市择居行为相关研究的讨论

国内外对于城市择居行为的研究已经分别形成了较为完整的体系，但是仍然都存在一些研究的局限和可以改进的空间。本书认为，国外的城市择居行为相关研究在不断的传承中被逐步地改进，其研究的连续性、逻辑性和完整性都好于我国目前的相关研究。以本书主要关注的洛杉矶城市学派和芝加哥城市学派为例：这两个学派在研究理念上对城市社会空间形态及秩序的把握是精准而具有超前性和预见性的。但是，在实证方面其尚有待改进，尤其是老芝加哥学派并不注重专业化的、科学的、有效的实证。但是，虽然以 Clark 为代表的新芝加哥学派已经注意到了统计实证方法的重要性，但是其在实证中运用的方法主要还是以较为经典的简单相关分析和普通回归分析为主。从更普遍的角度来说，在统计方法上的多样化和深入化应用也是国外城市择居行为研究相关学者需要改进并可以向我国一些学者进行学习的。

相对于国外的研究，国内对于城市择居行为的研究不足主要体现在研

究理念和研究数据两个方面：

1. 国内对于城市择居行为的研究在研究理念上有待创新

我国对于城市择居行为的研究大多是综合性研究，即认为来自"方方面面"的因素都对我国城市择居行为具有重要的影响。本书认为，城市居住行为秩序不可能不受到来自所谓"方方面面"的影响，但是这种影响不能是不分主次、不分先后、不分时期的。例如：新中国成立初期，我国城市居住实行"单位制"的情况下，房价因素对于城市居民的居住区位的影响就十分微弱；反之，在当前的我国城市社会中房价因素可能对城市居民的居住区位具有重要影响。这些变化都是具有社会属性并受时代背景影响而不断变化的。国外学者目前所取得的许多新的研究成果及正在进行的前沿研究都是基于全球化及后工业化发展时代背景的。目前国内的研究对于社会、时代变迁的关注较少。例如，学者们对我国城市社会出现的新现象"学区房热"、"房奴"、"蜗居"、"蚁族"等问题尚没有从城市择居行为研究的角度出发进行系统、深入的研究。这也是本书认为国内对于城市择居行为的研究需要在理论上实现创新和突破的原因。

2. 国内在城市择居行为研究中所运用的数据有待丰富

国外在城市择居行为研究中所运用的数据是丰富的，其包括了来自各个级别的宏观经济数据、调查问卷数据。就本书查阅的国内研究文献而言，省级和城市级的宏观经济数据及小范围的调查问卷数据是国内学者在城市择居行为研究中运用的主要数据类型。一方面，省级和城市级的宏观数据不利于反映城市内部择居行为的秩序；另一方面，小范围的调查问卷数据难以用于探索城市择居行为的运行规律。国外学者很早就发现了数据局限对城市择居行为研究的影响并进行了有针对性的改进。例如，Ingelhart 已经在世界范围内进行了将近五十年的"世界价值观调查"（World Value Survey）扩大了城市微观研究的范围；而 GIS Tutorial：Workbook for ArcView 9 一书的作者卡耐基梅隆大学（Carnegie Mellon University）的 Kristen Kurland 正在试图将 Google Map 时空数据库与 ArcGIS 研究软件进行对接，一旦其对接成功，将为城市择居行为研究带来革命性的变化。由此可见，国外学者在城市择居行为研究新数据源的建设方面，尤其是在网络数据源的引入方面已经进行了超前的研究尝试。虽然国内一些学者也注意到了类似的问题，并在数据的采集方面进行了改进，但是数据来源及挖掘手段的匮乏仍然是困扰目前国内城市择居行为研究的主要问题之一。

第二节　城市房价空间差异的国内外研究进展

　　城市房价空间属性问题是一个多学科交叉且具有强烈时代前沿性的研究领域。其涉及房地产经济学、城市经济学、城市社会学、空间经济学等多学科领域，在理论基础与研究方法上具有较强的跨学科特点。近十年来崛起的新经济地理学提出的空间研究新理念，特别是对空间作用力及动态性的研究和发掘，赋予了城市空间研究、城市功能区定位、城市建设发展和城市资源利用等重大问题以强烈的时代前沿意义。针对本书提出的研究房价空间属性及其对房价形成与演化影响的主题，笔者将从房价的空间属性和房价空间预期两个方面展开对国内外研究现状及发展动态的分析。

一、与城市房价空间属性相关的国内外研究现状

　　本部分内容将从对城市房价空间特征的相关研究、对影响城市房价的空间因素的相关研究、从城市房价空间属性出发探究城市房价问题的相关研究三个方面展开梳理和总结。

1. 对城市房价空间特征的相关研究

　　国外学者从空间视角分析城市房价的研究起步较早，并积累了丰富的研究方法和成果。Berry 等（1963）通过对房价空间特征的分析，提出城市住房价格主要在中央商务区表现出高峰值，在城市的局部位置表现出小高峰值，并沿交通干线扩散，因此存在"梯度廊道效应"。Olmo（1995，2007）对西班牙城市 Granada 进行了跟踪研究，对该城住宅价格的空间特征进行了分析与变化趋势估计。Roehner（1999）结合房地产价格泡沫，对不同空间位置城市房价特征进行了分析。Gamez 等（2000）利用 Kriging 技术对西班牙城市 Albacete 的房价特征进行了空间插值分析。Ding 等（2000）通过利用地理信息系统（GIS）获取住宅的空间特性变量分析了投资对临近住宅价格的影响。Bowen（2001）和 Liv Osland（2010）在住宅价格特征模型中加入了空间特征变量并分析了空间特征的自相关性。Ingrid Nappi Choulet 等（2011）利用空间自回归方法对法国巴黎的房

价特征进行了分析。

国内也有许多学者应用各种方法从空间特征视角展开对城市房价的研究。吴宇哲、吴次芳（2001）、李玲等（2003）、蒋芳等（2005）以及宋雪娟等（2011）采用多种类型的空间插值方法，对我国城市住宅价格的空间分布格局及特征进行了研究。许晓晖（1997）运用 GIS 的相关方法和技术揭示了上海市商品住宅价格的空间分布规律。其研究发现一些重大交通设施对住宅价格影响程度各不相同并探寻了各区段因子对价格空间分布特征的影响。罗平、牛慧恩（2002）和王霞、朱道林（2004）分别针对兰州市和北京市的住宅价格，运用地统计学的变异函数理论和克里格最优内插法，绘制了城市房价地图并分析了房价的空间特征及分布规律。孟斌等（2005）利用空间分析中的点模式分析、空间自相关分析和空间插值方法，探讨了北京市普通商品住宅价格的空间分布特征。周昭霞（2005）通过构建"单中心"模型的扩展形式解释了杭州城市地价空间分布特征及结构的成因。梅志雄、黎夏（2007，2008）利用地统计学中的趋势分析方法对东莞市住宅价格空间分布的特征及其成因进行了分析。宋利利和路燕（2009）利用新乡市 2007~2008 年普通住宅商品房的交易均价，借助 GIS 分析工具对当地的房价空间分布特征进行了分析并讨论了其成因。

由上述已查阅的国内外研究成果可见，学术界已形成共识，即在城市房价的研究中高度重视房价与城市空间的关系。

2. 对影响城市房价的空间因素的相关研究

空间因素对城市房价具有重要影响。在开展城市房价空间分布特征研究的同时，许多学者也进行了房价的空间因素的相关研究。例如，学者们进行了交通、景观、绿地、环境质量等对城市房价影响的各类研究（Geoghegan 等，1997；Morancho，2003；Sean Holly 等，2011）。Pace 等（2000）由空间因素出发，利用 12 个空间和时间变量，采用空间统计方法对城市住宅价格的形成进行了实证分析，并建立了预测模型。Stevenson（2004）利用美国波士顿的包含 1995~2000 年的 6441 个住宅样本点的面板数据，选择了 30 个空间要素进行了证实分析。

我国学者也已对影响城市房价的空间因素展开了大量的研究。郑芷青（2001）探讨了地价因素、交通条件、市内交通绿化环境、生活服务设施、就业及物业管理水平对住宅价格的影响。马思新、李昂（2003）选择了区位、绿化率等 9 个变量，利用住宅特征模型对北京的住宅价格进行了实证分析，发现区位因素对住宅价格有显著影响。温海珍（2003）对杭州市290个住宅小区4063个挂牌交易的房价样本数据进行了整合，建立了住宅Hedonic价格模型，并以此分析了空间要素对住宅价格的影响。李雪铭（2004）基于住宅小区价格资料，揭示大连市商品住宅价格的空间分布规律，并从地价差异、自然条件和城市功能影响、交通条件、生活基础设施、环境条件等方面对住宅价格的影响因素作了分析。周春山等（2004）将广州老八区分为高档价格、较高价格、中档价格和低档价格等不同区域，探讨了区位因素、政策因素、市场供需因素及社会因素对广州市住宅价格的形成及空间分布规律的影响。周华、李同升（2007）收集了西安179个普通住宅小区的详细资料，构建了西安市住宅价格的Hedonic模型，并分析了各空间因素对西安房价的影响。赵自胜（2010）指出，在教育因素的驱动下，家长为了孩子能够进入一所声誉良好的中小学校就读，不惜花费更高的代价搬迁到教育资源较好的区域。因此，教育因素在空间中的表现对家庭的居住地选择具有重要影响进而能够影响房价。

由上述研究成果可见，空间因素对城市房价的形成具有显著影响。

3. 从城市房价空间属性出发探究城市房价问题的相关研究

不少国外学者已依托城市设施，如地铁、公园等，从侧面和相关问题出发开展了对城市房价空间属性的研究（Jeanty，2010）。Chen（1994）利用GIS测度可达性（最短街道距离）展开对住宅空间的特性研究，可视为对城市房价所具有的交通属性的研究。Orford（2000）也利用GIS工具测度了"离市中心距离"、"周边是否有公园"等空间特征，在构建的Hedonic模型中对这些特征进行了指标刻画，并以此分析了影响房价变化的动力因子。

国内对城市房价空间属性的研究主要集中在对房价所具有的交通属性的研究。黄慧明（2001）和郑芷青（2001）认为，地铁减少了城市"中心性"对房价的影响。王霞等（2004）以北京市轻轨13号线为研究对象，提出轻轨站点所具有的交通属性在城市中心区对房价的影响较小。褚劲风（2004）、陈毕新和陈小鸿（2006）、王德和黄万枢（2007）认为，上海市轨道交通对房地产的影响主要表现为各站点一定范围内房价的上涨和不同区位影响程度有较大差异。郑捷奋等（2005）以深圳市为例，根据特征价格理论评估了轨道交通对房产价值的影响，发现城市轨道交通属性的提升将带来显著的住宅增值。在其他空间属性研究方面的情况是：温海珍、贾生华等（2004）选取了厅数目、室数目、建筑面积、主要朝向、房龄、装修程度、生活设施、车库车位、楼层、阁楼、学校、超市、停车场、幼儿园和交通状况等多个房价空间属性构成变量对杭州的住宅市场利用住宅特征模型进行了实证分析。郭晓宇（2008）通过特征价格方法，在筛选了房价属性构成变量的基础上，对城市内部区域的房地产市场进行了细分。

由上述研究成果可见，虽然系统地、明确地从城市房价的空间属性出发展开城市房价空间研究的文献还较少，但不少学者已经意识到了该研究领域及研究视角的重要意义。

二、城市房价空间预期相关的国内外研究现状

本部分内容将主要从房价预期的提出及含义和预期对房价的影响相关研究两个方面展开梳理和总结。

1. 房价预期的提出及含义

预期即对未来情况的估计，此概念最早由瑞典人维克赛尔（Wicksell）提出。其后，米尔达尔（Myrdal）在《价格形成问题与变动因素》一书中强调了企业家对未来的主观预期、不确定性等因素在价格形成中起着重要的作用（田英，2008）。凯恩斯（Keynes）在《就业、利息和货币通论》（1936年出版）中也曾提及预期是影响总供给和总需求的重要因素，甚至是导致经济波动的决定性因素。由此可见，预期的研究在经济研究中占据着重要位置。Dipasquale和Wheaton（1994）提出了三种最普遍的房价预期：①外生的价格预期，该预期认为，家庭预测未来价格会随宏观经济而增长，因而不受当地住房市场状况的影响；②近似的价格预期，该预期家庭根据过去的住房价格趋势估计未来住房价格变动，认为过去的趋势会延续到未来；③理性的预期，该预期家庭具有完全的关于市场运行状况的信息，所做出的预测与市场未来的实际变化情况是符合的。Capozza等（1996）、Capozza等（2002）也就房价的预期问题提出了类似的观点。同时，预期本身是对某一事物未来发展态势的一种主观判断，因此较难精确测度（Taltavull和McGreal，2009）。

2. 预期对房价的影响相关研究

现有研究中已经有不少学者从预期角度研究房价问题。一般地，在完全理性市场中，价格是由经济基本面因素决定的，如收入、人口变化、国

家经济情况，等等。投资者在这样的市场中可能使用所有这些基本面潜在可能变化的有用信息去预测未来价格变化（Mankiw，Weil，1989；Poterba，1991）。Case 和 Shiller（1988，1989）、Shiller（1990）提出，购房者的购房决策更多的是根据对房地产市场的预期进行的。Case 和 Shiner 在 1988 年对购房者进行了问题调查。结果显示，住房市场中的投资者是不知道经济基本面的，市场在很大程度上是由预期来推动的。Clayton（1996）采用来自加拿大温哥华的数据检验了房价与基本价值和理性预期之间的关系。其研究发现基本价值能够解释房价波动的大部分，但理性预期对房价波动的解释微乎其微，说明房价波动是非理性的。Muellbauer 和 Murphy（1997）对 1957~1994 年英国住房价格波动的研究发现，金融自由化是房价波动的主要原因，收入预期和实际利率也是房价波动的重要原因。Malpezzi 和 Wachter（2005）在住房存量调整（Stock Adjustment）模型和适应性预期基础上，建立了一个房地产投机模型。他们认为，受预期影响，投机对房价波动也产生重大影响。

国内也有一些学者将预期纳入到住房价格模型中，检验预期对住房价格波动的解释力（师立新，2009）。沈悦、刘洪玉（2002，2003）对中国1995~2002 年 14 个城市数据的研究发现，加入年度虚拟变量，城市经济基本面的解释力大大下降了，表明适应性预期对住宅价格变动具有显著影响。翁少群和刘洪玉（2005）强调了消费者对宏观调控的理解和由此产生的心理预期将影响其是否以及何时实施购买行为，从而可能影响房价的走势。梁云芳和高铁梅（2006）将代表消费者预期的上一期住宅价格波动加入到解释房价的模型中，利用 1999 年第一季度至 2005 年第四季度的数据实证结果表明，消费者预期心理对房价具有较强的滞后影响。郑思齐和王寅啸（2007）也指出，对房价走势的预期是影响住房需求和房价的重要因素。任荣荣、郑思齐和龙奋杰（2008）利用我国 35 个大中城市 1999~2005年的相关数据，实证了"未来价格会继续高涨"的预期会使居民对住房的需求过度膨胀，从而导致房价的非理性增长。孔煌（2009）研究了市场预期与房地产价格波动的关系。其采用 Granger 因果检验得出房价是消费者预期的 Granger 原因，但是消费者预期并不是房价的 Granger 原因。况伟大（2010）在住房存量调整模型的基础上，考察了预期和投机对房价的影响，指出预期和投机对房价的波动具有较强的解释力。

综合以上已查阅到的研究成果可见：预期对房价具有重要的影响，但已有研究中对预期的刻画大多较少考虑空间的差异性。比如，某一区域拟新建一所公园，则购房者根据该信息预期该区域房价将如何变化以及变化多大，对此类实证研究的成果尚不多见。

三、对国内外房价空间差异相关研究的讨论

综上所述，本书认为，一方面，许多国内外学者的相关研究在一定程度上涉及房价空间属性的含义，也涉及房价空间属性对于房价形成演化具有重要性，这就表明本书提出对房价空间属性进行研究具有重要性且具有一定的相关理论研究基础支撑。但另一方面，对城市房价空间属性的研究无论是在理论方面，还是在方法上都还需要开展更系统和全面的探索。例如：①当前房价空间的研究思路主要是从房价空间特征的研究视角出发，较少对房价空间形成原因及构成要素属性的进一步量化研究。其原因主要在于采取"由外到内"的房价空间特征研究方式更易于对房价的空间分布进行现状的探索。"特征类似却成因不同"的难题却不易"由外到内"挖掘。因此，本书认为，可以改变研究思路，即从房价的空间属性出发进行"由内到外"的研究探索。②对空间构成要素属性的定性分析相对于定量分析而言较多。其原因主要在于微观空间数据难以获得。在当前网络信息资源日益丰富的时代背景下，本书认为该研究难题可以通过数据挖掘的相关手段来解决。因此，可以由此进一步在该研究领域推进各类定量分析。③在当前的房价空间相关研究中对静态特征的研究相对较多，而对房价空间动态变化的定性、定量研究相对较少。动态研究较少的原因主要在于能够应用于房价空间研究的方法及工具尚有待进一步发展。本书认为，在当前系统科学研究中大量出现并迅速发展的模拟、仿真技术可以有力地推进房价空间研究领域的动态化研究。④已有的对房价预期进行的研究较少关注城市房价空间变化的差异化问题。目前的房价预期研究主要集中在大众预期对宏观房价的影响方面，因此有必要对房价预期的成因，尤其是房价空间预期差异的成因展开研究。

第三节　城市居住研究视角下的现代城市
思考与启示

从上述的城市择居行为与城市房价空间差异的内外相关研究的内容来看，不论是对居住偏好、社会组织架构等城市社会层面展开的研究，还是从土地经济、空间经济等城市经济角度开展的探索，其中的基本立足点和背景假设均是对城市生活与城市发展的期许与预期。由此，国内外的许多城市研究"大家"也纷纷提出了自己对城市生活与城市发展的认识。本章将基于这些影响深远的城市生活与城市发展理念，就城市与居住的关联关系展开分析与探讨，并提出本书对现代城市及居住问题的认识及理解。

一、城市与居住的关系探究

埃比尼泽·霍华德（E. Benezer Howard）在距今110多年前提出的建设田园城市之构想中就提出要重在小城镇建设并视居住以"提高所有各阶层忠实劳动者的健康和舒适水平"为指向。这一断言至今在世界各国仍然被备受推崇。

简·雅各布斯（Jane Jacobs，1961）在其享誉世界的名著《美国大城市的生与死》中指出城市要有活力，必须要具备四个方面：①城市需要混合的基本功用，将人们的出行时间分散到一天内的各个时间段；②城市需要小的街块，增加街道的数量和面积，增加人们接触的机会；③城市需要不同年代的老建筑，满足经济能力不同的功用的需要；④城市需要充分的人口的密集，使各种功用充分发挥经济效能，增加城市的舒适性。

在我国，创立了"人居环境学"的吴良镛先生认为，城市与区域不仅是地理的划分，而是地理要素、经济要素、人文要素的综合体，他主张复兴城市和地区的历史文化遗产，使其成为优良传统观念和生活理想的重要载体。

至今，上述城市理念仍然影响着世界城市的发展及城市研究者们的探索方向。尤其是本书探索的核心"城市择居行为与房价空间差异"——这两个城市居住问题的重要构成，究竟是"安得广厦千万间"还是"物以类聚"、"各居其位"？从不同的城市理念出发可能得到截然不同的答案，由此在进一步地展开对本书探索问题的研究之前，有必要对城市与居住的关系展开更深一步的探讨。基于对城市居住及房地产相关问题的研究，也基于世界城市发展的现状及趋势，更基于对我国城市、经济、社会及文化等发展阶段、发展背景的考虑，笔者认为，在当今人类社会应该从"人本角度"探究城市与居住的关系。由此，本书提出了如下两个方面的城市与居住关系的人本主义思考与理解。

1. 城市是人类生存需要依附的空间

回顾各国城市的发展历程，当城市成为区域的经济发展引擎及中心时，其最为显著的一个表现就是人口向城市集聚。据世界银行的统计数据显示，从分布于世界各地的国家和地区城市人口的年度数据看，第二次世界大战结束以来，除少数国家在部分年份出现过城市人口的倒退，如斯里兰卡2005~2010年城市人口比重低于2000年的数据，绝大多数国家的城市人口都保持着持续的增长。伴随着世界工业大发展而迅速发展的城市及现代的城市社会，使得人类对其的生存依赖性与日俱增。

2. 城市是人类寻求全面发展的源地

追溯现代城市出现的本源，城市是人类文明进步的产物，城市的发展从本源上就是人的发展结果。从根本上看，代表先进生产力的城市，使得人的发展有赖于所居住的城市。纵观世界城市的发展历史，随着当今世界城市的更大发展，城市被赋予了更重要的意义，本书认为该重要意义即是"最适宜人居住的城市是人类寻求全面发展场所的期盼"。

从一般意义来看，"最适宜居住城市"也称最适合居住的城市，是指人类聚集所依赖的自然、经济、社会和文化等因素协调均衡可持续发展，满足人的共性需求和个性需求，环境宜人、生活舒适、经济繁荣、就业充分、教育发达、文化先进、社会和谐的城市。在由我国城市竞争力研究会主办的"中国十佳宜居城市"评选活动中，"生态环境健康指数、城市安全指数、生活便利指数、生活舒适指数、经济富裕指数、社会文明指数、城市美誉度"等指标是其评价是否"宜居"的重要标准。2005~2011年的我国十大宜居城市排行如表2-1所示。

表 2-1 2005~2011 年我国十大宜居城市排行

排名 \ 年度	2005	2006	2007	2008	2009	2010	2011
1	威海	成都	杭州	杭州	青岛	南京	青岛
2	珠海	杭州	成都	香港	苏州	厦门	苏州
3	桂林	扬州	威海	深圳	泰州	南通	贵阳
4	贵阳	贵阳	深圳	珠海	厦门	聊城	合肥
5	台州	威海	昆明	大连	宁波	绍兴	金华
6	北海	珠海	珠海	贵阳	长沙	云浮	威海
7	秦皇岛	绍兴	贵阳	威海	聊城	赣州	云浮
8	宜昌	北海	金华	南宁	河池	银川	信阳
9	咸阳	金华	曲靖	金华	包头	信阳	镇江
10	曲靖	曲靖	绍兴	曲靖	信阳	丹东	绥芬河

资料来源：中国城市发展网。

有别于上述一般认识，笔者认为，在当今世界城市，尤其是发展较快、人力资本富集（尤其是高级人力资本）富集的区域核心城市，其城市的宜居性早已不局限于"城市是人类得以休养生息的场所"这一既有概念。本书提出的"城市是人类寻求全面发展场所的期盼"是现今世界发展、时代进步所赋予城市的新使命。在本书引言部分提及的许多在大城市艰难生活却充满期盼的"蚁族"现象从一个侧面展现了该城市理念的作用。并非只在我国，在世界许多中心城市，如美国纽约、日本东京、韩国首尔，该理念认识也在发挥着重要的作用。

展望未来城市的发展，笔者进一步认为，城市发展的现代进程昭示着必须更加关注城市建设中关于人的发展。在现代化的城市建设进程中，人们为了自身的发展、为了顺应竞争发展的现实，对于城市建设的成果的享用，其不再是单纯地消费，而是具有从中获取发展机会、提升发展能力的成分。这在未来城市建设和发展的思考中是应当加以高度重视的。2010年上海世博会主题"城市，让生活更美好"，为人类寻求全面发展的源地描绘了一个美好的蓝图，即构建理性、宜居的城市布局和人居模式；实现资源良性循环和公众参与城市管理；重视城市基础设施及城市公共空间的建设；体现创新和可持续发展潜力。

城市是由人的发展而创造的，而城市的居住环境也会反作用于人的发展。在人本主义的城市发展理念下，人们认识到城市不仅是人类生存需要依附的空间，更是人类寻求全面发展的源地。如果说人类的"生存"需要重视"人与自然"的关系，那么人类的"发展"更需要重视"人与城市"的关系。由此，居住问题作为"人与城市"的最直接、最重要的关联之一，其内涵必须得到充分的认识。

二、现代城市居住的新内涵

既有研究大多认为城市居住问题在城市发展的早期，在工业化阶段是关于城镇居民谋生、栖息场所的讨论。这些研究中的城市居住理念与大众泛指的居住理念并无太大差异，其主要反映了人们的生理性需求，即是"衣食住行"四者之一。那时的城市居住内涵主要表现为寻求对居住者生理性需求的满足。在现今的城市中，尤其在人类城市社会正在并已经步入后工业化时期的阶段背景下，城市居住的内涵已经发生了巨大的变化，许多新的内涵被赋予到了现代城市居住之中。基于对城市择居行为及房价空间差异问题的研究思考，本书认为现代城市居住的两个代表性新内涵突出表现在"城市居住对城市发展的影响力日趋增强"与"城市发展与人的发展的匹配性越发重要"两个方面。

1. 城市居住对城市发展的影响力日趋增强

纵观世界各城市的发展历史，一些城市从小到大，持续繁荣，而一些城市则由繁荣走向衰落，都与人的需求密不可分。因此，当人们从城市居住的角度剖析这些现象时，就不难发现城市居住理念与城市发展所具有的密切关联。尤其是当发达国家进入后工业化社会，城市居民的生活方式及行为在科技变革和物质丰富双重作用下发生较大改变的背景下，城市居住理念不断地创新、演变，并越来越多地影响了城市的发展。本书选取了我国的深圳市与美国的底特律市，从城市居住的视角对其进行比较以诠释该内涵。

首先，从我国深圳市的城市居住与发展案例来看，深圳市作为我国改革开放的先驱而蜚声海内外。深圳市又称"鹏城"，是我国第四大城市、广东省第二大城市。从1979年宝安县更名为深圳市至今，历经30余年，这个昔日的我国南海之滨小镇，已经一跃成为常住人口数量达到1054.74

万人[①]的世界级大都会。

深圳今日的发展及取得的成绩是有目共睹的。一方面，其得益于国家"经济特区"相关政策的支持；另一方面，相较于我国其他的"经济特区"，深圳独特的、包容的、产业导向的城市居住形态，在其中发挥了不可替代的作用。

以下的三个现象隐喻了该形态对深圳发展的重要意义：①"贴面楼"、"握手楼"是对深圳工业区居住形态的直观、贴切的称谓。②20世纪90年代后，我国农民工主要流向深圳所在的珠三角地区。③2010年《深圳商报》报道称珠三角地区农民十年没涨工资。[②] 根据经典的刘易斯二元模型，当城市部门提供的工资高于农村生产可获得的制度工资时，农村劳动力的城市化转移才可发生；而当城市部门提供的工资高于城市生活所需的真实工资时，农村转移劳动力才能留在城市生存。由此看来，以居住成本为主要生存成本的农村转移劳动力能够不断地向以深圳为代表的珠三角地区聚集，其应该与该地区"密集"的"产业导向型"居住形态具有重要的关联关系。

然而，同样是近十年以来，深圳市的商品房销售价格和租赁住房价格均呈现持续的上扬态势。一方面，可以认为这是深圳城市发展潜力所带来的居住吸引力增强的表现；另一方面，居住成本的上升也将使得该地区的居住形态难以为继。近年来，珠三角地区出现的"农民工用工荒"现象，除了受国际经济环境的影响，也展现了甚至可以说加速了该居住形态、劳动力集聚形态的剧变。针对这一趋势，如果城市管理者不予以高度重视，则后果是严重的，远在大洋彼岸的美国底特律市（Detroit）就是典型的代表。

反观美国的重要制造业城市底特律，该市曾以美国"汽车城"的称号而享誉全球。然而，自2008年爆发的以"两房"倒闭为标志的、由美国房地产泡沫引发的全球金融危机以来，美国的许多城市发展被房地产泡沫所拖累，并出现许多严峻的"逆城市"发展现象。其中，尤其是底特律市备受冲击，并沦为了所谓的"美国最悲惨城市"。

底特律市始建于1815年，面积约370.2平方公里，是美国密歇根州最

---

① 2012年底统计，参见中经网数据库。
② 此消息来自于金融界网站，2010年4月14日转载《深圳商报》新闻，责任编辑：李辉。

大的城市。由美国统计局公布的数据显示，截至 2010 年，底特律仍以 71.4 万人的人口数量，位列美国第 18 大城市。然而，这与该市在 20 世纪 50 年代巅峰时期的 185 万人口数量相去甚远。在过去的这 60 年间，底特律成为了美国人口削减最多的城市之一。究其根源，世界分工的变迁、美国产业的转移以及城市居住形态的分异均对该城的衰落产生了重要的影响。

其与我国深圳相类似，均属于以制造业为主的城市，而在居住形态上看，集约化、"产业导向"型的居住形态也深刻地影响了底特律市的发展。其中，最值得借鉴的经验是"产业导向型"的居住形态缺乏长期的可持续的"人力资源"与"人力资本"吸引能力。底特律城市 80% 的经济依靠汽车产业，当该产业兴旺发展时，劳动力因工作机会和收入来源而富集于此，由此也带来了城市财政及城市其他相关产业的发展。然而，一旦产业的发展受挫，这种"产业导向型"的居住形态难以留住"人力资源"与"人力资本"。随着底特律汽车产业的衰败，城中的白人和中产阶级流向郊外，进而不但减少了城市的税收基础，更循环往复地不断深化着衰败的恶性循环。

曾经的美国人口第一大城市底特律的没落，使得我们不得不再一次思考：城市为何而生？因何发展？对于我国城市，尤其是我国经济发展的"排头兵"，与底特律市极为相似的、制造业密集的深圳市而言，如何在新时期背景下找到城市可持续发展的动力？将是我国城市学者和城市管理者所必须破解的难题。

要真正厘清该问题，本书认为，还应该进一步地回答来自五个方面的问题：

（1）理想生活与城市居住。城市发展为什么？人为什么要到城市来居住和生活？

（2）城市居住与社会和谐。居住作为人际间社会关系的外在表现，如何借助城市文化和价值观的融合来抑制"城市病"的发展？如何使城市居住空间的科学化布局成为城市可持续发展的推手？如何由保障性住房体系（包括廉租房、公租房及经济适用房）柔化城市居住的两极分化以防范城市社会断裂？

（3）人力资本与居住环境。城市未来的发展必须充分发挥人力资本的作用，并以此替代经典的物质性资本的趋势日渐清晰。然而，作为形成人力资本、汇聚人力资本、推动人力资本增值的必不可少的条件——温馨的城市居住环境该如何建造？

（4）城市居住与财富效应。住宅及房地产业对城市经济的直接贡献是显然的，对居住者所具有的财富效应也是显然的。然而，如何全面系统地认识这种贡献作用及财富效应？如何使城市住宅所具有的消费与投资的双重属性得以充分展现？

（5）城市居住与人的发展。面对知识经济、面对信息社会及不断更新的城市社会生态，城市居住与人的全面发展具有何种内在联系？如何从居住问题入手，以创新和完善人的全面发展对外界的要求？

只有当厘清了上述深层的、本源的问题，人们才能真正把握城市居住对城市发展的影响，并利用好这一重要的影响力，进而通过城市居住为城市的可持续发展提供源源不断的新动力。

2. 城市发展与人的发展的匹配性越发重要

2010年上海世博会的主题"城市，让生活更美好"，既是一个动人美妙的表述，也是一则发人深省的启迪，即城市作为一个明确的现实客体，如何满足发端于人的，对于所谓"美好生活"的抽象认同呢？根据马斯洛的需求层次理论，人的最高诉求是自我价值的实现。如果将"美好生活"定义为自我价值的实现，那么我们赖以居住的城市，是否存在一个潜在的、最大公约化的价值取向，进而能够满足城市居民获得全面发展的机会、获得价值实现可能的期许呢？回答上述问题，就要对城市发展与人的发展之间的匹配性展开探讨。

一方面，人的发展是一个古老且持续的哲学研究命题。随着经济社会的发展，随着城市现代化建设的进程，其内涵也在进一步的加深。尤其是在知识经济初见端倪的今天，知识经济的推进力是建立在人的全面发展基础之上的。在当今世界，人是最具能动性的要素，社会的发展往往是以人的发展为出发点和最终归宿的。另一方面，人的发展对外部环境的发展具有依赖性。代表人类先进生产力水平的现代城市的发展为人的发展提供了环境。人的发展离不开城市的发展平台，从某种程度上说，人个体的发展差异与对城市发展所提供平台的认识及享用有关。

但是，城市发展与人的发展的价值取向并非总是自然而然地吻合。当前，我国许多大城市已经发生或正在发生的现象都反映出了这一矛盾，"逃离北上广"就是其中最具代表性的现象。所谓"逃离北上广"，即是离开（或更激烈地称之为"逃离"）北京、上海、广州这些在我国经济发展水平较高、竞争较为激烈的一线城市。该现象是在当前我国大城市房价居高不下、生活压力持续增长背景下，出现的相悖于早年的"到北京去"、"北漂"思潮的一种反向新思潮。在一部以《逃离北上广》为名的系列丛书中，其分别以"北京太势利"、"上海太昂贵"及"广州太竞争"为题对该现象进行了描绘。这些书籍的题名由人的感受推及对城市的观感，其实质即反映了在现实背景下，城市发展与人的发展之间的不匹配现象。相对于这种由人而起的"自发"匹配调节，由城市而起，对人而言的"被动"调节，却在现代城市中被越来越广泛地运用于城市的管理和规划。我国上海地区的"落户积分评价体系"及北京地区正在酝酿的"落户年龄限制"①都可看做一种对城市发展与人的发展失配的行政调节。除此之外，高房价、竞争压力则可看做从经济及心理层面而发的失配调节类型。

由上述分析可见，城市是因人的建设而成，而人又受到城市环境、氛围场景的影响。但是，人的发展与城市的发展毕竟是不同的两个体系，其在发展的价值取向上具有分异的可能。在现代化的城市建设进程中，人们为了自身的发展，为了顺应竞争发展的现实，对于城市建设的成果的享用，其不再是单纯地消费，而是具有从中获取发展机会、提升发展能力的成分。这在未来城市建设和发展的思考中是应当加以高度重视的。因此，在现代城市的建设与发展中必须更加关注人的发展。如何匹配人的发展与城市发展，这既是哲学上的理念探究，也是城市建设层面上的务实操作的现实问题，是城市可持续发展研究的重点之一。

三、中国特色的城市居住形态构想——"惬意城市"启示录

1898 年，著名的英国城市问题研究者埃比尼泽·霍华德针对当时英国快速城市化背景下所出现的交通拥堵、环境恶化以及人口大量无序涌入大城市等"城市病"，提出了著名的"田园城市"（Garden City）理念：田园城市是为健康、生活以及产业而设计的城市，它的规模能足以提供丰富的

---

① 此消息来源于：人民网《人民日报》，2013 年 05 月 06 日 10：39《北京回应毕业生落户年龄限制：紧缺人才进京有门》新闻，责任编辑：刘佳。

社会生活，但不应超过这一程度。这一论断开启了人们对城市生活，尤其是居住生活的新认识，并影响至今。1933 年《雅典宪章》提出，居住是城市最重要的城市功能，住宅区应该占用最好的地区，住宅区应该接近一些空旷地，以便将来可以作为文娱及健身运动之用，并以此强调对人的尊重及需要的满足。1977 年《马丘比丘宪章》提出，要理性地看待人的居住需要。1999 年《北京宪章》提出，应当将城市建成一个美好的、可持续发展的、更加公平的人居环境。2010 年上海世博会提出，"城市，让生活更美好"。

上述世界著名的城市居住理念展现了人类对城市居住诉求的演进。居住是人类文明发展的一类重要场景。人类从穴居到建造各种舒适美观大方的现代房子和对惬意生活居住的追求，其演化的脉络可以被认为是居住历经着从满足有个安所到体验精神层面及分享惬意生活的概念演化。城市的居住观体现着城市的发展理念。

由此，结合上文对城市居住与城市发展的讨论，笔者针对我国当今城市发展中所出现的问题，所面临的来自发展、民生、经济、社会等多重压力、面对新世纪及即将到来的后工业社会，提出应当从追寻城市作为居住场所的功能由来，从对城市居住观的演绎，勾勒具有我国特色的城市居住形态——"惬意城市"，塑造符合我国国情的城市社会的"惬意生活"。

"稠密而不拥挤、聚集而不无序、共处不失和谐、兼顾环境经济"是笔者对具有中国特色的居住形态——"惬意城市"的基本构想，也是将在未来研究中不断探索、追求的重要方向。如今，一些发达国家已经通过漫长而曲折的发展尝试，在许多方面折射出了类似于"惬意城市"、"惬意生活"的城市发展及居住理念，如智慧城市、低碳城市等。本书认为，无论是智慧还是低碳，其理念设计的根本目的就是实现满足人在城市中的发展诉求、实现人在城市中的惬意生活。相对于投入耗资巨大的"智慧城市"和忽略发展阶段的"低碳城市"，"惬意"对尚处于发展中的我国具有更为重要的现实意义与实践价值。

在当前我国的许多城市，交通拥堵、环境恶化及人口的无序分布，如影视剧一般，正在不断"上演"，并呈现愈演愈烈的势头。面对不同的时代背景、不同的民族特点及不同的国家形态，人口众多且尚处于发展阶段的我国不可能重复西方的先发展后治理的缓慢老路。由此，如何在稀缺的资源和有限的时间、空间之中找到最为切合的调配"平衡点"，以最大化地实现城市经济、社会发展各主体的利益诉求均衡，是"惬意城市"的核心内容。

尤其针对本书研究关注的城市择居行为与房价空间差异问题，有别于传统城市居住形态中强调的"住即保障"与"房即财富"这类守旧的居住观，基于"惬意生活"价值导向的城市居住理念强调"居即分享"。城市居所与乡村住所最大之不同就在于：城市居所不再仅仅只是提供遮风避雨的物化场所，而其具有的一个更为重要的功能就是能为居住者提供生活环境和社会交往空间。在知识经济初见端倪时代，城市居住是各类人享用城市建设和发展成效的渠道，成为各类人在竞争环境中获得更多知识与机会的桥梁，可以为各类人融入城市劳动力市场、主流社会以及获得各种公共服务创造机会。

回应本节的开篇所示，"惬意城市"理念即笔者对城市生活与城市发展的认识，该理念是本书研究的基本出发点和最终目标。在下文的研究中，本书将秉承对"惬意城市"、"惬意生活"追求的美好期盼，对我国的城市居住相关问题展开深入的研究和探索，并以此为我国在不太遥远的未来实现如"惬意城市"蓝图中勾勒的美好的城市发展与幸福的人民生活场景而不断地努力和奋斗。

第三章 场景理论
——新芝加哥学派对现代城市生活与城市
发展的新认识

在上一章中，本书系统地对城市择居行为及房价空间差异现象的国内外研究进展进行了梳理并得到两个基本认识，即一方面，对城市择居行为和房价空间差异现象的研究应置其于城市的发展、置其于人的全面发展、置其于人的发展与城市发展之关系的格局中进行；另一方面，文化、价值观对人们的择居行为及房价空间差异现象具有重要的影响作用。

近年来，以芝加哥大学社会学系特里·克拉克教授（以下简称克拉克教授）为代表的从事城市研究的一些学者正在世界范围内探讨一个十分重要的城市发展理念，即"后工业化阶段，城市发展走势以及导引城市可持续发展的动力是什么"，并且将这一城市发展理念的研究成果命名为——场景理论。如前所述，城市发展中的重要组成部分是关于城市的居住问题。城市择居行为及房价空间差异现象与城市发展阶段密切相关、与人们的城市发展理念密切相关。

由此，笔者在美国芝加哥大学跟随克拉克教授进行城市相关研究期间，原创提出了将场景理论的观点及方法引入对城市择居行为及房价空间差异现象研究的创新构想。笔者 2011 年在国内核心学术期刊《系统科学与数学》上发表的研究论文《基于场景理论的中国城市居住房地产需求研究》中初步概述和诠释了这一创新构想。在该文中，笔者提出：要重视文化、价值观因素在城市居民社会生活中发挥的重要作用。一方面，文化及价值观透过区域的场景构成（生活、娱乐设施的集合）反映给人们，并正在"悄无声息"地改变着人们原有的，以对"工作机会"、"通勤区位"等经济、生活属性诉求为代表的居住需求。另一方面，对场景及生活方式的向往和诉求，正在越来越多地影响着当今城市人的居住房地产需求和城市的区域发展。可以通过对城市社区的场景建设,"柔性"引导不同年龄层次、不同文化背景的城市居民的居住需求及流动方向(吴迪等,2011)。

那么,究竟什么是场景理论?其与其他城市理论有何不同?

本章将系统地解答这一问题。首先,本章将系统地介绍场景理论定义、研究对象和理论创立的主要代表者;其次,围绕场景理论的出处及所属学派,系统地介绍其与芝加哥学派的学术渊源;再次,通过介绍场景理论的城市发展观,进一步显现其在城市择居行为及房价空间差异现象研究中的适用性;最后,系统地介绍场景理论的研究体系,为本书后续章节中提出的研究方法、例证剖析奠定基础。

第一节　场景理论定义与主要研究对象

本段将首先就场景理论的定义、研究对象和理论创立的主要代表者展开系统的介绍。

一、场景理论定义

顾名思义,场景理论是关于"场景"的理论。场景一词源于对英文单词 Scenes 的翻译。从语言学角度来看,Scenes 也可译作"镜头"、"情景"等。通常社会生活中的场景可以是泛指各种场面,由人物活动和背景等构成。其包括三方面要素:背景——可以是建筑物、自然空间、人造景观、看得见和摸得着的社会万象;人物活动——人是场景中主体,但其重心在于人的活动,可以是肢体的运动,也可以是能够让他人可以感受到的心理活动;场面——是将人物活动与背景的有机组合,即由规则、故事情节维系的组合。而在不同的领域,对"场景"的定义也有着不同的界定。

1. 艺术领域对电影场景的探讨

电影作为一种艺术形式,其源于生活而高于生活。影视作品中展现的场景,往往是经过艺术加工的社会生活的真实写照。根据"场景"在电影中的应用功能来看,"场景"包含了对白、场地、道具、音乐、演员服装、镜头色彩等影片希望传递给观众的多维度的、在形式和类型上千姿百态的多样的信息。既有平面型的信息，如字幕标注，也有立体型的信息，如音响效果；既有借助动作提供的信息，如电影中大量使用的"肢体语言"，也有大量通过对白、音乐传递的既定信息；既有让观众感念领悟的信息，如借助镜头色彩、演员服装等传递的信息，也有通过道具、场地背景等抒发情感的信息，等等。

如在电影中通常会选择"夜黑风高杀人夜"来刻画"肃杀"场景，以将紧张感传递给观众；而选择"月上柳梢头，人约黄昏后"来刻画"浪漫"场景，以将朦胧感传递给观众。一方面，这些"场景"是各种特点元素组合的产物。另一方面，如果将对白、场地、道具、音乐、演员服装及镜头色彩从电影画面中逐个拆分出来，作为各自独立的部件，其仅仅是物件的堆积，并不构成场景的元素，也体现不出场景的功能。换句话说，物件自身及物件的机械性组合并不能成为场景。

再就电影所具有的最基本的功能——感染人的情绪、影响人的思想、引导人的行为而言，电影展示的就是场景。一组组的对白、场地、道具、音乐，在时空中形成一个个有机体的综合功能场景。在这些场景中，各个道具等物件、电影制作过程中的各个部门间的关系不是独立的而是相互有机关联的。同质的道具布局之间有必然的出现关系，差异的布局道具之间将表达颠覆性的思想或蕴含特殊的含义。

2. 社会学讨论的场景

在近十来逐渐流行于北美城市社会学研究的场景理论的创立者曾明确提出："音乐、艺术和戏曲评论家们一直直白地强调场景；如今社会学家也在突出这一概念。"

从克拉克教授等人对场景理论的定义来看，场景包括四个要素：①邻里（Neighborhood）；②有形客体（Physical Structures）；③人群（Persons Labels）（包括各类种族、阶层、性别、受教育程度，等等）；④串接上述三方面的活动（Activities）。

（1）邻里。邻里是一个具有城市地理学、城市规划学及城市社会学等多种学科元素的空间概念。也有学者从文化的角度来描述它，称之为一种在聚居地中由多数居民构成的亚文化群体。

美国城市规划和建筑设计师西萨·佩里最早提出邻里概念。他出生于阿根廷图库曼（Tucuman），1952年移居美国，学习建筑学，毕生致力于城市规划和城市建筑设计，拥有自己的建筑设计事务所并担任过7年的耶鲁大学建筑学院主任。受霍华德田园城市思想的启发，针对汽车作为代步工具及进入家庭的城市发展现状，他在 1929 年提出了邻里单位的规划理念。

随着汽车使用的大众化，在当时的欧美地区，城市机动交通日益盛行。汽车在给予市民出行以极大的方便且充分扩展了市民活动时空的同时，也逐渐暴露出许多问题，产生出许多新的矛盾。如城市道路安全、城市居住环境、城市生活质量等问题；由于城市步行者与行驶车辆在使用城市空域上的矛盾；成千上万辆汽车引擎排放出的废气、快速行驶过程中所扬起的尘土及汽车发动机所产生的噪声与宁静、卫生的城市居住环境期望的矛盾；拥挤的道路与休闲生活的矛盾、衣食住行及子女就学的安全便捷与蜘蛛网状般的城市机动车道分布的矛盾，等等。正是在这样的背景下，西萨·佩里提出了邻里的设想并在纽约市的规划中加以实施。其提出的邻里概念指出：第一，邻里单位是一个四周被城市道路围限的、相对封闭的城市空间。第二，在邻里单位的空域内以保持安静、安全的居住氛围和尽量减少机动车流量为原则。第三，在邻里空间内设置小学、具有提供一些日常服务功能的公共建筑、控制居住规模。

一方面，佩里的邻里设计凸显了城市居住的本意，是在城市进入汽车时代的背景下对霍华德的希望能够给市民一个温馨惬意的居住环境的田园城市设想的再现。另一方面，邻里问题既是一个城市规划问题，也是一个城市的社会问题。其不仅涉及城市道路规划、城市空间使用，还与城市居民生活的外部组织程度及所具有的社会特征相关。从城市社会学家的角度看，邻里是一种地缘相邻并构成互动关系的一个社会关系。其具有三方面的特征：

第一，较强的认同感和较多的相近情感元素。由辩证唯物主义认识论的观点，我们可以认为，人们的思想、理念、情感与其身处的环境、外部氛围和提供的生存条件相关。住地毗连的人们，所处的外部环境相同，遭遇的自然现象和社会现象一样，由此而成为认同特定的一组角色；相比于其他区域的人员，住地毗连的人们就会有较强的认同感和较多的相近情感元素。

第二，人员互动特征。从理性上分析，具有更多的认同感的人员在处于某中行为激发的状态下，往往会产生相近或相似的个体行为；住地毗连的空间特征就缩小了人际间交往的地理距离，在客观上为人员间的往来创造了机会。邻里互动有别于亲戚、朋友间的互动。后者因为血缘或情感而引发与制约。而邻里的互动是基于居住左邻右舍的地缘条件，其次基于当地共享的文化氛围。

第三，潜在的社会组织功能。由于邻里能使人员之间有相近的情感，且有相互往来，因而其在现实社会中就具有相互支持的功能、社会化功能，有时还具有社会控制的功能等潜意识的社会组织功能。相互支持功能，指在邻里氛围内成员之间提供合理的相互保护和相互帮助，使邻里间有安全感和信任感，在生活中互通有无，共同解决生活中的某些难题等。社会化功能，指邻里在漫长的生活岁月中形成的一套价值观与规范体系，并以此教化邻里中的居民和儿童，如村规民约等。社会控制功能，指邻里通过展开的一些活动及所形成的约定，对成员行为的约束。

从邻里所具有的三种功能看，其实际上即一个给定地理空间上的社会。在我国，与邻里概念类似者通常被称之为社区。此外，比照电影中的场景概念，在社会学研究场景中的邻里如同电影场景中的"场面"。

（2）有形客体。客体是相对于人的主观行为而言的，具有确定形态的物理空间。其可以是一幢建筑物，一个广场，一个场所。鉴于定义场景的一个出发点是关于人的行为活动，因此在场景中所指的客体通常是一个关于看得见和摸得着的空间概念，一个关于人员活动的场所，如舞厅、酒吧，等等。比照电影及影视业中的场景概念，在社会学研究场景中的有形客体如同电影场景中的"背景"。

（3）人群（包括各类种族、阶层、性别、受教育程度，等等）。这是社会学研究场景的主体成分，即针对社会成员的研究。

著名社会学家费孝通先生曾经十分精辟地指出社会学研究的要义，提出了社会学应该如何对人展开研究。"社会学是一种具有'科学'和'人文'双重性格的学科，社会的存在和演化都包含在广义的'自然'的存在和演化之中，人的社会性与生物性互相兼容、互相结合，这是社会学研究的基础。从我的'人'这个中心，一圈圈推出去，就构成了两个'差序格局'。社会学研究的重点不仅仅是人的特殊的一面，还要研究人与自然一般相同的方面，'人'和'自然'、'人'和'人'、'我'和'我'、'心'和'心'等社会学至今还难以直接研究的东西，是我们真正理解中国社会的关键。"

在场景中研究的人群，就是研究具有社会性与生物性的人员群体，其并不特指某一个阶层、种族、性别及学识高低，尽管这些标记会形成不同的群体，具有不同的行为特征和思想理念。比照电影及影视业中的场景概念，在社会学研究场景中的人群如同电影场景中的"人物"。

（4）串接上述三方面的活动。活动是场景的主色调，是社会学研究的重点。为什么而活动？活动的组织怎样？活动的成效如何？这些基本问题正是社会中的人对社会客体的反应。正是通过对这些"反应"的研究，来考究社会管理、社会制度、社会形态。

在场景定义中的活动是特指这样一种活动，即在邻里的"场面"内，有确定的活动"背景"，可以无须规定参加活动的"人物"。尽管，不同的场面、不同的背景、不同的人物，从数学的排列组合上其可以无穷，因为场面、背景、人物各自均可以有无穷的变数，但是要能够称之为场景，则必须是有行为的活动，且必须是能够同时涵盖这二者的活动。这就是定义中特别指出的：串接上述三方面的活动。

3. 场景的定义

综上所述，可见"邻里、有形客体、人群及串接上述三方面的活动"是场景理论中关于场景定义的四要素。场景理论的主要创立者特里·克拉克、丹尼斯·希尔福（Dannies Silver）以及乔森·格拉斯（J. Glaeser）给场景下的定义是：许多现实的场所——咖啡屋、画廊、小酒店、音乐厅、集会场所、发廊、舞厅、文物店、餐馆、果品点、便利店等，由这些就构成了各地的场景。

在此定义中，场景是场所，是与城市日常生活经常相遇的与人的日常活动密切相关的场所。透过此定义的表述，我们可以看到：场景实际上是一个将具有某种社会属性的人群联系在一个确定的空间内展开活动所形成的社会景观。

需要特别指出的是，创立场景理论的学者们，将邻里作为场景定义四要素之首，并不是仅限于研究社区空间内展现的社会现象，而是借重邻里这种具有施加在社会成员身上的社会关系的这层含义，即更看重社会上形形色色人员其内在的所具有的某种社会属性，并以其具有的社会性对人以群分。

4. 场景理论的定义

场景理论是关于场景的理论，是通过研究城市生活中特有现象，即在散布于城市各处、公众自行参与、与日常生活密切关联的各类城市生活及文化场所中，各种人文价值理念相互碰撞、激荡及相互影响，进而对公众行为、理念产生导向的现象，研究这种现象在促进城市经济发展、城市社会演化的功能的理论。场景理论是用于探寻、分析、梳理遍布城市区域的且与人们日常生活、娱乐活动密切相关的各类场所及其所承载的行为对城市经济增长和城市社会结构可能发生的影响作用。其具有两个鲜明特色：

第一，研究现实的活色生香的社会事实。从场景理论的定义上看，场景已超越了生活、娱乐设施或称之为城市便利设施集合的物化概念而成为了一种 Durkheim 所描绘的社会事实。法国社会学家 Durkheim 是社会事实研究的开创者。其为社会学确立了有别于哲学、生理学、心理学的独立研究对象，即社会事实。社会事实具有不同于自然现象、生理现象的特征和特殊的决定因素。社会事实以外在的形式"强制"和作用于人们，塑造了人们的意识。这种"强制"既指人们无法摆脱其熏陶和影响，又指对于某些社会规则拒不遵从将受到惩罚。Durkheim 认为，一切社会的观念都具有这种强制力。人类大多数的意向不是个人自己生成的，而是在外界的引导、熏陶和压迫下形成的，而场景就是这样一种作为文化、价值观的外化符号而影响人的行为社会事实。

国内学者赵铁（2008）认为，场景理论致力于城市设施组合的研究，力图通过定量分析的方法来研究和测定城市设施组合对城市经济发展的拉动和推动作用，其目的就是使人们的在研究一个地区或城市的经济发展时，不要只将目光局限于土地、资本等传统的经济拉动因素，而是促使人们放宽视野和开阔眼界，将注意力转移到城市的生活便利设施，如图书馆、书店、博物馆、咖啡厅、酒吧等场所或设施的开发与建设上，它们在给人们带来愉悦和满足的同时，也能够给城市的经济增长做出贡献。此外，场景本身又超越了设施组合的本来意义，应场景与文化、价值观属性的密切结合，所以场景理论的提出从根本上改变了都市设施组合的本来意义，进而发展演变成为具有精神象征和文化意义的城市空间影响力。

第二，注重抽象的符号感知信息传递。场景理论的创立者克拉克教授认为，城市场景及其组合不仅蕴含了功能，也传递了文化、价值观。笔者将其进一步展开，指出文化、价值观蕴含在城市生活、娱乐设施的功能、构成及分布中，并以此形成抽象的符号感知信息传递给了不同的人群。

例如，著名的迪士尼公园（Disney Heaven）被视为传统、亲善的象征。在美国迪士尼公园附近往往具有较低的犯罪率、较少的色情场所和较低的无家可归率。迪士尼公园为了保持自身的形象，通常要求美国警方移除其公园周边有碍观瞻的其他城市生活、娱乐设施，进而不断地提高自身的企业文化及形象。同样的情况在美国纽约的时代广场则产生了反效应，美国时代广场由于杂乱无章的设计而导致了无家可归者的涌入，进而进一步恶化了广场的景观，并最终成为犯罪率不断提高的问题地区。场景理论认为，造成这种差别现象的原因就是城市"场景"对不同人群的吸引，此论述与 James Q. Wilson（1982）提出的"破窗理论"（Broken Windows Theory）相似，后者的立论本意也可以看做是"场景"因素在发挥作用。

由此可见，场景理论研究的出发点即是，在后工业社会背景下，人的空间行为动机可以归结为人们对文化、价值观的追求。一个区域的文化、价值观蕴藏在社区、建筑、人口特征（如种族、阶级、性别、教育等）及当地的风俗及群体性活动中，并主要外化表现在该地区的生活、娱乐设施或称"生活便利设施"（Amenities）的功能、种类、结构、布局的总和，即"场景"中。因此，"场景"是现代城市生活及社区生活的重要元素。文化及价值观透过区域的"场景"构成（生活、娱乐设施的集合）反映给人们，并正在"悄无声息"地改变着人们原有的，以对"工作机会"、"通勤区位"等经济、生活属性诉求为代表的居住区位的诉求。对场景及生活方式（Life Style）的向往和诉求，正在越来越多地影响着当今城市人的居住选择和城市的区域发展（Clark，2007）。

二、场景理论研究对象

场景是场景理论研究的平台或是城市特定的空间。在城市场景这个平台或空间上发生的社会现象、导致的社会行为、凝成的社会成效则是场景理论研究的对象。就场景理论目前的研究水平与能力而言，其在研究事关城市经济社会发展的驱动力、形成机制、影响因素等四个方面有着独特的优势，即有助于推动城市经济发展、构建创意城市、导引公众行为以及拉动城市消费等。

1. 场景理论研究城市发展动力的来源

场景理论研究一定社区环境和都市设施蕴含的价值观与创造性群体等优秀人力资源的内在关联，强调了创造性群体等优秀人力资源在知识经济时代的重要作用。克拉克教授等人认为，传统的城市研究将城市划分为城市经济和城市文化，并且文化只具有一种次要的能量在运作。然而，后工业时代及全球化时代将提升文化的重要性。文化活力对城市经济而言正在增强，并在填补那些对城市发展曾经发挥过重要影响而当前正在被淡出的重工业所占据的经济空间。其表现在两个方面：一是消费；二是关于用符号表达的产品。同时，城市正日渐成为一个娱乐的机器。城市场景具有独特作用，可以为城市增加人力资本，推动后工业阶段的城市经济增长。城市场景并不是虚幻的概念，是关于遍布城市区域的各类文化、生活设施，即能使人具有惬意的生活感受及相应的设施。这就体现出场景理论是把推动城市经济发展作为其一个重要的研究对象。

2. 场景理论研究创意城市环境的构建

场景理论被认为是城市发展的推手，其聚焦在针对不同类型的惬意生活方式和现实的消费理念，并适宜于影响发展和创意领域因素的变动。该论断引自 *Handbook of Creative Cities*（《创意城市手册》）一书。在 2011 年出版的《创意城市手册》中，汇集了不同学科的学者从不同的视角探讨创意城市构建。其中，由克拉克教授等人撰写的第 12 章，就鲜明地提出：场景理论有助于对发明创造的研究，并以此推动城市发展。该书提到，"场景作为创意的一个重要元素"，进而分析了场景之所以能成为城市创意重要元素的原因是场景具有独特的内在逻辑和可以展开的梦幻。例如，若要表达萌动状态的情感而不是仿制，那就要支撑确认的但又不是粗暴地对待传统，闪亮推出新奇的但又不抹黑无名的，凸显温馨和亲密的但又不拉大距离和产生孤独，保持其真实的生活，而不是要一种虚假的存在。因而，笔者所致力于表达的就是场景的内在生命力和有助于城市发展的场景的意义。

3. 场景理论研究城市公众行为的导引

公众的行为是场景构成中的一个重要元素，而反过来，场景又对公众的行为有着极大的导引功能。如《创意城市手册》一书中所描绘的：场景理论给出关于场景所具有的城市街道和街区的戏剧性、真实性及伦理的情趣。由精气神的娱乐展现、场景能够将城市面貌传递到戏院中，在戏剧中看到和感觉到，对当地的境况是一个真实的再现，也是一个真实分享普适价值和情感的场所（如传统的或是自我鉴赏的）。这些多姿多彩的境况流淌于城市和各个地方，对城市经济和聚集人口具有显著功效。

克拉克教授认为，基于文化娱乐能够丰富更多的象征，形成创意类场所以及具有组织行为化的价值。含有多重功能如娱乐公众及清晰的能动性理念——这也就是笔者所说的场景概念，并且可以划分出不同价值的混合功能场所（场景）……而作为一个场景，笔者认为，其具有这样一种能力，即无论你在哪儿或如何打发时间以及与人沟通，其均能在一定的范围内弥合曾经固化于情感中的对与错、真实或虚假、有创造性或令人讨厌等方面的差异。

4. 场景理论研究拉动城市消费的机理

消费是一种行为，场景理论对消费行为有着独特的导引功能。图3-1展现了场景理论关于场景与刺激消费的逻辑结构。充满意义的消费空间也就是一个场景，所提供的不仅仅是作为生活与工作在一起的空间，而且也包括人们自己及相互之间充满欢乐的空间。

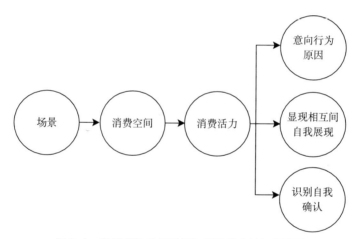

图3-1　场景理论关于场景与刺激消费的逻辑结构

注：笔者根据 A Theory of Scenes 描述整理。

三、场景理论的代表人物

场景理论近十年来兴起于美国和加拿大等国家，在欧洲及亚洲许多国家也有众多响应者。作为创立场景理论的主要代表学者有：特里·克拉克及丹尼斯·希尔福。

1. 特里·克拉克

特里·克拉克是芝加哥大学社会学系教授，1967年在哥伦比亚大学获博士学位，研究兴趣是城市政治学和城市社会现象。在芝加哥大学社会学系目前的 14 个研究领域中，政治与社会学、跨国行为学、都市政治学三个领域均由其做首席教授。克拉克教授运用成因理论研究都市的政治及都市社会现象。2002 年以来在关于"都市发展与人的生活、社会政治、文化理念"等方面有多篇学术论文发表，并被誉为新芝加哥学派的发起人。

明尼苏达大学在 2011 年出版了一本专著《城市回访》。主编丹尼斯·嘉德（Dennis R. Judd）在书中阐述了克拉克教授对新芝加哥学派的特殊贡献。

"2001 年秋，由特里·克拉克召集来自芝加哥地区几个校区的 12 位学者在这个城市南边的 Bronzeville 其所在的公寓进行讨论，多年来，我们一直在向外展述我们的工作，讨论……从理论上探讨我们所从事研究的命题。通常，我们似乎在许多方面有分歧，但有两点是较为一致的。第一是先前的芝加哥学派难以描述芝加哥城市的发展；第二是我们必须面对来自洛杉矶学派提出的概念……"

《城市回访》一书中的第 11 章"新芝加哥学派"，由克拉克教授执笔。作为城市政治学研究的教授，其对于城市文化、人文理念与城市政治生态的关系有着深入的研究。其秉承芝加哥学派的研究风格，把城市作为城市社会学研究的平台，密切关注方式在城市中、表现在公众群体上的各类现象，分析、归纳、凝练城市社会学要义。从其早期分布的学术论文，就可以看到克拉克教授把注意力投放在公众日常生活的行为、空间与表现方式上，从这些社会现象中挖掘城市的人文精神，成为场景理论的核心内容。克拉克教授的主要代表作品有：1998 年发表的《新政治文化》、2001 年发表的《阶层政治分化：基于后工业化及华盛顿特区数据》、2002 年发表的《娱乐驱使城市发展》、2004 年发表的《城市是一个娱乐的机器》。

关于场景及场景理论这一学术概念的文字阐述，最早见于克拉克教授公开发表的论文。他在 2007 年《文化创造的魅力如何影响着城市的居民与旅游者》（*Making Culture into Magic：How Can It Bring Tourists Residents?*）一文中指出："我们面临着四个问题：①全球化如何刺激新政治文化？②如何刺激消费？③如何认识文化魅力的展现与场景的世界？④文化魅力该如何展现？"在这篇论文的第三部分，克拉克教授以"用一个词，即场景产生文化魅力"作为标题对场景理论展开进一步论述。"文化不可能单独地存在，其具有许多的包装。场景即是其中之一。①邻里；②有形客体；③人群（包括各类种族、阶层、性别、受教育程度，等等）；④上述三方面串入在活动中（例如，出席一个音乐会）并从中获得愉悦。以上四个部分就定义出第5点：场景是人们的价值追求。"这一段表述，也就成为以后其发表的论文中关于场景理论的定义。

2. 丹尼斯·希尔福

丹尼斯·希尔福是加拿大多伦多大学的副教授，主要从事文化社会学、社会学理论、城市及社团社会方面的研究。其曾跟随克拉克教授学习。其代表性的学术论文有：2008年的《城市场景理论：理论、历史、测度、要点》及2010年的《场景理论：冲突年代的社会粘接剂》。丹尼斯·希尔福被克拉克教授认为是关于场景理论的理念构建者。

第二节　场景理论与芝加哥学派之渊源

克拉克教授作为芝加哥大学社会学系的现任教授，又如《城市回访》一书的主编丹尼斯·嘉德所言，其对新芝加哥学派有着特殊贡献。因此，回顾芝加哥学派的起源、形成背景及主要学术观点，将有益于读者对产生于芝加哥城市的场景理论有更全面、深入的理解。

一、芝加哥社会学派的发展历程

1892年，新诞生的芝加哥大学设立社会学系，成为世界上第一个设置社会学系的大学。自那以后，斯莫尔、米德、托马斯、帕克、伯吉斯、法里斯、奥格本和沃尔斯等一大批名闻遐迩的社会学家先后在该系任教，从事社会学及城市社会学的研究；加之有斯莫尔创办的世界上第一本社会学杂志《美国社会学杂志》（AJS）的支撑，这个学术现象和研究群体就被后人称之为"芝加哥学派"。在长达几十年的历史时期中，芝加哥学派又由于帕克提出的"人类生态学"而作为其学术理念标志，以及在此思想框架下提出的"同心圆理论"更是为后来的城市规划、建设、管理者所熟悉。

芝加哥学派拥有世界上的两个第一，即"第一个社会学系、第一份社会学杂志"，其对社会学的贡献是不言而喻的。后人又常以其主要代表人物及其在学术上的观点，认为芝加哥学派经历了三个发展阶段，创立了两个领域，即社会心理学、城市社会学。

第一个阶段：代表人物有斯莫尔（Alboin Small）、米德（George Herbert Mead）、托马斯（William Isaac Thomas）。

这个阶段是芝加哥社会学系的初创时期。学派的代表者们关注社会心理学的研究，关注社会生产方式变革导致的社会成员在从业方式、居住环境变化而引发社会现象的研究。这个阶段也是社会心理学的初创阶段。他们提出，只有把个人的态度和社会的客观文化的价值观综合起来加以考虑，才能充分理解人的行为。但与心理学家不一样的是，社会学家关心的不是特定个体对特定事件的特定反应，而是组成群体生活的每一位成员所普遍采取的态度。

第二个阶段：代表人物有罗伯特·E. 帕克（Robert Ezra Park）、伯吉斯（Ernest W.Burgess）、路易斯·沃斯（L.Wirth）。

这个阶段是芝加哥学派的鼎盛时期，也是芝加哥社会学派进一步凸显城市社会学特征的时期，帕克也被后人认为是城市社会学的奠基人。

帕克将达尔文的生物进化论引入城市社会问题研究，与伯吉斯、沃斯等学者视城市为一个有机体，将"物竞天择，适者生存"引入人类对城市空间资源的占有、使用，把城市看成是一个由内在过程将各个不同组成部分结合在一起的社会有机体，并作为阐释城市种种社会现象的基础，创立了芝加哥学派的"人类生态学"。他们认为，城市并非仅仅是人多楼高路宽，也并非仅仅是地区经济发展的中心；认为城市是一种心理状态，是由各种礼俗和传统构成的整体，以及由这些礼俗和传统而流传的其内在思想和感情所构成的整体。也就是从"人类生态学"的角度看城市，其绝不是一种简单的物质现象，绝不是简单的人工构筑物的堆砌体；城市已同其居民们的各种重要活动密切地联系在一起，它既是自然的产物，也是人类属性的产物。对于城市社会现象的分析，基于"人类生态学"的认识，其包含三个向度：生物的（Biotic）、空间的（Spatial）和文化的（Cultural）。

作为城市规划与建设领域"耳熟能详"的伯吉斯之"同心圆说"，正是基于人类生态学的认识，将一个现代都市划分为中心商业区、过渡区

（帕克和伯吉斯都认为，这是各种社会问题的集中地）、工人住宅区、中产阶级住宅区和郊区或往返带。长期以来，"同心圆说"一直成为城市规划学、城市经济学、城市社会学在研究城市空间资源问题时都会涉及的经典，也以此使社会认识了帕克等人创立的城市社会学。

我国著名的社会学家费孝通先生曾撰文指出：美国芝加哥大学的社会学教授罗伯特·帕克是美国芝加哥学派社会学的奠基人，社会人类学用之于土著民族，社会学则用之于城市居民。芝加哥大学社会学系就是以这种方法研究芝加哥城市各种居民区而著名的。

第三个阶段：代表人物有布鲁默（Herbert Blumer）。

如果说帕克创立的人类生态学并在此基础上构建的城市社会学是芝加哥学派第二个阶段的学术"里程碑"的话，那么社会心理学在芝加哥学派发展历程上的第三个阶段就再度成为芝加哥社会学派的学术"里程碑"。符号互动论影响着芝加哥学派的研究方向，思想起于米德，发展于布鲁默。与芝加哥社会学系奠基人同时代的米德，毕生致力于其开设的社会心理学课程，其精华体现在由其弟子编辑的《精神、自我与社会》（*Mind*，*Self and Socie*，1934）一书中。作为芝加哥学派第三阶段的"掌门人"布鲁默，在其老师米德学术思想的基础上，提出了"符合互动论"思想。这一学术思想阐释了人群行为诱发的内因、导致发展和变化的外因，成为行为心理研究、消费行为研究及场景理论的理论基础。

二、人类生态学产生背景及主要学术观点

在芝加哥学派所创立的社会心理学及城市社会学这两个研究领域中，给后人印象更为深刻，对社会学、建筑学、城市规划具有长远影响力的是城市社会学。

芝加哥学派的城市社会学的由来是，由罗伯特·E. 帕克引入达尔文的生物进化论于城市社会问题研究，并与伯吉斯、沃斯等学者共同创立人类生态学，将其作为城市社会学的核心内容。并且，学术界将他们创立的人类生态学视为芝加哥学派鼎盛时期的代表作，也是后人称颂芝加哥学派作为城市社会学权威之所在。例如，伯吉斯的"同心圆说"也正是运用人类生态学的理论研究城市发展过程及城市空间资源使用的产物。

1. 人类生态学产生的城市发展背景

以人类生态学作为当时的城市社会学之主体，除借鉴达尔文生物进化论的思想之外，当时的城市经济和社会发展现状，尤其是芝加哥城市的发展现实对人类生态学的创立具有重要的支撑作用。

自 19 世纪下半叶开始，随着快速的工业化和移民的聚集，芝加哥一跃而成为美国从东部到北部广大区域上的大城市。1833 年，芝加哥还是一个仅有数千居民的原木贸易站。然而，凭借当时开通不久贯穿于美国东西部的铁路和 1893 年为纪念发现美洲 400 周年而召开的世界博览会这两项对于芝加哥城市发展具有举足轻重的重大事件，芝加哥在 60 余年内，即到 19 世纪末就发展到具有百万人口的大都市。到 1930 年，即相当于芝加哥学派鼎盛时期的年代，该市人口达到了 350 万，成为一座名副其实的工业城市、商业中心及全美国重要的交易场所之一。

伴随着芝加哥城市人口的快速扩张，一系列的城市现象和问题也就接踵而至。首先，芝加哥的城市人口成分十分混杂。1900 年时，其人口的一半以上是由外国移民构成的。这种独特的人口成分既给城市管理增加了许多难处，同时又赋予芝加哥城市以鲜明的文化多样性。例如，伴随大量的欧洲移民的进入，新教在芝加哥城落地并强烈地影响着城市建设；城市的文化多样性使之具有肥沃的文化和艺术土壤，芝加哥成为一座文化和艺术之城，成为推崇教育和书本的城市。其次，芝加哥展现着一座现代城市的形象。经历了 1871 年的大火之后，芝加哥耸立起了美国最初一批钢筋与混凝土建筑。最后，如同当时世界上的许多城市一样，在芝加哥贫困、人口拥挤和犯罪也相当显著。

针对当时的城市社会现状，在帕克与伯吉斯合作写成的《社会学这门科学导论》（*Introduction of the Science of Sociology*，1921）一书中共选择了 14 个主题，其中就有关于人类本性、人类生态学、人的社会化和集群行为等，以此来解剖伴随城市发展而来的众生相。

始终瞄准城市的发展与变革实践，密切关注城市各阶层及各个群体的诉求，以城市发展的现实作为发展社会学的学术背景，是罗伯特·E.帕克创立人类生态学、引导芝加哥社会学派发展的要点。

2. 人类生态学的学术观点与研究特征

罗伯特·E.帕克创立的"人类生态学"认为，城市分析包含三个向度：生物的、空间的和文化的，即生物的——把城市看做一个有机体，城市的发展过程如同一切生物为生存而去适应或改变环境的生态过程。生态过程的核心是对城市有限资源的竞争，竞争导致各种支配形式，并促成高度复杂的劳动分工，从而形成特定的组织形式。空间的——这是一个空间改变和重组的过程。城市，一方面从中心向外扩张，显示了城市的机体扩展；另一方面在扩展的过程中，城市又形成了分化，形成了不同的自然区域，所谓自然区域，正是帕克和芝加哥的其他学者提出的作为城市基本组织单位的"社区"。文化的——这是一个文化的过程。虽然帕克在分析都市及都市人类时处处类比生物学，但他坚持认为，人与其他生物有着某些重要区别，因而他的理论是"人类生态学"而非一般"生态学"。

孙明洁（1999）认为，芝加哥学派把城市看做一个由内在过程将各个组成部分结合在一起的社会有机体，并将生态学原理（竞争、淘汰、演替和优势）引入城市研究，从人口与地域空间的互动关系入手研究城市发展。在市场机制的作用下，个人为争夺城市中的有利地段而展开激烈的竞争；同时，经济状况或支付地租的能力又决定个人或社会集团在此过程中的竞争能力。在两者的共同作用下，城市地理空间上产生居住隔离，强者占据城市中的有利区位并形成独特的社区，弱者占据较差的区位，也形成社区。

注重城市发展、密切关注社会现实是芝加哥社会学派的研究特征。周蜀秦（2010）认为，该学派特色鲜明，将芝加哥的大街作为城市的"活动实验室"，将自然生态学原理（竞争、淘汰、演替、优势等）引入城市与社区研究，从人口与地域空间的互动关系入手研究城市发展。著名的社会学家费孝通先生认为，帕克的社会学在于从展示社会组织和人们生活的事实中提炼社会学概念。在《略谈中国的社会学》（费孝通，1994）一文中，费孝通先生提到：帕克是美国盛誉一时的美国芝加哥学派社会学的奠基人；主张理论应当密切联系实际，而且提倡实地调查的方法：就是研究者必须亲自深入社会生活，进行详细观察；亲自体会和了解被研究者的行为和心态，然后通过分析、比较、总结事实，提高到理论水平。

三、场景理论与芝加哥学派的学术关联

场景理论诞生于今天的芝加哥大学社会学系，其理论基础、研究方法及手段无不"流淌"着芝加哥学派的学术精神。

1. 场景理论承袭帕克开创的城市社会学研究理念

帕克创立的城市社会学认为，城市绝不是一种与人类无关的外在物，也不只是住宅区的组合，城市是与居民的活动密切相关的。克拉克认为，城市是娱乐的机器，城市是可以为人类提供惬意生活的地方。在这里，场景理论创立者提出的"娱乐"、"惬意生活"应当是广义的，是广义城市人文精神的外化展现。场景理论研究散布于人们在城市各处的场景所举行的活动。尽管活动的形式千差万别，有以智力活动为主要形式的阅读、影视作品鉴赏，有以肢体活动为主要形式的舞会派对、健美娱乐；活动场所可以是宁静致远的咖啡屋场景，也可以是群情激昂的街头聚会场景，但是人的活动是核心。场景理论透过活动研究城市社会，与帕克的研究思想"一脉相承"。

2. 场景理论研究的现象源于托马斯的"情景定义"及布鲁默的"符合互动论"

托马斯提出，在社会客观（情景）与行为反应之间存在着"情景定义"的过程。人们的行为并非对刺激的直接反应，而是加进了主观因素。如果人们认定某种情景是真实的，那么这一情节就具有真实的效果，情景定义就是人们对所处客观环境作出的主观判断。情景定义既有主观的一面，又有客观的一面，即各种群体对它经常遇到的各种情景通常已有了定义，个人的定义通常受到社会定义的影响。布鲁默对符号互动论归纳为三个基本论断，即①人们对某一客体采取的行动主要依据他们对客体的定义；②人们对客体的定义产生于社会互动之中；③人们对客体的定义不是一成不变的，而是随时加以修正。场景理论研究的现象是人们在场景中的行为及其效果。场景理论研究场景如何导引人们的行为，人们的行为与情感、智慧又与场景的内涵相关。简言之，场景理论关注人们行为、理念的起源、产生背景及对社会的作用。

3. 场景理论遵从着城市社会学对城市社会现象分析的路径

文化多样性与城市人文特征孕育出城市社会学和场景理论。20世纪早期，芝加哥市作为美国当时的工业重镇、商业中心和交易所，人口十分混杂，1900年时，其人口的一半以上是由外国移民构成的；其又受新教影响，十分重视文化和艺术方面的教育与功能。从芝加哥学派发展历程，我们可以看到帕克创立城市社会学，是有着如下的分析路径：基于芝加哥市的资本主义大工业兴起——汇集了来自不同种族、阶层及文化背景的人群——知晓客观上形成的芝加哥市的文化多样性——厘清构建出那个时代特有的城市人文精神和文化氛围——创建支撑着当时城市社会现象的人类生态学。诞生于21世纪初的场景理论，是基于信息技术的发展和网络文化的蔓延——面对遍布于城市区域的，包括能提供便利生活的场所在内的各类场景——厘清各类文化理念、各种思想意识在其中充斥激荡及呈现出当今城市的文化多样性及人文特征——创建支撑着当今城市社会现象的场景理论。

4. 场景理论延续着"人类生态学"分析城市三个向度的思维定式

帕克创立的"人类生态学"从三个向度来分析城市，即生物的，空间的和文化的。克拉克等人创立的场景理论，重在研究对散布于城市中的各类场景中人们的文化娱乐行为所碰撞、激荡、升华出来的各种情感与理念，重在研究城市场景与人们思绪的互动。比照帕克的三个向度，场景理论中关于具有某种社会关联的人群间的活动如同"生物的"行为；散布于城区之中的场景则体现出"空间的"特征；人们在场景中的行为自然是一个文化的过程，即"文化的"展现。场景理论是用于探寻、分析、梳理遍布城市区域的且与人们日常生活、娱乐活动密切相关的各类场所及其所承载的行为对城市经济增长和城市社会结构可能发生的影响作用，其针对着人们在城市的生活、透过城市场景剖析着城市社会现象，自然就延续着芝加哥学派中的城市社会学的人文理念。

第三节　场景理论的起源及其城市发展观

场景理论如同芝加哥学派，总是与城市的繁荣、时代的发展相应，应运而生。如果说斯莫尔、帕克等学者所面临的城市是处于快速扩张时期、四面八方的移民涌入城市、城市经济繁荣、社会发展与许许多多的社会丑恶现象并存、第二产业兴旺发达的时代，那么摆在克拉克等学者面前的当今的城市则是后工业阶段特征日益明显、城市中心区人口密度持续递减、第三产业蓬勃发展的时代。尽管在不同时代城市发展形态各不相同，城市产业结构特征也不相同，但是芝加哥学派和场景理论针对城市发展形态与产业结构特征来剖析所对应的城市社会现象却是相同的，即如何认识现实的城市社会现象？如何挖掘城市社会众生相背后起支撑作用的规律性理念？如何构建符合经济社会发展潮流的城市发展观？

一、城市经济社会现实"孕育"场景理论

在 21 世纪经济全球化及科学技术的迅猛发展、知识经济初见端倪的时代，城市如何发展？这是全人类要共同面对的话题与现实。场景理论产生于 21 世纪初。自然，20 世纪末至 21 世纪初的美国城市发展状况是其产生的时代背景。

1. 城市人口增长停滞、城市中心区人口呈现负增长

据资料数据统计，1920 年，美国城市人口超过农村，城市开始向郊区化扩展。第二次世界大战后美国城市人口的增长更呈现规律性，逐年上升。1950 年，美国大都市区人口的 59% 在中心城市，41% 在郊区；1990 年，60% 在郊区，40% 在中心城市。尽管 20 世纪 90 年代中期出现"回到城市"的趋势，但总的趋势是前往郊区的人口多于回到城市的人口。

以美国芝加哥为例，芝加哥市人口数量过去 10 年不断减少，到 2010 年底已经不足 270 万，甚至低于 1920 年的水平。美国人口普查局的数据也表明，过去 10 年，芝加哥人口外迁规模超出预期。目前，该市人口数量已经降至近百年来最低水平，下降 6.9%，低于 1920 年水平。

2. 社会生产组织方式及产业结构变化导致社会就业面倾向第三产业

近 20 年期间，尽管美国人口增长率在 1992 年达到峰值后开始缓慢下降，但是劳动力的总量仍然缓慢增加。从进入第二产业劳动力占全部劳动力的比例来看，男性与女性劳动力均呈下降态势。这种状态也间接表现出美国在后工业时期的就业方式。一方面，劳动力总量在增加；另一方面，第二产业用工在减少（农业用工量已是极少），大量的劳动力向第三产业集聚。这就从人力资源的角度展现出一个强烈的信号，应大力发展包括创意产业在内的第三产业。从 1985 年开始，美国的服务业增加值占比一直持续上扬，包括文化创意产业在内的服务业在国民经济中所具有的举足轻重的地位，也进一步坚定了欧美国家和地区的许多城市社会学的研究者要进一步探讨新世纪时期，文化的作用、文化对消费的拉动作用、文化在经济发展中的功能。

已步入后工业时期的美国社会，随着传统的工业制造业从社会经济框架中下落，服务业增加值在国民经济中的贡献率日益高涨，这导致社会成员的从业结构发生巨大变化，由传统式的集约、集体、单一用工形式转向分散、个性、弹性的用工形式，对于社会的管理、人们的社会行为均产生出巨大的影响，必定会派生出许多新的社会现象。

3. 信息技术强力地拓展着文化创意产业空间

美国在 20 世纪末到 21 世纪初的近 20 年间，信息技术进入家庭、融入个人生活中的速度和深度与昔日不可同日而语。发展最快的是移动电话和个人计算机拥有的数量，其增长率远高于电视机和有线电视拥有率。事实上，移动电话不再仅仅是一个远距离交流信息的工具，个人计算机也不仅仅是一个只用于科学计算和储存信息资料的装置，其承载着大量的信息和包罗万象的内容，既有文化娱乐的内容，也有时事政治的内容。显然，信息技术进入家庭、融入个人生活的结果是在催生和壮大着一个新型的产业门类——文化创意产业。

随着新媒体的功能扩展及信息技术的进步，移动电话量迅速增长。随着移动电话量的增加，对内容产业的崛起和做大又奠定了坚实的需求市场基础。创意产业一个重要的特征是关于人的产业，关于人类生活"惬意"的产业。其与计算机、电视机和有线电视等设施的建设和普及程度密切关联；入境旅游人数指标可以表征其发展和繁荣水平。从美国近 20 年的几项设施和关于旅游的数据，就表明其文化创意产业发展处于一种持续上升的发展态势。

文化创意产业虽然也具有如同制造业相似的功能，如带来就业、带来税收、增加财富，然而其又有着一个独特的功能——其产成品对于人们的情感、理念施加着影响，滋生出思想，导引着行为；并且文化创意产业造就的这些现象又进一步刺激着该产业的发展，如此循环往复，成为新世纪城市特有的新社会现象。

4. 消费在 GDP 中所占比重日渐加大

随着后工业化阶段及信息技术的延续和应用领域的不断拓展，消费对于经济的拉动作用日趋显著。美国自 20 世纪后期始，最终消费对 GDP（国内生产总值）的贡献尽管年度有所波动，但已具有显著的控制性作用。刺激消费、促进消费对美国经济持续发展具有"举足轻重"的功能，这既是经济学界所关注的热点，也是社会学界、城市发展研究领域所必须要关注的热点。

由上述四个方面的数据和资料表明，从城市经济学和城市社会学的角度来看，在后工业化阶段、在知识经济"初见端倪"的转折时点，城市社会生态发生变化，从而催生出新的关于城市发展的理论。场景理论正是在这样的城市经济和社会的背景下产生的。

二、城市社会学学术争议"催生"场景理论

场景理论与芝加哥学派有着天然的学术关联性。同时，围绕芝加哥学派主要学术观点所发生的学术争议对场景理论还具有重要的"催生"作用。

1. 新世纪与芝加哥学派面临的新挑战

芝加哥社会学派自诞生以来，一直都受到许多诘难。特别是由帕克创立的城市社会学，城市发展的现实性、真实性和时代性就决定了许许多多的学者从不同的角度研究芝加哥学派的学术思想，并作为发展城市社会学的阶梯。

芝加哥城市社会学派是城市社会学重要流派之一，该学派运用其独特的城市生态学理论研究美国的城市现象，其实证性的经验品质给社会学城市研究注入了新的活力。作为芝加哥城市社会学对城市的研究，有两点至今仍然是正确的，继续在影响着今天的城市研究。一是关于城市结构的研究；二是关于城市生活方式的研究。尤其值得重视的是，早期芝加哥城市社会学派的研究结论就蕴含着城市空间居住问题。

关于城市结构的研究，最早出自芝加哥城市社会学派的创始人罗伯特·帕克。他通过对发生在当时的芝加哥的城市问题的解剖，借助当时最前卫的研究理念——达尔文的生物进化论，认为城市也可以视为一个物种世界，各式各样涌入城市的群体是一个一个谋求生存、需要机会、竞争发展、优胜劣汰的生物体。

在城市生存和竞争发展的过程中，获取和享用城市空间是最基本的，如同生物界一样，人类出于本能的驱动，必然要在城市寻找到一席生存繁衍之地，于是在城市有限的空间使用上产生了激烈的竞争。当然，这种对于城市空间的竞争，是建立在市场经济的环境之下，是应当遵循相应的规则的。正是这些规则，正是对城市空间的竞争，导致在城市空间呈现出有

结构的框架和特征。

另一方面，城市作为经济发展的产物、经济作为劳动剩余价值涌现的代表，其伴生于工业化进程；现代工业，作为大量的农村劳动力涌入城市与资本结合的产物，其构成了城市经济的体系，也以框架形式搭建了城市空间的结构。随后，由芝加哥学派之代表人物伯吉斯提出的城市同心圆模型就是对城市结构概念的直观展现。

显然，无论是帕克关于用生态学的视角对城市结构之描述，还是伯吉斯从形态学的角度提出的同心圆模型，其都涉及城市的居住空间问题。帕克描述的生存繁衍及衍生出的种族隔离、功能集聚、侵入接替等，影射出城市居住空间问题；伯吉斯的城市同心圆模型更是直接地点出城市居住区功能分异及其支撑要素。

关于城市生活方式的研究，其代表者是帕克的学生刘易斯·沃斯。

作为沃斯研究城市生活方式的代表作，可以体现在其给城市下的定义："从社会学角度看，城市是一个相对而言大规模的、密集的、由社会性质不同的人长久居住的地区"。

唯物辩证法的认识论指出，存在决定意识，而意识又可以重塑现实存在的环境。生活方式取决于生活的基础和所依附的环境。城市的生活方式，其必然取决于城市的环境。因此，沃斯从城市生活方式给城市下定义，其实际上为笔者进一步剖析城市的问题提供了一个通道，即通过研究城市的生活方式来认识城市的问题。

诚然，相对于乡村而言，从依附土地谋生的农业及乡村人口，在城市化及社会经济发展的历史作用下，大量地在城市聚集。如此多的人口集聚城市，人们将会看到什么？当掀掉罩在城市人口众多、社会结构复杂的面纱之后，一方面可以看到，城市的生产经营活动在种类上、层级上、形式上"琳琅满目"、"层出不穷"；另一方面也同时可以感受到，城市所具有的一种潜在的本能，即可以在城市一定限度的地域内将进入城市谋生的"芸芸众生"有机地组合起来，并使得每一个人都可能有获得进行生产和维系生存的机会。进一步深入剖析还可以发现，城市要将这种组织潜能释放出来，其很有意义的一个路径就是借助居住这个环节。在早期的城市，是如同芝加哥城市社会学派的主要代表者伯吉斯所描述的城市空间的同心圆形态。学者们出于城市的居住空间分异，出于对城市居住问题的研究来认识城市生活方式。

其次，表达生活方式的一个最基本的元素是关于人际之间的关系。城市是公民社会的典型，众多的来自四面八方的价值取向和生活取向千差万别的个体聚集在一起，相对于乡村的熟人社会之大不同、在于人际交流的价值取向。

进入 21 世纪，作为人类文明进步的产物，作为人类经济发展的"引擎"，城市将如何发展？这既是一个学术性话题，也是一个现实性问题。此时，帕克创立的城市社会学再次成为研究城市社会现象的关注点，人们又常常把帕克创立的城市社会学作为芝加哥学派的代名词。同时，又常常以挑战芝加哥学派城市社会学的观点作为基准，以此评判、比较、审视当今的各种各样的城市研究的思想和流派。

丹尼斯·嘉德在《城市回访》（2011）一书中全面系统地梳理了当前流行于北美的关于城市研究的各学派的学术观点和主要功能。在该书中，以对芝加哥学派的观点讨论为基点，引出现行的城市研究学派的观点。

首先，丹尼斯·嘉德充分肯定芝加哥学派对城市社会学研究的影响作用：

（1）创立于 20 世纪 20 年代的芝加哥学派提供了一个其完全适应当时城市发展的基础性理论。社会达尔文主义将达尔文理论融入社会和经济的关系之中。学派中的许多成员展开和围绕生态变化的概念并将其引入城市发展过程。

（2）由芝加哥学派的领衔学者帕克和伯吉斯等人关于城市社会学研究的命题、一些研究领域至今仍在起作用。

其次，这本书在论述芝加哥学派之要点的基础上，介绍了在美国当今流行的三个研究城市社会的学派，并汇集这三个学派的论点和研究领域；在这本书中，明确地点出"新芝加哥学派"及其当前的领衔学者。

这本书重点探讨：在经济全球化、中心城市人口下降、城市街头文化式微等背景下，如何看待城市的发展、城市形态的延展、城市文化的功能、新文化政治等。其汇集和承袭芝加哥学派以城市作为城市社会学研究对象的传统，将来自芝加哥、洛杉矶、纽约三城市的社会学家的观点进行汇集。指出如下观点：

洛杉矶学派的观点：都市政治与洛杉矶都市生活学派；作为出现在西部的典范，给出从芝加哥学派到洛杉矶学派的演化轨迹。

纽约学派的观点：关于纽约学派与洛杉矶学派的起伏；指出存在超出学派理念的城市行为（如同纽约市）；论证都市理论的单一化与跃迁并存。

新芝加哥学派的观点：给出新芝加哥社会学派的都市观；阐述新芝加哥学派定义；对当代平民市长的期盼；对市中心区与郊区发展的关联性讨论。

认为要重视存在于城市与政治之间——非正式的与激烈较量；应当对都市变化的深度有所认识；剖析来自拉丁美洲居住区的行为；展现 21 世纪城市的研究要点。

丹尼斯·嘉德在该书中特别剖析了芝加哥学派所面临的三个挑战：

（1）芝加哥学派无助于当前的全球化？

（2）芝加哥城市的发展是无序的？

（3）都市公众文化会消失吗？

2. 场景理论——新老芝加哥学派与洛杉矶学派之争的结晶

芝加哥学派（Chicago School）和洛杉矶学派（Los Angeles School）分别起源于芝加哥（Chicago）和洛杉矶（Los Angeles）这两个美国最具有代表性的城市。由于两个学派分别从各自研究的城市出发对城市发展问题进行探索，因而在学术上形成了针锋相对的两派观点。从历史上看，两派的争论焦点主要集中在三个方面：

（1）为什么有些城市能够实现稳定的可持续发展而有些城市却没有做到这一点？

（2）是什么因素主导了城市的兴衰？

（3）未来城市的发展会带来怎样的城市社会及空间结构的变化？

第一，芝加哥城市学派对城市发展的认识及贡献。

早期芝加哥城市学派将源自达尔文《进化论》的生态学思想和概念引入了对城市的研究，其提出用大自然的平衡定律——"物竞天择，适者生存"来解释城市中人的行为和居住特性，其中城市择居行为分布被看做是不同物种间对稀缺资源——城市土地的争夺。在这些生态思想的基础上，Bugress 提出了著名的"同心圆理论"，该理论与芝加哥城市学派一起，在很长一段时间内主导了早期城市社会学的研究和发展。然而，由于一方面芝加哥学派的生态学范式极大地忽略了人在经济、文化、道德及宗教方面的能动性；另一方面以芝加哥城市为基础构建的"同心圆理论"并不能适应于所有其他城市，因而其受到了来自许多对城市发展范式持不同观点的学者的质疑。洛杉矶城市学派则是其中持反对意见强烈，并拥有自己的一套完整研究范式和核心思想的新城市研究学派。

第二，洛杉矶城市学派对城市发展的认识及贡献。

洛杉矶学派主要由来自加州大学伯克利分校的城市研究学者组成。该学派一直在倡导并主导着城市研究应该摆脱社会科学的"幽灵"——芝加哥城市社会学派的研究观点（王旭，2001）。洛杉矶学派思想的起源来自于 Allen J. Scott（1986）在 20 世纪 80 年代中期对洛杉矶城市发展呈现出的资本聚集化及城市形态横向蔓延化趋势的研究。此后，Mike Davis 等学者的加入为洛杉矶学派打上了新马克思主义（Neo-Marxit）的烙印。以 Davis（1992）为代表的新马克思主义者在传统的马克思主义强调阶级、劳动力及土地对于洛杉矶城市发展的作用的基础上加入了自由主义和经济理性选择等行为因素对于城市形态的影响。新马克思主义者认为，廉价劳动力向洛杉矶城的不断涌入是洛杉矶出现"后现代化"时期下的"再工业化"的主要原因。其理论较好地解释了洛杉矶"沙漏型社会经济状况"的特征，即收入差异呈现两头大中间小的情况，受教育低的工人成为中产阶级的机会减少，因此城市虽然不存在较高的失业率却存在大量的低收入群体。由此，随着洛杉矶人口的增长，这些效应在房地产中蔓延开来，进一步加剧了城市的密度，并由此引发了城市的横向蔓延。洛杉矶学派认为，洛杉矶出现的这些问题在世界上的其他城市也正在发生或将要发生（Soja 等，2000）。Michael J. Dear（2002）更是在其编制的《从芝加哥到洛杉矶》一书中反对了早期芝加哥学派的"同心圆理论"，并提出了"城市中心区不再能支配城市发展"的论断，并用洛杉矶横向蔓延的城市发展趋势证明了这一观点。在 Dear 的论断在城市研究领域激起极大的反响和共鸣的同时，以 Saskia Sasen、Terry N. Clark、Glaeser 和 Florida 等为代表的芝加哥学派的支持者也做出了积极的回应。

第三，来自新芝加哥城市学派的回应——场景理论。

本书认为，新芝加哥城市学派对于洛杉矶城市学派的回应可以分为两个阶段：

第一阶段：以"全球城市"(Global City) 理论及"城市便利性"(Urban Amenities Theory) 理论为代表的城市发展动力质疑。

Saskia Sassen（2001）指出，全球化导致了社会贫富不均的加剧。其在举例的"全球城市"(纽约、伦敦和东京) 中论证了城市社会的两极化趋势明显。但是，其所指的两极分化并不是马克思主义所强调的阶级分化，而是高收入专门人才和低收入雇佣服务业人员的差异。Florida（2002）更进一步指出了这些高收入专门人才才是城市发展的源动力所在，而不赞同洛杉矶学派提出的廉价劳动力决定论。其将"高收入专门人才"定义为了"创造性阶层"（Creative Class），并指出在物质已经极大丰富的后工业社会中，人们对收入等经济因素的关注正在逐渐减弱，开始转而关注城市的人文环境，例如：景观、娱乐、文艺、体育赛事、流行文化等城市便利性。

Glaeser 等（2006）以美国城市为例指出即使房价收入比相对较高，许多高学历者还是倾向于在圣弗朗西斯科等便利性高的城市居住。其将该现象解释为，在收入不变的情况下，房价上涨的部分反映了人民对城市便利性的需求以及为此需要付出的价格。其以芝加哥、波士顿为例指出，由于这些城市具有较好的城市便利设施（如餐饮、娱乐、休闲、艺术和体育设施），因而其更多地吸引了受过高等教育的、主要从事金融、法律等产业的"创造性阶层"。类似于底特律、亚特兰大这样的缺乏城市便利设施的老工业城市则出现了衰弱的现象。

Florida 在 Glaeser 的观点上进一步指出，在后工业化社会中要实现城市的发展，一方面，城市政府依照传统的减免税收而吸引企业投资倒不如通过建设城市、提高城市便利性而吸引"创造性阶层"；另一方面，并不是所有的城市便利设施都是能发挥相同功效的。例如，酒吧、咖啡、特色餐馆可能更多地吸引艺术类、创意类创造型人才；大型剧院、博物馆、图书馆可能更多地吸引科技类、发明类创造型人才。其认为，创造型人才的集聚与其所具有的兴趣、爱好息息相关，并最终以"亚文化"团体的形式在城市聚集。这也与 Ingelhart（1990）提出的"在发达国家中，人们对经济成长的关心已经逐渐被对生活方式及自我价值实现等其他关心所取代"的论断是一致的。

Florida 的论断同样在城市研究领域激起了极大的反响和共鸣，但是这并没能终结芝加哥学派与洛杉矶学派之间的争论。本书认为，其原因在于"再工业化理论"与"城市便利性"实际上是"简·雅各布效应"（Lucas，2002）的两个极端形态。Jane Jacobs（1969）在《城市的经济》一书中认为，市场、资本的集中并不是促进城市发展的原动力，而真正的原动力来源于人力资本（或人力资源）的集中。Florida 等的观点强调了高素质的创造型人才在人力资源中的主体地位；Dear 等人的观点则强调了廉价劳动力在人力资源中的主体地位。

因此，为了寻求更为普遍的真理和更具有普适性的规律，芝加哥学派的代表人物 Terry N. Clark 于 2003 年提出了场景（Scenes）的概念。由此，拉开第二轮的争论。

第二阶段：以"场景理论"（The Theory of Scenes）为代表的城市社会的运行规律及空间结构变化探究。

一方面，Clark 是支持 Florida 等人提出的城市便利性理论的。其在《城市是个娱乐的机器》（City as An Entertainment Machine）一书中，就不同年龄层次群体对便利设施（Amenities）的需求进行了研究，并通过实证得出了年轻人偏好居住于人工便利性高的区域而老年人偏好于居住在自然便利性高的区域的结论。

另一方面，由于 Clark 的城市发展思想主要来源于其开创的"新政治文化"（New Political Culture）（Clark，1998），因而其在城市社会的运行规律及空间结构变化的研究中更强调社会共性。新政治文化主要强调了在西方社会后工业化的背景下，传统的以阶级为主体的群体划分正在逐渐式微。具有不同身份、从事不同职业、拥有不同收入的现代市民已经越来越多地关注共同的问题，如环保、女权和平等。在由此而来的"问题政治"（Issue Policy）体系下，现代市民的关系也由传统的阶级关系变成了具有相同的文化、价值观的社会团体之间的关系。

张庭伟（2001）认为，以阶级和种族来解释城市空间结构的社会学理论被一些学者认为过于偏激，为了寻求更为普遍的解释，以 Clark 为代表的"新政治文化"支持者做出了努力。因此，可以认为，场景理论的基础来源于"新政治文化"对社会文化、价值观的辨析。按此理论，城市空间的构筑建立在市民对相近的文化、价值观的认同上。具有相近文化、价值观的组群倾向于聚集在一起，推选出反映自己价值观的政治代表管理城市并按这些价值观建造、改造城市。在这个理论中，"阶级"和"种族"这样比较"狭义"的社会属性，被"文化、价值观"这个包容性更大、更模糊的社会属性所覆盖了。"阶级"和"种族"的不同，犹如教育程度、家庭结构的不同一样，仅是文化、价值观不同的特殊表现。因此，其认为 Dear 所描述的廉价劳动力群体也平等地受到了来自"城市便利性"的影响，而其背后的真正作用规律，即对文化、价值观的追求。

由此，Clark 和 Lawrence Rothfield 及多伦多大学的 Daniel Silver 于 2008 年共同正式提出了"场景理论"。场景理论试图将 Florida 和 Dear 的观点进行综合，并在当今的后工业社会背景下，从文化、价值观的角度出发重新解释"简·雅各布效应"下城市社会的运行规律及空间结构变化，阐释场景理论关于城市发展的理念，如图3-2所示。

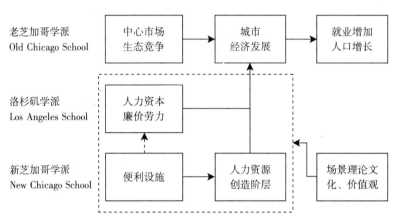

图3-2　新老芝加哥城市学派与洛杉矶城市学派的研究范式对比

三、场景理论的城市发展理念

场景理论是关于城市场景功能及其对城市发展作用的理论，即是关于城市发展的理论。从场景理论产生的背景可见，自20世纪末以来，美国及一些发达国家的城市在两个方面发生着显著变化。一是城市人口数量及居住分布的变化。第二次世界大战以来——城市郊区化——城市中心区人口结构变化（人口数减少、中产阶级居住外迁）——市中心区繁荣不再——城市魅力下降。二是城市人群的就业方式和领域变化。后工业化及信息技术——产业结构调整——社会用工方式变化——城市居民生活方式调适——导致城市人文理念变革。

这两个变化引发出许多新的城市社会和经济现象。从城市社会结构发展研究的角度来看，必须从城市当前表现出来的社会现象来剖析城市社会进一步发展的方向；从城市经济可持续发展的角度来看，必须研究推动全社会最终消费能持续发展的新举措。特里·克拉克教授等人从城市人文的角度，从主题、路径、成效、受众、场所等几个方面，就四种城市特征对城市发展模式的作用进行探讨，如表 3-1 所示。

表 3-1 四类特征性城市及其主要标志

	创意推动	场景文化	艺术荟萃	教育导引
主题	经济发展	文化消费	艺术发展及艺术消费	公民及社区发展
路径	文化或创意场所	各种文化消费的机会	展现艺术的场所	文化服务
成效	文化产品、提升劳动力素质	刺激消费	支撑着唯美与时髦的艺术追求	繁荣的文化作为途径驱动更高的发展和人口富集
受众	创意阶层或成功者	消费群体	艺术家、一大批随机的潜在的唯美主义的消费者	公众
场所	文化或创业园区	作为文化消费的场景	艺术家聚集的区域	邻里

注：根据《政府的文化精结与场景，展现当地文化政策主题》整理。

由此，本书认为，场景理论的城市理念主要表现为：第一，城市文化支撑着城市的发展。克拉克等人从城市文化的角度不仅给出具有鲜明特征的城市发展模式，也对建议制定城市发展政策的政府给予了评价，认为"创意城市"刺激政府的行为类似于经典的关注工业增长的机器；"教育城市"则类似于阶层递进模式；能够对这两类城市取而代之的是"场景文化"，其隐含着一个更具城市个性的前景，即政府的作为取决于由公众及当地社会倾向的情势。

在《欧洲城市的文化政策——对市长的文化议事日程分析》一文中，特里·克拉克教授分析了文化能够从三个方面推动城市发展：①文化作为一种发展性手段，推动着创意城市的发展。②文化作为一种福利性举措，导引着城市具有教育特征。③文化作为一种传导性举措，可以借助构建文化场景的举措刺激文化消费。

第二，城市文化的魅力在于散布在城市中的场景。遍布城市区域内的，与公众生活和就业息息相关的各类城市场所，都有可能成为场景理论所讨论的城市场景；而发生在场景中的各类活动都蕴含着丰厚的城市文化。

在场景理论看来，首先，文化是一个"混沌"的概念（Diffuse Concept），是一个种群繁华、内容多样的大系统。例如，文化是否就是关于"高雅艺术"（High Arts），如歌剧、戏曲、古典交响乐？或者也包括当地的、源于现实的节目，就像芝加哥之蓝色或克鲁尼剧目等？文化是否就是关于历练的陈述？创新的艺术，如先锋派的艺术画廊、涉及非主流意识的戏曲和新奇的建筑物是不是文化呢？其次，文化是孕育在日常生活之中。例如，具有震撼力的艺术群体、丰盛的音乐和戏曲、精美的餐馆、靓丽的建筑、精致的学校图书馆以及博物馆等，这些高品质的生活可以提高当地的文化品位。最后，文化元素无所不在。它包括成千上万的艺术品和文化娱乐产品，例如各类戏曲、书屋、舞厅、小酒吧、博物馆、唱诗班、诗社、开放的艺术会所，等等，它覆盖美国所有的地铁和邮政号码通达的区域；它也涵括了传统的元素如学校、监狱、商品房、人口统计学上的各阶层和种族，等等。

作为场景理论研究的场景，其所具有的魅力就是能够将文化的适宜性和人文特性让人们感觉出来，并使人们眼中的城市成为人们思绪与情感交融激荡、启迪互补的城市，导引公众的行为，推动城市的发展。这也就是场景理论关于城市发展的机理，如图3-3所示。

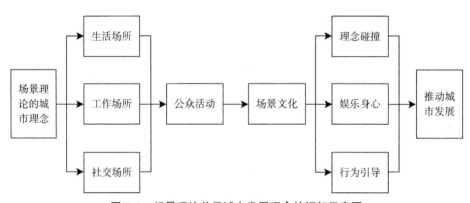

图3-3 场景理论关于城市发展理念的框架示意图

城市发展理念在国内研究方面的情况是，目前国内的城市研究尚未形成明确的流派，但是通过借鉴国外的城市研究，我国的研究在方法上已经较为成熟（顾朝林，2002；张文忠等，2004；郑思齐，2005）。但是在研究理念上，从目前的研究来看，许多学者还是倾向于早期芝加哥学派的城市空间分布及运行规律思路，因此本书利用场景理论，从文化、价值观角度入手研究我国城市择居行为的分布及运行规律具有较大的创新性。

第四节　场景理论的研究体系及其应用

场景理论作为新芝加哥学派的代表作，其秉承芝加哥学派的一个重要特征，那就是既要凝练出社会经济发展大环境下的城市社会经济现象，找出支撑这些现象表现的内在规律；又必须给出剖析这些现象、化解社会矛盾的办法。如同费孝通先生（2000）对帕克创立的人类生态学所给予的评价那样："从人群去研究社会群体的发生和发展，又把芝加哥做实验室，研究城市的发展过程，并逐步搞出一套社区研究的方法。"

目前，场景理论的研究还在进行中。同时，为了使"场景理论"更具有普适性，Clark 效仿 Max Weber 的全球宗教研究和 Claude Lévi-Strauss 的全球神话（Mythologiques）研究而进行全球场景理论研究，并试图从文化、价值观的角度对全球城市的运行规律及空间结构变化进行研究对比和规律提炼。2009 年，笔者得到国家留学基金委资助公派赴美国芝加哥大学社会学系进行博士生合作培养，并直接跟随 Clark 教授进行了为期一年的场景理论研究。在一年的研究中，笔者针对场景理论的国际研究提出了几个方面的建议：①从特殊文化、价值观群体出发进行共性研究；②在研究方法上，对场景价值量表的使用提出建议；③利用探索性因子分析探索国家、民族文化、价值观差异；④将场景理论引入中国城市居住问题的相关研究中。

笔者的建议得到了 Clark 教授的支持，并且笔者被任命为场景理论中国研究部分的官方编辑（Official Recognize Director）；同时，本书的研究作为场景理论国际研究的一部分得到了国际场景研究基金的资助。

针对丹尼斯·嘉德梳理的对于芝加哥学派的三个挑战，就今天的经济社会发展而言，还可以得出如下几点结论：第一，经济全球化对城市发展的影响是现实的，必须要有正面的应对。第二，在新时代背景下，不仅要研究城市经济的可持续发展问题，也必须要研究城市的社会结构与文化特征。第三，芝加哥学派创立的以城市社会现实为研究对象，以城市人群的行为做研究素材的研究方法与思路，至今仍是可以借鉴和运用的。

掌握场景理论所具有的城市发展理念，搞清楚场景理论的研究体系，挖掘其关于城市生活与发展的针对性与实用性，既是对作为当前研究城市发展最新理论的应用也是对场景理论的发展。

一、场景理论的研究体系

场景理论的研究体系建立在主观认识和客观结构两个大体系下。

一方面，客观结构即是来自客观事实的被研究区域的生活、娱乐设施的构成。通常我们会将拥有大量商铺的城市区域称为商业区；将拥有大量工厂的城市区域称为工业区。场景理论中客观结构的概念类似于此，但是更为细化。例如，该区域咖啡馆的数量；超级市场的数量；体育场的数量等都是场景理论中区域客观结构构建所需要掌握的元素。

另一方面，场景理论的主观认识体系主要包含三个主文化、价值观维度，而且每个主价值观维度下又包含五个子维度，如表 3-2 所示。

表 3-2　场景价值量表

主维度	子维度	维度描述
合法性 "感觉对"	Traditionalistic	传统主义
	Self-Expressive	自我表现
	Utilitarian	实用主义
	Charismatic	超凡魅力
	Egalitarian	平等主义
戏剧性 "感到美"	Neighborly	亲善
	Formal	正式
	Exhibitionistic	展示
	Glamorous	时尚
	Transgressive	违规
真实性 "感觉真"	Rational	理性
	Local	本地
	State	国家
	Corporate	社团
	Ethnic	种族

其中，三个主价值观维度分别是"合法性"、"戏剧性"和"真实性"（或称"可靠性"）。其中，"合法性"（Legitimacy）体现了人们为某些社会存在所进行的正确或错误的判断，即对"善"（或称"对"）的感觉；"戏剧

性"（Theatricality）涉及人们看待别人以及被别人看待的方式，即对"美"的认识；"真实性"（Authenticity）是对社会个体的身份内涵和意义的鉴别，即对"真"的认识。

而在十五个子维度中："传统主义"（Traditional）即认为传统的就是对的，跟着传统走没错，如遗址、遗迹、庙宇、学校。"自我中心"（Self-Expressive）即认为自己是最重要的，应该走自己的道路，如汽车美容、改装、歌舞厅。"实用主义"（Utilitarian）即认为能帮助人们有效地完成目标，如便利店、药店、自助餐厅。"超凡魅力"（Charismatic）表现为不问对错的追随，如服饰店、大学、画廊。"平等主义"（Egalitarian）的内涵表现为一人让一步，使世界更和谐，如图书馆。

"亲善"（Neighborly）表现为熟悉的环境而感到亲切，如花店、幼儿园。"正式"（Formal）指的是看到就会觉得公认的满足，如交响乐、画廊。"展示"（Exhibitionistic）表现的是无论自己参与或是看别人表现都很愉快，如KTV、化妆品店。"时尚"（Glamorous）是指有自己的独特风格，如迪吧。"违规"（Transgressive）反映的是一种我就是和你不一样、忽略社会规范的概念，如烟酒专卖店、公园。

"理性"（Rational）是照着现实规律前进的理念，如大学、夜总会。"本地"（Local）即统一的社区的氛围，如菜市场。"国家"（State）即国家就是生活的中心，如法院、公园。"社团"（Corporate）代表了可以分享标准化、同质化的经验，如百货商场、连锁快餐店。"民族"（Ethnic）即种族是一种对个体特质的最基本认识，如日本料理。

由上文可见，主观认识体系是对单个生活、娱乐设施的认识，仅仅反映了场景价值，而要构建区域文化、价值观场景表现必须结合客观结构进行综合构建。关于区域场景评价的量化方法本书将在第五章进行详细讨论。

二、场景理论与现实城市生活现象剖析

1. 场景理论与城市生活便利性

随着知识经济时代的到来，有一种社会意识越来越浓郁，即城市经济的可持续发展越来越仰仗于人力资本，尤其是具有创意潜能的高技术专业人才的聚集。进而，许多学者认为，城市丰富多彩的生活便利性以及由此

而形成的高生活质量是形成聚集功效的关键。由此，城市便利性是审视城市发展的一个重要方面，其与城市生态学派、集聚和产业集群、社会资本、人力资本等五个方面构成了 20 世纪西方学界研究城市发展的理论视角。

场景理论不仅阐述着抽象的理论意义，还蕴含着重要的实用价值。

吴文钰（2010）从便利性的角度，将特里·克拉克教授对场景理论研究的城市场景视为城市便利性的设施，并认为"克拉克等把便利性分为：①自然物质性便利，包括气候、温度、适度、亲水性，以及总体自然吸引力。②建造的便利，包括大型的文化设施如图书馆、博物馆、剧院，也包括小型的文化场所，如二手书或稀有书书店、果汁吧、食品店、星巴克店等。③社会经济多样性便利，包括居民的收入和教育、国外出生的居民、西班牙裔居民、非裔美国人以及同性恋，尤其是自我承认的男同性恋家庭。④居民的价值观和态度，包括友好还是敌意、容忍度、冒险性、个人主义等。"

由对城市理论的起源与研究对象的剖析，笔者认为，第一，场景理论关注于支撑城市生活方式及城市发展背后的人们的文化、价值取向，并且将服务于人们生活、娱乐的具体场所——场景作为第一研究现场（实验室）；第二，由于场景理论研究的场景是城市设施的组成部分，因而是与人们的日常生活密切相关的，而且有许多场景是可以经由市政建设而形成的；第三，前述的关于场景理论的四个主要研究对象之一：研究城市发展动力的来源——阐述其对创造性群体等优秀人力资源的聚集功能。因此，场景理论具有从城市生活便利性的视角审视城市发展的功效。

然而，场景理论与城市便利性理论最大的差异在于，前者关注的是场景中的各类群体的思想与文化价值取向，关注的是场景对于文化的传播功效、对于价值理念的弥散，而思想、文化、价值取向对行为的导引则是不言而喻的。后者强调的是行为，着重关注于设施所能提供的物化的现实，而通过这些便利的生活现实来诱导人们集聚。因此，认识场景理论之根本就在于本书开篇的第一句"场景理论最先发现并研究了文化和价值观对现代城市生活及城市发展的影响力正在逐渐增强"。

2. 场景理论与文化动力

寻找推进城市可持续发展的动力，是研究城市发展的重要命题。聚集并能调动、激发潜藏于人的创造性是将消耗变为资源的关键，这一观点是对人力资源理论的补充和完善。鉴于人所具有的社会性和文化性等特征，把文化作为汇聚人力资源的动力是现代城市发展研究领域的核心命题。徐晓林等（2012）认为，场景理论研究一定社区环境和都市设施蕴含的价值观与创造性群体等优秀人力资源的内在关联，强调了创造性群体等优秀人力资源在知识经济时代的重要作用，以探讨后工业社会区域发展的文化动力。

笔者认为，将场景理论作为引发区域发展的文化动力，是对场景理论内涵展开的一个重要体现，是关于场景理论精髓的一种阐释。从抽象的层面认识场景理论的文化价值、认识其对于人们的行为及价值取向的影响，无疑是非常重要的；但另一方面，源于芝加哥城市社会学的场景理论，认识场景理论所具有的现实性与实用性也同样重要。例如，场景理论的创立者做了关于消费与场景关系的剖析。"近年来，关于艺术和消费之间的相关性，已产生了许多重要的研究成果，如这些成果涉及注意力、独特性、艺术对当地经济的冲击作用、产品和消费的溢出效应，以及惬意生活在推动城市发展。"这一表述就充分表明场景理论具有实用性的本性。

三、场景理论与现代城市居住秩序研究

城市居住秩序的研究是城市研究的最基本问题之一，也是最重要的研究领域之一。无论是地理学、历史学、经济学、社会学、管理学，还是城市规划学研究领域，要深入研究城市就必须探究城市居住秩序的形成及其背后的形成规律。目前，在大量的各学科学者们的研究基础上，国内外对于城市居住秩序的研究已经形成了一个复杂、庞大而系统的研究体系。由于各学科的研究目标和研究视角不同，学者们在城市居住秩序研究中所运用的方法和选取的对象也各有特点，因而也逐渐铸就了城市居住秩序研究领域的多元化方法论、丰富的研究内容和理论体系。由此可以认为，城市居住秩序的研究体系已经较为成熟。

而随着后工业社会的到来，以城市为主体的西方城市社会的社会生活迎来了新的变革。美国 FAUI（Fiscal Austerity and Urban Innovation Project）在对全球城市做比较研究后得出结论，认为在当今世界正处于后工业化社会的历史背景下，文化的力量正在不断增长。其研究认为，旧有的由工作机会、通勤、生活需求主导的居民居住区位选择决策，正越来越多地受到

居民自身具有的文化、价值观的影响。一些特殊文化群体,如波希米亚人群、①BOBO人群②就是这类居民的典型代表。这些人群的居住区位选择决策中更多地注重自身的文化、价值观诉求,而不是单纯地考虑经济、生活因素。由此,反映了城市居住秩序的形成机制和运行规律也受到了来自文化、价值观的一定影响并发生了新的变化。

在此基础上,本书研究认为,场景理论对文化、价值观的强调和重视,恰好符合了这一新趋势,因此可以引入到对城市居住秩序的研究当中。并且,本书对场景理论与其他两类城市居住秩序研究理论进行了比较分析,如表3-3所示。

表3-3　三类城市居住秩序研究理论的对比

理论 对象	工业理论	社区理论	场景理论
选择目的	经济诉求	生活诉求	文化、价值观诉求
人群特征	生产者	居住者	消费者
环境特征	工厂	住宅	生活、娱乐设施
选择主因	工作、生产关系	通勤、继承、种族	理想、梦想

本书认为,从微观的居住区位选择来看,居住空间选择的结果是城市居民个人对城市社会中物质、精神诉求的客观反映。简而言之,就是"用脚投票"(Voting by Foot)。该观点最早由美国经济学家Tiebout(1956)提出的。其研究认为,在人口流动不受限制、存在大量辖区政府、各辖区政府税收体制相同、辖区间无利益外溢、信息完备等假设条件下,由于各辖区政府提供的公共产品和税负组合不尽相同,因而各地居民可以根据各地方政府提供的公共产品和税负的组合,来自由选择那些最能满足自己偏好的地方定居。居民们可以从不能满足其偏好的地区迁出,而迁入可以满足其偏好的地区居住。

Tiebout主要从经济利益的角度出发对人口的流动进行了诠释。场景理论则从文化、价值观的角度出发,进一步指出,城市居民的居住区位选择

① 波希米亚人这个词被用来指称那些希望过非传统生活风格的一群艺术家、作家与任何对传统不抱幻想的人。

② BOBO是Bourgeois Bohemian "中产阶级式的波希米亚人"的缩写。他们鲜少违背主流社会,对于社会中不同的声音有极高的容忍度,不会吝惜购买昂贵的物品,相信现今的资本主义社会(如美国)是属于精英领导的社会。

同样是对精神文化及价值观追求的客观反映。综合上述观点，本书认为，城市居民居住区位选择的结果既反映了城市居民个体对城市社会物质性的追求，又反映了对社会文化、价值观的诉求。地区内某特定种类人群的数量可以视为该群体"用脚投票"行为的结果，因此是该种类人群对这一地区文化、价值观认同的反映。此外，本书还认为，在我国社会中已经出现了类似于西方的波希米亚人群和BOBO人群的特殊人群，如"房奴"、"蜗居"、"蚁族"人群。这些人群同样在居住区位选择决策中体现了自身的文化、价值观诉求，而非经济、生活诉求。因此这些个案也支持了本书提出的利用场景理论对我国城市择居行为进行研究的可行性。

在本书后续章节中，将以场景理论研究体系所阐发的文化价值理念、所构建的场景价值量架构，对城市择居行为及房价空间差异现象实施系统的研究。并且，笔者认为，从城市生活惬意性的追求、从第三产业的蓬勃发展、从社会经济结构转型的大趋势来看，场景理论具有极强的诱导性和建设性，其不仅对于包括城市择居行为在内的城市生活和寻求发展等人文社会现象的解剖具有很好的适用性，而且对于现代城市的规划和城市社会管理也将具有很强的实用性。

第四章 我国城市择居行为的演化及 其受城市文化、价值观场景 特征的影响分析

本章将就文化、价值观场景对我国城市居住空间的影响问题从经济学、社会学、历史学等多学科、多角度出发进行归纳和演绎，并以此从中探求在我国城市的微观居住空间中主导城市居民居住行为及区位选择的影响因子及一般规律。

第一节 我国城市择居行为的历史沿革回顾

从我国城市发展的历史看，城市居民居住空间的演化可以分为三个主要的历史阶段：古代、近代和新中国成立以后。

一、我国古代传统城市区位属性下的择居行为

在我国的传统文化中有对"土地"崇拜的情节。据史料考证，在我国古代历史神话中占重要地位的"黄帝"，其称谓中的"帝"字，可能是由土地的"地"字演化而来。"黄帝"就是"黄色的土地"。在我国神话中，先有"黄土地"，然后才有炎黄子孙，中华民族尊称的"祖宗"黄帝，乃是土地的化身，因此向来重视血缘关系的中华民族，把对"祖宗"的崇拜转向对"土地"的崇拜。这种崇拜的虔诚是世界上其他民族都无法与之相比的（李远，1991）。本书认为，土地本身蕴含多种属性，其中"区位属性"是城市土地的最重要属性。由于"区位"的物化载体——土地在国人

心目中具有特殊的文化含义，因而国人对土地的崇拜在我国的传统城市中演化成了对区位的崇拜并存续至今。由此可见，城市的土地区位在我国具有特殊的文化含义，而实际上不仅如此，由于文化、价值观起源的不同，我国的城市本身就具有许多西方城市所不具有的特殊性，其中对本书而言最具有研究价值和意义的有以下两个：

1. 消费属性而非西方城市所具有的经济属性是我国传统城市的主要属性

著名的社会学家 Weber 曾指出，"在中国，城市是要塞和皇帝的行政机构的官邸所在地"。在我国的古文中"城市"一词是两个字"城"与"市"的组合。"城"即王城。我国古代都城以王宫和祖庙为中心，因此"城的中心"并非指城市位置上的中心，而是指其权力的中心。根据史料记载，我国城市最早起源于"酋邦国"都城，直至战国时期，城市的典型形式仍然只是一个政权的中心，居民都是贵族成员及同族，并非奴隶。"市"附属于城，是为了满足封建贵族的享受而建立的。这种以政治中心为中心的城市格局，把君、民隔开，王城在内，民郭在外，既突出了王权，又体现了对祖先的尊崇。这是我国城市的一大特色（王颖，2005）。张光直（1985）指出，我国古代统治者对传统城邑的建造是政治行为的表现，而不是聚落自然成长的结果。城市乃是政治体系的附属品，最早的都城一直保持着祭仪上的崇高地位。刘建军（2000）认为，我国的城市从其一开始，就代表着统治者对世界的一种近乎奢侈的看法，即城市象征着一种极其高贵的地位，它通过祭仪等仪式把自己笼罩在一种高贵、神秘的精神空间中，城市巩固着财富的聚集，也提升着城市中政治贵族的身份和品位。但是城市不是生产型的。因此，我国古代城市是消费性的，经济功能不强。而这种对于城市的认识和城市发展所奉行的原则，直到 1949 年新中国成立时依然没有改变（田克勤，2004）。由此也可见，我国传统城市居民的消费性特征与场景理论的研究对象"消费者"的概念是近似的，因此场景理论提倡的文化、价值观研究与我国城市居民的居住分布研究具有天然的适应性。

2. 等级化的传统文化、价值观是我国古代城市居民居住区位选择的主导思想

在我国，传统文化对城市及居住区位的控制和影响源远流长。早在西周时期就出现了对城市居住分布的官方规划控制。此外，在我国古代城市

中，除了统治者官方规定的"王城在内，民郭在外"的城市结构，在民间，传统的风水、堪舆的流行更是从思想上控制了我国居民的居住区位观。鲁西奇、马剑（2009）从中国古代城市形态与空间结构特征论证了中国古代城市的政治文化内涵，认为：是权力"制造"了城市，制度"安排"了城市的空间结构。对于中国古代城市所散发出来的这种文化价值理念，其认为一是源于"正统化"，二是源于"风水"。

王充在《论衡·四讳篇》中说道："夫西方，长老之地，尊者之位也。尊者在西，卑幼在东。"其所提及的区位方位论，把传统的城市等级文化、价值观以经验、学说的方式传承了下来，经过千年演进，已成为了被中国人普遍认同的居住文化。此外，引言中提及的儒家典故——孟母三迁中，孟母以与丧葬、商贩比邻为耻，以与私塾比邻为荣的等级观念也在一定程度上反映了我国古代城市居民的居住等级观念。

综合上述论断，本书认为，一方面，我国的传统城市是权威的象征，城市赋予了其居民区别于其他地区居民的等级性；另一方面，在传统上，我国城市内部的居住区位是区分城市内部居民等级的重要标尺。这种等级性被传统礼教以文化、价值观的形式，由编撰的儒家典故存续了下来，在思想、观念上长期主导了我国城市居民的居住区位选择。

二、我国城市择居行为的近代变革

这种"以地划人"的封建等级思想，在近代中国遭到了严厉的批判。傅筑夫（1980）认为，从本质上看，在我国，城市是阶级社会的产物，它是统治阶级——奴隶主、封建主——用以压迫被统治阶级的一种工具。因此，在近代中国，"以地划人"的封建等级思想，如风水观念等成为了近代中国民主革命的对象。在民国时期进行的"新生活运动"中，对传统城市生活改造的第一条措施便是"破除迷信，不信风水"（冯尔康、常建华，1998）。但同时由于该时期中国具有半封建、半殖民地性质，因而在当时的中国城市内部存有大量的以"租界"形式存在的外国势力，这些势力在城市中具有强大的政治影响力，甚至拥有军队。因此，国民政府未能真正地改变我国传统城市的基本形态。此时，在我国传统城市内部的居住区位上以传统文化为代表的等级划分方式依然是主要的区划方式，而有所不同的是掺入了以"租界"为代表的外国势力。

在这一时期，一方面，外来资本主义的侵入和本国资本主义的萌芽使得我国城市逐渐向生产型转变，城市居民的经济性开始显现。另一方面，由于近代中国半封建、半殖民地的社会状况，旧的等级制度和新的由外来侵略带来的不平等在城市中依然存在，因而该时期我国城市居民的居住区位选择处于"中西混合"的状况，经济性和等级性都对城市居民的选择发生着影响。因此，真正对我国传统城市消费性和等级性的改造问题被留给了新中国。

三、新中国成立后我国城市居住空间及择居行为的新变化

1949 年新中国的成立，标志着我国结束了近百年的半封建、半殖民地局面。随之而来的社会主义改造，对国人、传统城市乃至整个中华文化都进行了颠覆性的改革。此时，我国绝大多数的内地城市都保存着原有的封建特征，因此党和政府立即开始了对传统城市的社会主义改造，力图将我国传统消费性城市的属性转变为更有利于生产力发展的经济属性，同时变等级化的城市为平等的社会主义城市，在城市内部打破传统封建制下对城市区位的等级划分。然而，新中国对我国城市的改革并不是一帆风顺的，其中主要经历了两次变革：

1. 第一次变革：单位制建立

早在我国解放战争时期，中国共产党就在"苏区"进行了大规模的"土地革命"运动。1928 年的《井冈山土地法》否定了封建土地所有制，规定"没收一切土地归苏维埃政府所有"并"以人口为标准，男女老幼平均分配土地"。该政策主要在农村地区实施，并从根本上打破了传统上基于土地权的等级制。在 1949 年新中国成立后，土地革命的成功经验被带入城市，并最终演化成为了中国特有的"单位制"。单位是计划经济体制下我国城市社会的基本调控和资源分配主体，是国家与个人的联络点（李路路，2005）。在单位体制下，城市土地由政府行政划拨分配，所有权归单位集体所有，职工住房由单位统一分配。每一个单位的土地都用围墙圈起来，围墙内工作、生活，甚至娱乐设施一应俱全。单位不仅是员工上班工作的场所，也是员工居家生活的地方（李培林，2008）。Lowell Dittmer 和 Lu Xiaobo（1996）指出，作为封闭家族和大家庭的世俗化的替代品，单位

被认为是强而有力的党和国家的代理者，其扮演着政治（或国家）和经济（或社会）的双重角色。因此，此时传统的城市区域等级划分完全被单位制打破，传统的居住文化及价值观也成为了统一的基于国家意志的国家政治文化价值观。

然而，由于最初的单位体制是与计划经济体制相伴而生的，其在生产中实行"高就业、低效率"的政策，因而生产力水平低下。同时，加之一些特殊时代背景下的历史政治事件对我国城市社会及生产力的破坏，最终综合导致了 20 世纪中后期我国经济的滞后和人民生活的停滞不前。为了改变落后的状况，1978 年我国政府决定施行改革开放政策，变计划经济体制为有中国特色的社会主义市场经济体制，至此早期的单位制走向了衰弱。同时，我国城市居民的居住区位也开始了第二次变革。

2. 第二次变革：市场经济下的城市居住区位变革

随着 1978 年实施改革开放政策以后，我国的发展重心由以"阶级斗争为纲"转变为以经济建设为中心。在实施市场经济后，大量的仍然实行早期体制的单位出现亏损和员工经济困难，由此导致了员工纷纷离开单位。至此，单位作为国家与个人联系点的核心凝聚力开始减弱。随着1990 年我国住房体系改革将旧有的房屋单位福利分配制度改为市场化的商品房销售制度的实施，其彻底打破了旧有单位体系对员工居住区位的控制，居住选择权再次回到居民手中。此时我国城市居民的居住区位开始出现了新的分化，许多城市居民开始关注居住地的经济发展水平和周边居住环境，而这也反映了经济和生活诉求在城市居民居住区位选择中的回归。近年来，随着城市房地产的发展，以"北漂"、"房奴"、"蜗居"和"蚁族"群体为代表的特殊群体的出现又反映了文化、价值观诉求在居住区位选择中的回归。由此可见，我国城市居民的居住区位选择正在朝多元化的趋势发展。

综上所述，本书构建了影响我国城市居民居住区位选择主因子的历史演进表，如表 4-1 所示。由表 4-1 可见，"文化诉求"始终贯穿于我国城市居民居住区位选择演变的历史演进过程中。

至此，本书已经通过历史回顾和理论分析，定性地回答了本部分开篇对于文化、价值观因素是否对我国的城市居住空间具有影响的问题。然而，文化、价值观是一个定义宽泛的概念，因此若要探索文化、价值观在居民居住区位选择中的影响机理，则必须对本书所研究的文化、价值观的

表4-1 我国城市居民居住区位选择主因子的历史演进

	古代中国	近代中国	新中国成立以后	
	（19世纪中叶以前）	（19世纪中叶至20世纪中叶）	1949年至20世纪70年代末	20世纪70年代末至今
主因子	等级 → 等级 --→ 瓦解 文化 → 文化 --→ 文化 → 文化 生存 → 生活 --→ 生活 → 生活 　　　　经济 → 经济 → 经济 　　　　　　单位制 --→ 式微			
主成因	封建制度 儒家文化，风水、堪舆	半殖民地、半封建社会资本主义萌芽	社会主义初期 计划经济体制	体制改革 改革开放

范围进行界定。本书认为，可以将影响我国城市居民居住区位选择的文化、价值观细分为传统（土地）文化、价值观和家庭（宗族）文化、价值观两类。这两类文化、价值观的变革是近代以来发生变革最剧烈，对城市居民社会生活影响最深刻的思想体系转变。秦晖（2004）在《传统十论》中阐述了中国近代文化革命的两个主要方向：一是以"土地革命"为代表的反传统（土地）运动；另一个是针对"儒家文明"的反宗法（家法）伦理运动。与此类似，从毛泽东于1927年提出的新民主主义革命的革命对象："四权"——政权、族权、神权、夫权的定义来看，政权、神权是反传统（土地）运动的革命对象；而族权、夫权是反宗法（家族）运动的革命对象。这些观点也都支持了笔者对本书研究的文化、价值观的细分。本书将在下文分别就传统文化、价值观变革和家庭文化、价值观变革对城市居民居住区位选择的影响展开研究和分析。

第二节 我国城市传统文化、价值观场景特征变革对择居行为的影响

在上文中，本书已经初步论述了以单位制建设为主体的城市传统场景改造对我国城市居民居住区位的影响。本部分将进一步结合单位制的变革研究传统文化、价值观的变革及其带来的城市居民的居住区位变迁。

一、单位制下城市传统文化、价值观场景的变迁及影响

在单位体制下，城市空间的一个突出特点就是每一个单位都是依据行政划拨占有一块土地并用围墙圈起来，这块土地不仅是员工上班工作的场所，也是员工居家生活的地方。在这些大型企事业单位占有的土地上，办公室、车间、住宅、食堂、商店、理发店、洗澡堂、电影院、篮球场、医院、幼儿园、小学等一应俱全，每个单位都是一个独立的"小社会"。因此，单位制造成了职工对其工作单位的人身依附关系。这种由经济制度所造成的社会经济关系，使大多数市民的生活机会和他们对社会财富和资源（住房）的拥有都离不开作为中介的工作单位（边燕杰等，1996）。由于单位制是计划经济体制下城市居民与组织、国家关系的制度安排，因而市民居住在什么地方与其经济能力、文化信仰不存在相关关系而仅仅取决于其所处的单位。在计划经济体制下，单位制是城市居民与组织和国家关系的制度安排，这就深刻地影响了城市空间的格局，因此形成了具有中国特色的城市社会空间结构。这种结构有别于帕克所描述的城市生态竞争结构（蔡禾，2003）。

单位制住房模式的出现既有关于对中国传统文化中的封建意识的荡涤，也透射着新中国成立之初的处处以"苏联老大哥"为榜样的国家意识形态的左右，如当时的城市时兴建设"工人新村"。杨辰（2009）曾对建设于20世纪50年代的上海工人新村做过专题研究，其认为，"工人新村的建造是一个包含着社会主义国家意志、基层社会组织、城市建设制度的

空间化和新村日常生活空间制度化的双重过程。"

在这一时期，基于国家意识形态的革命文化完全替代了传统的城市居住文化，城市的区位被彻底改变，城市居民不再拥有居住区位的选择权，取而代之的是国家的分配，于是形成了"异质混居"的局面。同时，在这一时期，城市的传统文化的作用完全被单位制反映的国家意识所取代，在社会生活中形成了只有一种主文化的情况。郑杭生（1996）指出，1949~1978年中国社会的主文化，是一种以革命为核心观念的文化，即国家政治文化。至此，我国城市居民的传统居住的等级化分布在制度上基本完全被打破，应该说，单位制对我国传统等级城市的改变发挥了重要的作用。

然而，这种改变并未能持续，由于政治和经济原因，单位制对我国城市的改造未能持续至今。

一方面，在单位内部，单位制中领导与群众的关系最终演变为了依附关系，因此在单位制后期演化中出现了"家族化"的现象（路风，1989）；另一方面，在城市的实体结构上，"文化大革命"对城市新规划的全面破坏，为后来传统等级化的城市区划留下了隐患。"文化大革命"时期城市规划被定义为"修正主义"城市的蹩脚复制品，规划的目的是加大城乡之间和工农之间的差距，因此不能执行（华揽洪，2006）。在此情况下，旧的城市遭到了极大的破坏，而新有的规划却不能进行。因此，被打破的只是建筑，而不是传统上中国城市以"权力"为中心的城市分布。如今，大量政府机关和中央大型企业都集中在城市中心地段的现象就可以被看做是区位规划改革失败的代表。由于单位制没能真正地对城市传统文化实现改造，因而这也为后来城市传统（等级）文化的复苏留下了隐患（王沪宁，1991）。

二、后单位制下城市传统文化、价值观场景的变迁及影响

1978年后早期的单位制逐渐走向衰弱。同时，在社会文化方面，开放包容态势日渐时兴。1991年新中国的第三代领导人江泽民在《在庆祝中国共产党成立70周年大会上的讲话》中提出了"中国特色社会主义的文化"概念。他指出："有中国特色社会主义的文化，必须以马克思列宁主义、

毛泽东思想为指导，不能搞指导思想的多元化；必须坚持为人民服务、为社会主义服务的方向和'百花齐放，百家争鸣'的方针，繁荣和发展社会主义文化；必须继承发扬民族优秀传统文化而又充分体现社会主义时代精神。"从该定义中一方面可以看到国家依然对意识形态和人民的文化、价值观具有不可替代的作用；另一方面这也是自新中国成立以来，党和政府首次以官方形式肯定了"民族优秀传统文化"的作用，在思想上突破了旧有的对传统文化的一概反对。

在生活经济建设方面，由于实施市场经济，"价值规律"的引入给"高就业、低效率"的单位制造成了极大的冲击。许多人才从单位中走出来，流入新兴的企业，单位在城市中的地位不断地被削弱。与此同时，我国 20 世纪 90 年代末开始施行的城市住房体系改革进一步加速了这种衰弱趋势。20 世纪 90 年代末的住房体系改革的目标就是要将原有的由单位包办的"福利房"体系转变为由市场控制的"商品房"体系。住房分配权的丧失极大地降低了单位对居民居住区位的控制。在城市的居住区位分布上，出现了由过去单位行政等级和个人行政地位决定居住水平及区位的状况向由个人的房屋购买或房屋租赁能力决定居住水平和区位的转变趋势。我国城市社会开始由单位社会向阶层化社会转变（蔡禾，2003）。

李志刚（2004）从经济的角度出发，总结了这一时期的城市居民居住分布情况。城市最高收入者普遍分布在城市中心的新建豪华社区以及城市边缘的别墅区内；高中收入者主要集中在城市交通干线附近的商品房社区；一般中等收入者多分布在早期以单位分配方式获得的公房社区；低收入阶层主要集中在城市的旧城区；外来务工者这一新的社会群体则于城乡结合部租借廉价私房或搭建棚户聚居，且以籍贯相同的地缘和职业相近的业缘为特征。旧城区改造使得大量破旧的民居被拆除，取而代之的是高档楼盘，原有居民由于难以接受新楼盘的价格而被迫迁往城市外围。在上海，这一外迁比例占原居民的 97%。这种基于经济性的解释，在一定程度上概括性解释了这一时期我国城市居民的居住分布选择情况，而另外两个现象的出现反映了单一经济性解释的乏力。

三、当代我国城市传统文化、价值观场景的变迁及影响的新趋势

当代我国城市传统文化、价值观场景的变迁趋势有两个值得关注的倾向，即城市传统文化、价值观的复苏，以及逐渐地融入的市场经济及其所展现的文化、价值取向。从我国当前城市建设现状、城市发展的空间布局以及房地产市场的种种表现，人们可以感受到这种变迁趋势的两种倾向都在强烈地影响着当今的城市择居行为并波及着房价走势。

作为城市传统文化、价值观的复苏，突出的表现是，传统城市区位观念的复苏，其直接导致城市房地产价格的不平衡发展，如"坐西朝东为尊"是以家为中心的礼制，"坐北朝南为尊"是君臣关系的礼制（杨宽，1993）。由此可见，"西北"方向在我国传统城区区位文化中是较为尊贵的区位，而这种认识被清晰地反映在了城市房地产的价格中。以北京为例，以天安门为中心，北面城市房地产的价格总体上高于南面。北京城北面偏西方向更是被民间称为"上风上水"，因此，"西北"方向的房地产价格更是高于其他地区。"上风上水"一词源于明代的风水学说，明代的阴阳家认为，北京北面偏西方向的天寿山是"风水"中的"上上之地"，因此，明代帝王的陵寝都位于此处（如明十三陵）。北京城以天安门为中心，从城市的功能和经济性上看，南北并无差异，而从城市房地产价格和居民的居住区位选择趋势上看，主要偏向于城北。2006 年，北京市海淀区人民政府以官方形式提出了海淀区未来发展的目标："上风上水上海淀，融智融商融天下"，破天荒地将"上风上水"一词官方化。由此可见，传统文化在后单位制城市中的复苏。

城市传统文化、价值观复苏的另一类表现就是本书引言中提及的"北漂"的出现。如本书前述的关于"北漂"者及其家人的感受，即能在北京生活和工作是社会地位上升的一种代表，且远在家乡的父老乡亲也会因此肯定其拼搏获得了成功并拥有了较高的社会地位。这实质上是对北京城作为国家政治文化中心所具有崇高地位的传统文化、价值观的现实感受，也是传统文化、价值观体系下对我国城市的等级性认识。在"蚁族"现象中，这种传统文化、价值观认识出现了扩大化的趋势。在《蚁族》一书的调查个案中，当一位"蚁族"对父亲说希望离开北京回老家工作时，却遭

到了家人的反对与责备。她说："爸爸严厉责备我，希望我怎么着也得在北京坚持下去。他觉得我能来北京是光耀门楣的事情，在当地逢人就说。在他眼里，我在北京学习、工作就成了北京人"。(廉思，2009) 由此可见，当今，我国社会传统文化、价值观对居民居住区位选择的影响正在日益加剧。

第三节　我国城市家庭文化、价值观场景特征变革对择居行为的影响

在西方世界对我国传统社会的认识和研究中，家庭文化、价值观一直是我国文化、价值观的核心内容之一。家庭文化在我国社会中发挥着重要的作用，对城市居民的居住区位选择产生着重要影响。以北京四合院为代表的我国传统家庭"祖屋"的居住形态可以看做是家庭文化对居住区位选择控制的表现。前文提及的"孟母三迁"典故则反映了我国传统的家庭教育文化对居住区位选择的影响。四合院早在我国辽朝（公元907~1125年）就已初具规模，而"孟母三迁"的典故大约发生于公元前300年。这些居住规则和行为规范能够伴随我国文化流传至今，可见我国源远流长的家庭文化的重要性和顽强的生命力。然而在近代，随着鸦片战争打破了旧中国闭关锁国的局面，西方当时先进的思想进入我国，我国的家庭文化开始了长达近百年的巨变。余英时（1998）指出，20世纪中国三个相互排斥的思想流派自由主义、马克思主义、新儒家的代表人物都声称中国的家族制度是"万恶之源"。在这种革命性的变化下我国城市居民的居住区位选择也受到了巨大的影响。

在认识我国城市家庭文化、价值观场景特征时，有两点是十分重要的：

第一，我国城市家庭文化、价值观是中国传统文化、价值观与城市元素的叠加，即我们在认识、剖析我国当今城市的择居行为、找寻城市房价空间差异现象的支撑规律时，必须从中国传统文化、价值观入手，同时又必须从城市的角度，从城市特有的氛围实施剖析。

第二，我国城市家庭文化、价值观随市场经济制度及住房市场化而不断在演变。首先，城市家庭文化、价值观不是一成不变的；其次，促使其发生变化的最大动力源自社会变革、源自经济基础，进而当意识到我国城

市家庭文化、价值观的演变是与市场经济制度建立及住房市场化相关时，还有助于我们借鉴国外的经验、认识理念、发展规律来剖析我国今天的城市择居行为及房价空间差异现象。

基于上述讨论，本书将从历史演进的视角，将我国城市家庭文化、价值观场景的变迁划分为三个阶段展开分析和讨论。

一、20世纪70年代前城市家庭文化、价值观场景的变迁及影响

毛泽东在《湖南农民运动考察报告》中将"家族主义"视为封建统治阶级束缚人民的一个绳索并要求通过革命将其消除。此后，中国共产党在苏区制定和实行的各种《土地法》中均有没收祠堂族产的内容，至此，家族文化在近代中国开始逐渐走向覆灭。共产主义革命指导下的农村"土地革命"对"家族文化"的清算随着1949年新中国的成立进入到了城市。对房屋的平均分配以及对居住区位的组织分配是这一时期消除封建残余家庭文化对城市居民居住区位分布影响的具体表现。以单位制为代表的社会主义性质的平均分配体系，从客观上替代了所有一切对居民居住区位可能发生影响的因素。因此，本书认为，在该时期家庭文化对居住区位的影响被单位制下的平均分配掩盖。

此后，另外两个时代性政治运动的开展进一步瓦解了我国的城市家庭文化、价值观及其影响下的城市居住区位分布。一方面，"破四旧"运动从文化上消灭了我国传统家庭文化的痕迹。"破四旧"是指破除旧思想、旧文化、旧风俗、旧习惯。其中，最主要的就是销毁了传统宗族文化的载体"家谱"。另一方面，"上山下乡"运动从实体上割裂了城市家庭。数以千万计的"红卫兵小将"被送到了边远山区和农村去接受"贫下中农再教育"。这些"红卫兵小将"在政治思想的指引下离开了父母走向了农村，在当时通信条件匮乏的时期，基本上与家庭断绝了关系。同时，受革命思想的影响，很多青少年自觉、自愿地加入到了"上山下乡"中。当1979年"上山下乡"运动结束，"革命青年"倒流回城高峰（1000万知识青年回城）出现的时候，由于当时国民经济处于崩溃的边缘，工厂不要人，政府机关不要人，科研单位不要人，因而客观上导致了这些青年与当时单位制平均分配住房体系的割裂。

结合上文对单位制的描述，本书认为，1949~1978 年，在家庭文化的被动变革影响下我国城市居民，尤其是年青一代居民的迁徙主要表现为许多人选择响应国家号召如"开发北大荒"或被动地顺应时代主流思潮的变化如"上山下乡"，而因此走向并居住于贫穷落后的地区及城区，以建设国家。

二、20 世纪 70 年代后城市家庭文化、价值观场景的变迁及影响

1979 年，"上山下乡"运动结束后，虽然由于经济低迷而客观上导致了大批青年不能直接进入单位，但此时我国早期单位中特有的"子女顶替就业"[①] 制度，使得家庭再次发挥了作用。部分返城青年因此顶替其父母进入单位工作，被破坏的家庭文化及情感也得到了一定的修复和复苏。此外，这一时期出现的"伤痕文学"客观地反映了整个社会，尤其是年青一代对过往政治运动的反思。至此，新中国成立以来，中国人由国家意识形态及革命文化主导的到贫困地区、城区去建设国家的迁徙选择开始逐步转变，繁华的城市中心重新成为了人们，尤其是年轻人向往的地方。

在这一时期，就城市居住而言，也是从单一制向多元化转向的时期，即"单位制"、"福利分房"仍在继续，而住房市场化的大门也逐渐开启，市场经济的元素开始渗透于我国城市的居住领域。1998 年，城市的福利分房被取消，至此，住房市场化全面推开。从改革开放至今，中国的住房政策从创建和发展城镇住房市场，提高居民住房水平，到改善城市居住环境等，经历了近 30 年的发展历程。在这近 30 年里，中国住房政策经历了由"国家保障"向"市场建设"转移、再由"市场供应"到"社会保障"加强的不断完善的发展过程。在这一时期，伴随着城市发展、城市经济日渐成为区域的经济中心，城市成为人们寻求发展机会、展现智慧和才能的场所；住房市场化就进一步释放出城市住宅的更多功能，使城市住宅所具有的潜在的可支撑人们发展的属性被社会所关注。也由此，在进入 20 世纪之后，有了如本书绪论中提及的"房奴"、"蜗居"、"蚁族"等具有代表性特色的择居行为及居住区位选择现象。

---

① "年老退休的职工，家庭生活困难的，允许子女顶替。"《中共中央、国务院关于当前城市工作若干问题的指示》（1962）。

三、当代我国城市家庭文化、价值观场景的变迁及影响的新趋势

我国当代的城市择居行为，尤其是"房奴"、"蜗居"、"蚁族"等具有代表性特色的择居行为及居住区位选择现象与我国城市的发展、建设、城市房地产价格的飞涨及城市场景的形象、功能变化有着密切的关系。以"房奴"、"蜗居"、"蚁族"现象为例，从其发生的时间上看，其出现的顺序和城市房价的强势上扬基本同步。"房奴"的出现，标志着城市房地产的发展已经进入了一个较高的阶段。在性质上与当年"北漂"相近的年轻人，由于受到城市高房价的压力而在经济上扭曲、在情感上痛苦，而最终成为"房奴"。此后，"蚁族"、"蜗居"群体的出现都可以看做是城市"高房价"背景下的新型"房奴"。随着城市房价的高涨，房价已超越了这些人自身乃至家庭经济条件可承受的范围，因此呈现出了两种选择模式——选择狭小的居住空间，即"蜗居"；向城乡结合部迁徙，即"蚁族"。

由此可见，"房价"这个城市社会经济的"调节剂"正在把一些人用经济的方式调控到城市的边缘甚至驱逐到城市之外。从直接经济利益上看，他们如果返回家乡，在以父母为代表的长辈的庇护下，其工作条件并不比当前所在地区差，而社会地位、住房条件、生活条件的改善也指日可待。然而，就算如此，"房奴"、"蚁族"、"蜗居"群体却宁可选择当前较低的生活水平而坚持不愿意离开自己"热爱"的这个城市。经典的经济学将这种看似矛盾的现象，简单地归结为基于"经济人"假设的"非理性"选择行为。本书认为，这种现象的产生并不是简单的"非理性"经济现象，而蕴含着深层次的社会及文化根源。从以上群体的共性来看，支持他们坚持在当前城市扎根的不是简单的经济动力，而是所谓的"理想和信念"。在这些现象中，以理想、信念为表现的"文化力"已经在一定程度上超越了经济约束。我国传统文化中对"家"、对"城市"、对"成功"的共性认识，在这些群体的扭曲而坚定的生活选择中"若隐若现"。这也正符合了场景理论对"文化力作用正在上升"的预判。

如果说，由"房奴"、"蚁族"、"蜗居"等城市居住群体所表征出来的居住现象，可以用"文化力"进行解释的话，那么在当今的我国房地产市场中，家庭文化及价值观的理念亦是"无处不在"。

1. "居者有其屋"的我国传统"家"文化推动着城市居住空间的持续扩张

扩大居住面积、增加住房间数是我国"家"文化在居住空间上的一种表现，是开枝散叶、人丁兴旺但又不离不弃几代同堂的家族理念在城市商品房时代中的表现。我国第五次人口普查资料和第六次人口普查资料中关于城市居住方面的统计数据表明，10 年来，扩大居住面积的需求持续存在。2000~2010 年的 10 年间，城市平均每一户的住房间数从 2.28 间增加到 2.37 间；人均住房建筑面积从 21.81 平方米增加到 29.15 平方米，如表 4-2 和表 4-3 所示。

表 4-2　2000 年与 2010 年城市家庭中拥有房间数对比

	一间	二间	三间	四间	五间	六间	七间	八间	九间	多于十间
2000 年	0.254	0.428	0.211	0.057	0.018	0.013	0.003	0.004	0.001	0.003
2010 年	0.247	0.383	0.253	0.061	0.019	0.015	0.003	0.005	0.002	0.006
变化	−	−	+	+	+	+	0	+	+	+

数据来源：出自国家统计局网站中第五次、第六次人口普查数据。

由表 4-2 所展示的数据看，第六次人口普查获得的城市家庭每户拥有房间的数量多于第五次人口普查的结果。

表 4-3　2000 年与 2010 年城市人均居住状况对比

年份	平均每户住房间数（间/户）	人均住房建筑面积（平方米/人）
2000	2.28	21.81
2010	2.37	29.15
增加值	0.09	7.34

数据来源：国家统计局网站。

表 4-3 集中展现出城市居民在人均居住面积、户均拥有房屋间数上，2010 年均比 2000 年有所增加。由此，本书认为，表 4-2 和表 4-3 集中展示了 10 年间我国传统的以"家族"繁衍和"人丁兴旺"为代表的"家"文化理念支撑着城市居住者不断扩大其居住面积。

2. "唯有读书高"的我国传统文化、价值观仍在强烈地影响着家庭日常消费性支出

据国家统计局对我国不同收入水平的城镇家庭 2002~2011 年消费的支

出数据统计可以发现，在列入统计的"食品、衣着、居住、家庭设备用品及服务、医疗保健、交通和通信、教育文化娱乐服务、其他商品和服务"八项消费支出项目中，依据其支出数额大小排序，用于教育文化娱乐服务方面的金额数位居前列。各个不同的收入群体对该项支出均有很好的相似性。在连续几年中各不同收入群体用于教育文化支出额仅低于用于食品消费支出，如表4-4所示。

表4-4　城镇居民不同收入家庭用于教育文化支出在其他八项支出中的排位

群体\年度	低收入户	中低收入户	中等收入户	中高收入户	高收入户
2011	3	3	3	3	2
2010	4	4	3	3	3
2009	4	3	3	3	3
2008	3	2	2	3	3
2007	3	2	2	2	2
2006	2	2	2	2	2
2005	2	2	2	2	3
2004	2	2	2	2	2
2003	2	2	2	2	2
2002	2	2	2	2	2

数据来源：国家统计局网站。

由表4-4所揭示的现象可以使人们再一次感受到我国传统家庭文化、价值观所具有的强大影响力。所谓"万般皆下品，唯有读书高"、"望子成龙"——不论家庭收入水平如何，节衣缩食供养子女读书等，可见中国传统家庭文化、价值观的根深蒂固。由此，也在一定程度上阐释了在我国普遍存在的"学区房热"现象。

3. 从家庭人口数变化看我国家庭文化、价值观的变化

在我国传统的家庭文化、价值观当中，数代同堂是被崇尚的。三代同堂"理所当然"，数代同堂（四代、五代甚至更多）则往往被社会视为"家风醇厚、持家有道、五福齐整"的道德楷模。数代同居不分家（户），往往可用一户家庭里的人口数来显现。表4-5展示出了近10年来我国家庭人口数的分布情况。

在我国传统文化当中，有"不孝有三，无后为大"之说。多子多福是

民间流传的持家理念。然而，表4-5展示的数据则表明此理念有了很大的变化。以两人户与四人户为比较，二者一增一减，即二人户从占比17.69%增至26%，10年间增加了8.31个百分点，且基本上是年年增长；四人户则处于下降态势，10年间减少了6.38个百分点。通常，两人户除儿女成人自立门户而仅为夫妇两人相守之外，相当多的家庭则是来自于当今崇尚"两人世界"的新生代。在时下，四人户通常可以认为是夫妻两人及其两个子女。虽然也必须考虑到国家计划生育政策的客观限制，但是上述户数的相对增幅还是能够在一定程度上佐证前述观点的。由此，本书也进一步认为，随着市场经济及现代城市生活方式的不断推进，其确实对我国传统的家庭观产生了重要的影响。

表4-5 按家庭人口数统计占总家庭数分布

单位：%

年份	一人户	二人户	三人户	四人户	五人户	六人户	七人户	八人户	九人户	十人以上户
2011	14	26	27.7	16.91	9.4	4.08	1.1	0.45	0.18	0.14
2009	10.03	25	29.38	19.55	10.57	3.79	1.03	0.39	0.12	0.09
2008	8.93	24.57	30.35	20.99	9.95	3.67	0.95	0.33	0.12	0.08
2007	8.94	24.42	30.35	20.88	10.11	3.74	0.97	0.34	0.11	0.08
2006	9.13	24.17	30.67	20.03	10.78	3.59	1.01	0.36	0.12	0.09
2005	10.73	24.48	29.83	19.18	10.17	3.77	1.10	0.41	0.15	0.13
2004	7.82	19.64	31.43	21.82	12.39	4.40	1.45	0.58	0.23	0.19
2003	7.64	19.06	31.71	22.76	11.47	4.71	1.55	0.63	0.22	0.18
2002	7.69	18.41	31.68	23.06	11.79	4.83	1.53	0.59	0.20	0.17
2001	7.78	17.69	31.45	23.29	12.00	5.00	1.64	0.68	0.22	0.20

数据来源：国家统计局网站。

这种家庭结构及模式的变化，既是对我国传统的家庭文化的冲击，又为现代社会及市场经济的居家理念进入家庭，形成新的家庭文化理念提供了容纳空间，并进一步影响着公众在现代城市的择居行为、生活方式。一方面，居家同住的代数减少，使得中国传统文化中的"尊老爱幼"、"血缘情亲"的理念也会随之淡化，其对于人际间的社会交往、和谐居住的负面影响是不能小觑的；另一方面，随着家庭人口数的减少，居民的持家居住理念就可以更多地投放到个人及家庭的发展中去，居民就会有更多的精力和时间关注城市建设所提供的发展机会，就可以有条件追逐更惬意的居家生活。对于城市房地产市场而言，这种少人口家庭数增加的趋势是有助于城市住宅业发展的，并且也吻合本书在之前所提及的现代城市居住理念提升对城市住房空间的需求，户均拥有房间数持续增加的情形。

由上面的对城市家庭文化、价值观场景的变迁的分析，以及对城市择居行为和房价空间差异现象影响的若干要素的剖析，可以认为，公众的城市择居行为与居住偏好有关，后者又通常被认为是受制于许多不确定性因素。然而，若从居住的新内涵来看，现代城市的居住地不仅仅是一个关于休养生息的栖息地，而且是关于个人及家庭发展的功能场所，是一个能否更好地拥享城市发展成果、在城市获取更多发展机会的"支点"。由此，城市居住就不再单纯地是一个关于家庭及家庭成员居住偏好的问题，其也就与城市结构、空间布局、市政设施发生必然的联系。在人类社会步入工业社会之后，在全世界经济一体化趋势日渐增强的背景下，城市居住作为家庭发展与社会环境的联系纽带的这一特征在不同国家之间具有极大的相似性。

由此，笔者进一步认为，新芝加哥城市社会学派的场景理论所发现的文化和价值观对现代城市生活及城市发展的影响力正在逐渐增强这一趋势在我国当下的城市居住领域中有着深刻的表现，对我国当前的房地产市场的发展有着深刻的影响。从场景价值来剖析我国城市现代场景特征，可以更加清晰地认识许许多多"千奇百怪"的城市择居行为，更加系统地把握影响这些择居行为变化的因素，从而为探明我国的城市择居行为提供可能。

第四节　基于场景理论的我国城市择居行为研究假设及模型构建

综合上述的理论推演及分析可见：一方面，从古至今，在我国城市居民的择居行为中，文化、价值观的影响一直贯穿始终，持续地发挥着重要的作用。另一方面，自新中国成立以来，城市传统文化、价值观场景特征及城市家庭文化、价值观场景特征的变迁对我国城市择居行为均产生了重大的影响，在现实中其直接导致了当代我国城市许多新型"非经济理性"择居现象的出现。因此，为了进一步地探明其影响及作用路径，本书将基于现代社会科学的研究范式对该问题进一步展开分析梳理，提出假设及构建模型，并以此为后续的实证研究构筑理论依据。

一、当前我国场景理论的研究对象

根据场景理论的研究设想：具有不同文化诉求的人群，将受到不同城市区域中的娱乐、生活设施集合所反映出的文化、价值观信息的影响，而选择符合自己文化诉求的区域居住。因此，要研究和实证上文提出的问题，必须首先定义具有不同文化和价值观诉求的人群。在场景理论的美国研究中，研究者根据美国的历史文化以及深厚的相关社会学研究成果和调查数据，选取了以波希米亚人群和 BoBo 人群等为代表的极具文化和价值观特性的群体进行研究。

目前在我国，一方面，由于历史文化的差异，尚未有专家、学者对我国的特殊文化群体进行具有公信力的研究；另一方面，虽然有一些学者对特殊文化群体进行了研究，但主要是定性的研究，缺乏量化的客观调查数据的支持。即使目前在我国虽然出现了"房奴"、"蚁族"、"蜗居"等群体，但是还没有可靠、全面的关于他们文化和价值观特性的调查数据。从客观事实上看，"学区房"现象主要发生在 35 岁的人群中；"房奴"、"蜗居"主要发生在 30 岁左右的人群中；"蚁族"主要发生在 25 岁左右的大学毕业生中。因此，本书提出，将场景理论在我国所涉及的文化和价值观的人群定位于不同年龄层次的城市居民。

由回顾外国学者对"代际"差异的研究可知，"不同辈分的人，在思想认识、文化、价值观、行为方式、生活态度以及兴趣爱好方面存在着明显的差异"（Mead，1970）。"处于同一个世代单元（Generation Unit）的人，在社会上一般处于相同的位置，对现实的看法也会大致相同。因此，会形成一种同代亚文化群现象"（Mannheim，1940）。《社会老年学与社会的年龄分层》一书中提出了"年龄分层理论"（Age-Stratification Theory）。其认为，社会正是由不同年龄阶层的成员构成的。这些年龄阶层是根据其不同的经验和历史来确定的。其除了在年龄上有差别外，还在社会声望、势力、收入、社会流动、阶级关系、阶级意识等方面存在差别。这一理论把年龄阶层作为分析同一年龄层次成员之间和年龄阶层之间关系的基础，以此来解释社会的不断变化，描述社会中各个时代的不同特征，理解两代人的不同的政治取向，价值观念，以及代际间的冲突。这些学者在对"代际"差异的研究结果中无不证明了代际差异必然具有文化差异，从而也佐证了本书应用不同年龄层次城市居民间的代际文化替代特殊群体文化的研究设想。因此本书进一步认为，可以将我国研究对象年龄分层周期界定为5年，划分依据包括两个方面：

（1）从我国历史事件和背景出发，对代际层次进行划分。从新中国成立60年以来的历史可见，许多历史事件都是以5年为一个发生周期的。我国中央政府的中长期规划也以五年为一单位，因此结合"年龄分层理论"，本书认为，可以以5年为一代进行代际分层。

（2）本书主要的研究目的之一是通过不同年龄层人群的文化差异在我国进行场景理论的研究。因此，较短的年龄层次划分，能够较为细致地反映文化、价值观变化的趋势和过程。

二、基于场景理论的我国城市择居行为研究假设构建

本书认为，场景理论所强调的文化力影响渐强以及文化、价值观在现代人居住行为选择决策中发挥着重要影响作用，非常适合于我国这样的具有悠久历史、文化传统的国家。自古以来，文化、价值观因素就在国人的行为决策中发挥着重要的影响作用。尤其在居住决策方面，文化、价值观的影响可谓源远流长。

一方面，"家"的概念在我国文化中具有不可替代的重要作用。以房屋作为"家"的物质反映，对其位置及周边环境的选择，在我国的文化中同样具有重要意义，其中最著名的典故就是"孟母三迁"的故事。"孟母三迁"反映了我国传统文化重视子女教育的文化、价值观。至今，这种文化、价值观传统仍然深刻地影响着我国父母的居住决策。当前，我国许多家庭为了让孩子接受更好的教育，不惜高价购买或租赁"学区房"的事实就是最好的例证。这也再次证明了以居住区位选择为具体表现形式的居住文化在我国文化中具有重要地位。

另一方面，我国具有悠久而厚重的"住宅"文化。例如，"婚房"在国人婚姻中占据着重要的甚至决定性的作用。文化上的重要性使得国人对

居住区位的选择成为了其一生中最重要的事情之一。因此，本书认为，在我国，住房的重要性在居住行为中表现为居民对区位选择的慎重性，以及其此后居住区位的相对固定性，而这为本书研究的稳定性和可信度提供了基础。

此外，随着我国国际化程度的增强，我国社会也必然出现场景理论预示的文化力渐强趋势。如今，我国社会出现的许多问题的矛盾核心已不再是简单的经济问题。尤其在城市居民居住区位选择中出现的"北漂"、"蚁族"、"蜗居"等问题，更多折射出的是文化、价值观对现代我国社会的冲击。因此，在上述分析及讨论的基础上，本书构建并提出针对当代我国城市择居行为的三个主要研究假设：

假设一：城市场景特征对我国城市居民的择居行为具有显著的影响。

假设二：传统性场景特征对我国年青一代城市居民的择居行为具有正向的影响作用。

假设三：不同城市场景特征对具有不同文化、价值观诉求的城市居民的择居行为的影响具有显著的影响差异。

三、 基于场景理论的我国城市择居行为模型构建

在本章的前三节，本书已结合我国城市发展及文化、价值观变迁的历史，在理论上分析了文化、价值观因素对我国城市择居行为的影响。在现实生活中，物质生活和精神生活是互为存在的。现实的居住选择行为应该是由经济诉求、生活诉求和文化诉求三者有机组成的。因此，结合本章的假设以及本书前三章中对城市择居行为研究理论的文献综述及场景理论的分析诠释，本书构建了基于场景理论的城市居民居住区位选择模型，如图4-1所示。

在下一章中，本书将围绕该理论模型，采集大量的城市择居相关数据，并利用科学的计量方法，对本书构建的理论及假设展开实证分析与检验。

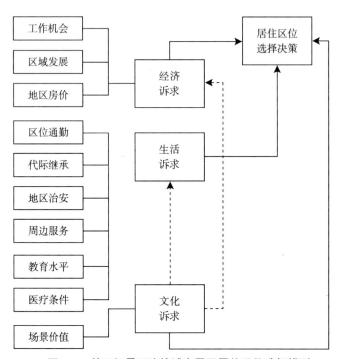

图 4-1 基于场景理论的城市居民居住区位选择模型

第五章 基于场景理论的我国城市
择居行为实证检验

在上一章中，本书利用史料推演、文献梳理及现状分析等多种理论分析方法，对文化、价值观因素在我国城市居民择居行为中的影响及其历史演化进行了探讨和推演，并在此基础上，结合场景理论的思想体系，提出了"在城市中'区域场景'由'城市便利设施'组合而成，城市区域场景不仅蕴含了功能，并通过不同的构成及分布，组合形成抽象的符号感知信息，将包括文化、价值观在内的各类认同感传递给了不同人群，从而引导了其行为模式的选择，进而极大地改变了现代城市的居住秩序"这一本书的核心观点。由此，本书提出了基于场景理论的当代我国城市择居行为三假设，并综合构建了我国城市居民的择居模型。本章将在上述理论分析的基础上，借鉴和创新地利用场景理论的方法体系及经典统计方法展开实证研究。首先，本章将就场景特征的识别方法及流程进行解析及创新；接着利用来自我国 374 个城区的 85 类生活、娱乐设施数据构建区域场景表现得分；再利用探索性因子分析提取我国的城市主要区域场景特征；然后利用相关分析和回归分析进行假设检验和模型推演；最后，利用交叉检验对本书构建的模型进行再检验。

第一节 场景特征的识别方法及流程

场景理论是新芝加哥学派针对后工业社会中人类城市行为变化而提出的新学说。一方面，由本书第三章对场景理论的综述可见，其在概念及理论体系上均具有重要的创新性和重大的研究意义；另一方面，作为一个新兴的理论其在理论体系上，尤其是方法论体系方面尚存在许多有待完善的环节。在现代科学研究中，对客观性的追求将利用数据展开的"实证研究"提高到了一个空前的高度。在特里·克拉克教授等人构建的场景理论方法论体系中，其也充分考虑了数据和实证的重要性，提出了场景价值的数理概念及场景价值得分的评价、计算方法。一方面，这些数理思想及内容的创立，为场景理论的方法论体系构建及发展成为一门具有坚实研究基础的学说奠定了良好的基础；另一方面，以场景理论所涵盖的重要研究领域内容——城市文化、价值观的界定为例，其具有高度的抽象性和复杂性，是学者们一直寻求突破的重要科学难题。然而，既有场景价值得分的构建和评测方法虽然已经有所创新，但是仍较为简单，尤其是在实际的科学实证运用中需要具备较多的前提条件，因此尚有待改进。

针对上述问题，笔者对原始场景理论方法论中对于场景价值得分的评测及场景表现得分的构建，进行了方法论上的改进，创新性地构建了场景特征的识别方法及流程，并以此基于我国城市区域数据进行了实证研究，且得到了较好的、合理、可信的分析结果。

一、 场景价值得分的概念及评测

在既有场景理论的方法论体系中，对于场景的定量刻画主要由场景价值得分和场景表现得分两方面构成。本段将首先介绍场景价值得分的构建思路及测算方法。

1. 场景价值得分的概念

如本书第三章中的表3-2所示，场景理论通过三个维度及其下属十五个子维度的评价模型度量单一生活便利设施的场景价值。场景价值等分即测度结果，包含如表3-2所示的，包括"传统主义"（Traditional）、"自我中心"（Self-Expressive）、"实用主义"（Utilitarian）、"超凡魅力"（Charismatic）、"平等主义"（Egalitarian）；"亲善"（Neighborly）、"正式"（Formal）、"展示"（Exhibitionistic）、"时尚"（Glamorous）、"违规"（Transgressive）；"理性"（Rational）、"本地"（Local）、"国家"（State）、"社团"（Corporate）、"种族"（Ethnic）在内的15项得分。

场景价值得分评测的工具为"场景价值量表"，该表由芝加哥大学场景理论研究课题组构建。该量表是5点式量表，数值越大表示越符合该生活、娱乐设施所蕴含的场景价值（Scenes Value）属性，其中，1分表示该生活、娱乐设施与此类场景价值属性截然相反；5分表示该生活、娱乐设施完全展现了此类场景价值属性；3分表示该生活、娱乐设施的此类场景价值属性为中性，既不相同也不相反，范例如表5-1所示。

表5-1 场景价值量表范例

主维度	子维度	中小学	菜市场
合法性 （Legitimacy）	传统主义（Traditionalistic）	3.6	3
	自我表现（Self-Expressive）	2.8	3
	实用主义（Utilitarian）	3.4	3
	超凡魅力（Charismatic）	3	3
	平等主义（Egalitarian）	3.8	3
戏剧性 （Theatricality）	亲善（Neighborly）	3.6	3.8
	正式（Formal）	3.6	2.8
	展示（Exhibitionistic）	3	3
	时尚（Glamorous）	3	3
	违规（Transgressive）	2.25	3
真实性 （Authenticity）	理性（Rational）	3.75	3
	本地（Local）	3.5	3.75
	国家（State）	3	3
	社团（Corporate）	3	3
	种族（Ethnic）	3	3

目前，场景价值量表中的场景价值得分是利用专家打分法完成的。专家打分法是指通过匿名方式征询有关专家的意见，对专家意见进行统计、处理、分析和归纳，客观地综合多数专家经验与判断，对大量难以采用技术方法进行定量分析的因素做出合理估算，经过多轮意见征询、反馈和调整后，对问题进行定量分析的方法。该方法在Cambridge Engineering Design Centre的Inclusive Design Toolkit和European Design for All E-Accessibility Network上均有详细应用说明解释。同时，许多学者也将该方法运用于一些较难以数据量化的研究，如儿童教育、创新研究当中（Nielsen，1994；Preece，2002；Ester Baauw，2005；Wang Tao，2010）。

既有场景价值量表的打分主要由来自美国芝加哥大学以及加拿大多伦多大学的 4 个专家组完成。目前，该量表已涵盖对世界上主要、常见的 533 种生活、娱乐设施进行的场景价值打分。[①] 特里·克拉克教授等人将利用场景价值量表评测场景价值得分这一过程命名为 "Master Coding"，本书将其译作"专家解码"。顾名思义，场景理论的量化实质即是希望通过该评测实现对场景内涵的挖掘，也可看做是对城市文化密码的破译和诠释。

2. 场景价值得分的评测

文化巨匠——英国文艺复兴时期伟大的戏剧家和诗人莎士比亚（Shakespeare）曾经说过：一千个读者眼里有一千个哈姆雷特（There are a thousand Hamlets in a thousand people's eyes）。我国古代典籍《周易·系辞卜》也谈道，"仁者见之谓之仁，知者见之谓之知"。上述两段中西名言，表明了一个共同观点：同一个问题，不同的人从不同的立场或角度去看有不同的看法。因此，利用场景价值量表及当前的专家打分方法解释城市生活便利设施中蕴含的极其复杂而抽象的文化、价值观属性，其合理性和科学性到底怎样？很有必要进行科学的论证。针对这一问题，本书从以下两个方面展开回答：

第一，合理性——理论检验：评分专家的专业背景检验

由芝加哥大学场景理论研究组主持进行的场景理论研究与美国政府耗资 1500 万美元进行的 FAUI 国家城市比较研究一脉相承。因此，以芝加哥城市社会学派为首的 4 个专家组，具有大量的研究经验和理论基础，能够客观、科学地对生活、娱乐设施的场景价值进行评测。*The World Is Flat: A Brief History of the Twenty-First Century*《世界是平的》一书中就曾经论述当今世界城市的同质化发展模式。该书指出，当今全世界都生活在一个链条上，不论是最富的美国纽约布鲁克林地区还是印度加尔各答的贫民窟都不可避免地受到来自全球化的影响。因此，也导致了许许多多城市都失去特色而变得同质。与此同时，在自由国家的开放大城市内，市民对城市之中的生活便利设施的认识也具有这样一致性的趋势。就场景理论而言，其包括两个方面的内涵：

[①] 已有的所有场景价值得分可登录芝加哥大学场景理论研究课题组网站 http://scenes.uchicago.edu/ 查阅。

一方面，就当代城市生活便利设施而言，跨国连锁便利设施的普及支撑了场景理论的一致性打分。以麦当劳为例，对于麦当劳的认识，虽然在其刚进入我国的时候被冠以"洋快餐"等略偏褒义，而有别于其在发源国美国的定位，但是随着我国改革开放程度的深入，麦当劳的所谓"洋"光环也逐渐地褪去，其"快餐"、"速食"的属性逐步得到了回归。在此意义上看，在当前自由国家的开放大城市内用一致的价值评价是具有事实基础的。

　　另一方面，场景理论考量的城市生活便利设施其本身就是具有共性的设施。目前，在场景价值量表中已经开展的对533种生活、娱乐设施进行的场景价值打分，其主体都是一般性的生活便利设施概念。例如，便利店、酒吧、小吃、咖啡屋、公园、图书馆、电影院。这样的分类，由于主要是从普适的功能角度出发而进行的，因而实际上在一定程度上避免了许多独特的城市生活便利设施在国家和地区多样化因素影响下而出现的价值属性差异。

　　因此，场景理论站在同一视角上的打分是有社会发展根据、符合国际发展趋势的。这一点在日本、韩国等其他亚洲国家的研究中都已被认可（Wonho Jang，2011）。因此，笔者认为，我国也不可能脱离这一规律，而尤其是在本书研究所选取的来自35个大城市的374个城区的研究样本中，其应该更能反映全球化下的城市及其中生活、娱乐设施的功能、价值同质化发展特性，从而服从场景理论的场景价值评测模式及标准。

　　第二，科学性——统计检验：专家评分的一致性检验

　　场景价值量表采用专家打分方法的原因在于该方法适用于存在诸多不确定因素、采用其他方法难以进行定量分析的问题。例如，文化、价值观。其中，专家的打分并不是随意的，必须建立在对被研究问题具有足够高度的认识和了解的基础之上。专家打分的一致性水平可以作为测量打分科学性和有效性的评价标准。为了检测专家评分的一致性和有效性，一般需要对专家打分的协调度系数（Cooperation Index）进行分析。协调度系数的评测公式如下：

$$\omega = \sum_{i=1}^{n}(T_j - \bar{T})^2 / \max \sum_{j=1}^{n}(T_j - \bar{T})^2 \qquad (5-1)$$

　　其中，协调系数为 ω，参与评价的专家数为 M，待评估因子为 N。由

于打分存在相同秩次需要校正，设相同秩次为 k，则校正公式为：

$$\omega = 12 \sum_{j=1}^{n} (T_j - \bar{T})^2 / [m^2(n^3 - n) - m \sum (k^3 - k)] \qquad (5-2)$$

协调系数在 0~1 取值，越接近 1，说明所有专家对全部因子评分的协调程度越好。本书研究对所涉及的所有 85 种生活、娱乐设施的场景价值得分均进行了协调系数检验，结果均较好（参见本书附录 1 评分一致性系数表）。

综上所述，可以认为本书研究所用的场景价值量表具有有效性，因此可以作为进一步研究的基础。

二、场景表现得分的构建

在城市中"区域场景"由"城市便利设施"组合而成，便利设施通过不同的构成及分布，组合形成抽象的符号感知信息，将包括文化、价值观在内的各类认同感传递给了不同人群。要考虑"组合"的影响则必须引入"场景表现得分"(Scenes Performance Score) 这一重要的概念。以表 5-1 中的场景得分为例，就正式性（Formal）维度而言，中小学和菜市场的场景价值得分相比分别是 3.6 和 2.8。假设在两个其他条件都一致的区域内，中小学和菜市场的数量分别是 10：1 和 1：10。显然这两个区域所展现的是不一样的区域场景。由此，在场景表现得分的构建中，必须考虑生活、娱乐设施所占比例的影响。

根据场景理论的研究构想，区域场景表现得分主要由地区生活、娱乐设施的数量以及这些设施所蕴含的场景价值构成。采用加权平均的计算方式衡量具有不同生活、娱乐设施结构的区域，每个样本区域具有 15 个维度的区域场景得分。具体的计算方法如下：

设：区域场景表现得分为 ϕ_{ij}，生活、娱乐设施的数量为 α_{ij}，场景价值得分为 γ_{ij}，场景价值得分权重[1] 为 β_{ij}，则：

---

① 关于场景价值得分权重的相关概念及解释详见第五章第二部分 ST@GIS 方法概述。

$$\beta_{ij} = \gamma_{ij} \bigg/ \sum_{j=1}^{15} \gamma_{ij} \qquad\qquad (5-3)$$

区域场景表现得分 ϕ_{ij} 为：

$$\phi_{ij} = \sum_{i=1}^{n} \alpha_{ij}\beta_{ij} \bigg/ \sum_{i=1}^{n} \alpha_{ij} \qquad\qquad (5-4)$$

通过公式 5-3 和公式 5-4 可以将原先孤立的城市生活、娱乐设施有机地组合起来，由此为真正实现场景理论提出的利用城市生活、娱乐设施组合刻画城市区域场景的构想奠定了基础。同时，此区域场景表现得分尚不足以反映样本区域的场景特征。在获得了区域场景表现得分的基础上还必须借鉴经典统计学的思想，以定量、定性地对样本区域的场景特征进行更进一步的挖掘和识别。

三、场景特征及其识别概述

场景特征的识别实际上是对由城市生活、娱乐设施组合而成的抽象符号感知信息进行解析的过程，也是场景理论方法论体系对区域文化、价值观刻画及测度的最后一个环节，其包括定量分析和定性描述两个环节。

1. 基于因子分析的场景特征定量分析

在掌握了充足数据的情况下，基于公式 5-3 和公式 5-4 可以构建并得到由 15 个场景子维度组成的场景表现得分矩阵。但是，该矩阵尚不能直接用于场景特征分析。就场景理论的思想理论体系而言，场景维度是一个统一的整体，由于文化、价值观特征和城市生活便利设施的构成也均存在相互交织影响的特征。例如：学校多的地方可能带动周边餐饮业的发展，进而导致"学校多而小吃快餐多"现象，因而单一地分析一个场景维度的影响是略为简单的，可以进行组合分析，剔除一些重叠的信息。

经典统计学中的因子分析为场景特征的定量分析提供了方法论基础。一方面，从"大数据"（Big Data）的角度来看，多变量、大样本数据无疑能为科学研究提供很多的有价值的信息。但由于大数据的复杂性，有时候需要利用"降维"的思路对海量的数据种类进行简化，即从多变量、大样本中选择少数几个综合的、独立的新变量或个案，用于反映原庞大数据的大部分信息。另一方面，在处理类似于区域场景表现得分这样的多变量且变量间相关密切程度较高的数据类型时，由于被观测数据所反映的信息具有较强的重叠性，因而学者们希望找出较少的彼此间互不相关的综合变量尽可能地反映原来多变量的信息，这些不可观测的少数几个综合变量称为"公共因子"或"潜在因子"。"公共因子"及"潜在因子"正是场景特征挖掘所期望找到的能够反映城市区域文化、价值观的"主线"。

因此，剔除重叠信息、减少变量种类、发掘公共因子是场景特征识别的第一步，可以利用探索性因子分析（Exploratory Factor Analysis）定量进行。

2. 基于文本分析的场景特征定性描述

根据一般的研究经验，在利用探索性因子分析进行"降维"处理之后，原有的场景表现得分由 15 个因子降为了较少的几个"公共因子"。至此虽然实现了重叠信息的剔除和主要信息的提取，但尚未完成对区域场景特征的识别。要最终实现区域场景特征的挖掘，必须进行包括两个阶段在内的、定性的文本分析过程。

文本分析是指从文本（包括文献、史料等文字材料在内）的浅层（字面含义、本意）深入到文本的深层（隐含意义、引申意义），从而发现那些不能为浅层理解所把握的深刻意义。就本书研究而言，第三章中利用文献、史料等材料对文化、价值观因素在我国城市择居行为中的影响分析即是属于文本分析范畴。这也是场景特征定性描述的第一阶段，即首先对被研究问题的理论特征进行描绘，以此预判场景特征的构成及特点。

第二阶段的文本分析则是在因子分析之后，结合定性分析结果，参考因子成分矩阵的构成，对原有的场景特征构成及特点的预判进行调整的过程。在该阶段，一方面，对数据分析的结果结合理论分析进行解释，指出与原来特征预判共同或不同的地方，并指明原因。另一方面，更重要的要基于因子成分矩阵的结构及系数，配合对理论文本的分析明确特征的主要表征和基础类型，并以此为理论和数据基础展开后续的相关研究。

第二节 我国城市区域场景特征的识别及分析

上文已经就场景理论方法体系的主要概念、公式、流程进行了概述分析。本部分内容将针对本书研究针对的我国城市择居行为问题，就我国城市的区域场景特征进行识别及分析。

一、数据的来源及分析

本书的研究以我国 35 个城市的 374 个城区作为研究样本，在这些区域中选择了 85 类生活、娱乐设施数据展开场景特征识别。一方面，本书的研究所选取的 85 个种类的生活、娱乐设施的场景价值得分来源于上文提及的场景价值量表；另一方面，本书研究所用的我国生活、娱乐设施数据来源于国内最大、世界第二大网络公司——阿里巴巴公司（Alibaba.com Corporation）旗下的口碑网（www.koubei.com）。[①] 口碑网是目前我国最大的生活服务网站，其业务范围主要涵盖餐饮娱乐、租房买房、家政、旅游等生活服务领域，服务覆盖全国各县市，具有目前我国最全面的生活、娱乐设施数据。本书研究从口碑网的生活黄页数据库中选取了较为全面、翔实的我国 35 个主要城市下的 374 个城区的 85 类生活、娱乐设施数据进行研究。

在国外的类似研究中，已有对此类数据的研究应用，在国内则较少，因此也展现了本书研究的一个特点。但是，对于此类数据仍然具有一定的局限性值得探讨：

（1）数据来源的有限性。与"口碑网"类似的网站在我国的兴起主要得益于"团购"这种新型营销方式的流行。作为一种新事物，其在我国的发展时间尚短。在本项研究展开的期间，当时国内较好的两个生活黄页类网站只有"口碑网"和"大众点评网"两家。本项研究综合考虑了从两类

---

① 随着市场的发展，这些公司可能经历变化，但是本书进行该说明的目的主要为展现数据来源的可靠性，因此不做进一步说明。

网站获得数据的可行性，最终选择了利用"口碑网"数据。随着我国网络经济的快速发展，尤其是"大数据"时代的到来，未来在新方法、新技术的辅助下，本项研究将逐步的对数据来源局限进行补充和改进。

（2）数据种类的局限性。同样受到数据来源的局限，本项研究只能选取到当时"口碑网"生活黄页数据库中较为全面、翔实的我国35个主要城市下的374个城区的85类生活、娱乐设施数据进行研究。现实生活中存在各式各样的生活、娱乐设施，要穷举这样设施需要投入巨额的资金，进行大量的工作，然而即使不考虑经济成本因素，也难以穷举生活、娱乐设施数据。因此，本书研究目前的解决办法是尽可能多地对城市生活、娱乐设施进行采集，以求在可行条件下做到最全面，不足之处还有待未来研究进一步补充和完善。

二、基于主成分分析的我国城市场景特征测度

基于上述数据，本项研究分别就15个场景子维度构建了我国374个城区的区域场景表现得分共计5610个。根据场景特征识别流程，接着将利用探索性因子分析中经典的主成分分析法（Principal Components Analysis）对来自我国374个城区的5610个区域场景得分进行特征挖掘。本书研究选取了SPSS 16.0统计工具进行统计分析，主成分分析的主要结果如表5-2到表5-5所示。

结合表5-2到表5-5的结果，可见原来由15个场景子维度反映的场景特征信息通过降维后可由两个主要成分反映，且累计方差百分比达到90.507%，超过一般研究标准要求的70%。因此，可以判断该主成分分析的结果比较满意，即两个"公共因子"能够较为全面地涵盖原15个场景子维度所蕴含的场景特征信息。利用表5-5展现的因子成分系数矩阵，可以进一步展开对场景公共因子的内涵挖掘。

表5-2　累计方差表

Component	Initial Eigenvalues			Extraction Sums of Squared Loadings			Rotation Sums of Squared Loadings		
	Total	% of Variance	Cumulative %	Total	% of Variance	Cumulative %	Total	% of Variance	Cumulative %
1	8.492	56.611	56.611	8.492	56.611	56.611	8.436	56.237	56.237
2	5.084	33.896	90.507	5.084	33.896	90.507	5.140	34.270	90.507

续表

Component	Initial Eigenvalues			Extraction Sums of Squared Loadings			Rotation Sums of Squared Loadings		
	Total	% of Variance	Cumulative %	Total	% of Variance	Cumulative %	Total	% of Variance	Cumulative %
3	0.619	4.124	94.631						
4	0.254	1.690	96.321						
5	0.180	1.198	97.520						
6	0.160	1.067	98.587						
7	0.094	0.629	99.216						
8	0.040	0.266	99.482						
9	0.031	0.206	99.687						
10	0.019	0.125	99.812						
11	0.012	0.082	99.894						
12	0.008	0.051	99.945						
13	0.007	0.045	99.990						
14	0.001	0.010	100.000						
15	2.770E−15	1.847E−14	100.000						

Extraction Method: Principal Component Analysis.

表 5-3 成分矩阵

	Component	
	1	2
Sta	0.978	−0.093
Ui	0.971	0.120
Glam	−0.970	−0.216
Trans	0.963	−0.200
Corp	0.956	−0.215
Loc	−0.941	0.250
Form	−0.930	−0.016
Neigh	−0.834	0.477
Eth	0.810	0.040
Trad	−0.050	0.947
Exhi	0.071	−0.943
Rat	−0.285	0.894
Egal	0.384	0.863
Se	−0.461	−0.810

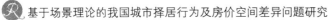

续表

	Component	
	1	2
Char	−0.509	−0.808

2 components extracted.

表 5-4 成分转置矩阵

	Component	
	1	2
Sta	0.982	0.034
Trans	0.981	−0.075
Corp	0.975	−0.091
Loc	−0.965	0.127
Ui	0.948	0.244
Glam	−0.935	−0.338
Form	−0.920	−0.135
Neigh	−0.889	0.366
Eth	0.798	0.144
Trad	−0.171	0.933
Exhi	0.191	−0.926
Egal	0.270	0.905
Char	−0.401	−0.867
Se	−0.354	−0.862
Rat	−0.397	0.850

Rotation converged in 3 iterations.

表 5-5 成分系数矩阵

	Component	
	1	2
Trad	−0.030	0.184
Se	−0.033	−0.165
Ui	0.110	0.038
Char	−0.039	−0.165
Egal	0.023	0.174
Neigh	−0.109	0.080

续表

	Component	
	1	2
Form	−0.108	−0.017
Exhi	0.032	−0.183
Glam	−0.108	−0.057
Trans	0.118	−0.025
Rat	−0.056	0.170
Loc	−0.116	0.035
Sta	0.117	−0.003
Corp	0.117	−0.027
Eth	0.094	0.020

Rotation Method：Varimax with Kaiser.

Normalization.

Component Scores.

由因子成分系数矩阵可以构建场景特征公因子 F_1 和 F_2 如下：

$F_1 = -0.030\text{Trad} - 0.033\text{Se} + 0.110\text{Ui} - 0.039\text{Char} + 0.023\text{Egal} - 0.109\text{Neigh}$
$\quad - 0.108\text{Form} + 0.032\text{Exhi} - 0.108\text{Glam} + 0.118\text{Trans} - 0.056\text{Rat}$
$\quad - 0.116\text{Loc} + 0.117\text{Corp} + 0.094\text{Eth}$

$F_2 = 0.184\text{Trad} - 0.165\text{Se} + 0.038\text{Ui} - 0.165\text{Char} + 0.174\text{Egal} + 0.080\text{Neigh}$
$\quad - 0.017\text{Form} - 0.183\text{Exhi} - 0.057\text{Glam} - 0.025\text{Trans} + 0.170\text{Rat}$
$\quad + 0.035\text{Loc} - 0.003\text{Sta} - 0.027\text{Corp} + 0.020\text{Eth}$

综合表 5-2 至表 5-5 及场景特征公因子公式可知：第 1 场景特征公因子（Factor 1），主要支配国家、实用主义、亲善、违规、时尚、正式、本地、社团、理性这 9 个区域场景维度（绝对值较大的系数），而第 2 场景特征公因子（Factor 2），主要支配传统主义、自我表现、超凡魅力、平等主义、展示、理性这 6 个区域场景维度。

三、我国城市区域场景特征的识别与讨论

由上述的分析可见，在本书所研究的我国 374 个城区内，15 个场景维度被划分为了两个主要的场景特征公因子 F_1 和 F_2。本段结合第三章的理论分析内容，进一步利用文本分析方法，定性地从我国区域文化和历史

的形成、演变及构成的相关规律出发，综合性地分析和解构这两大主场景特征。

由表5-2至表5-5可见，场景特征公因子 F_1 可以近似看做是戏剧性和可靠性的组合，而场景特征公因子 F_2 则主要支配了合法性。

1. 场景特征公因子 F_1 解析

场景特征公因子 F_1 包括了戏剧性维度和可靠性维度中的主要因子，由成分矩阵可见，其主要受来自国家维度的支配。其中，国家性与实用性高度的支配性和正向相关性反映了我国至改革开放以来强调的"以经济建设为中心"的国家理念，是我国紧抓物质文明建设的客观反映。国家性、实用性与魅力的强负向相关更反映了我国朴素的发展模式。

另外，尤其值得深思的是，与西方社会存在较大差别的国家维度和违规维度的高正向相关现象。本项研究认为，在 F_1 中国家维度和违规维度正向相关印证了中国社会学的一个经典理论——"德治理论"。"德治理论"由我国著名社会学家费孝通先生在其著作《乡土中国》中提出。在该书中其强调我国的社会管理是一种以道德为第一标准的德治化管理。"所谓德治"就是社会管理的潜规则所在。在论述我国关系型社会的时候，他强调内部道德约束是解决人与人矛盾的第一原则和选择，而不是类似于西方社会的外部解决法。他举例指出，在传统中国的传统家庭中存在"家丑不可外扬"的思想，即使产生剧烈矛盾或争执，家庭成员会首先选择寻求家族内具有威望的长辈进行调解并在道德的约束下寻求问题的解决而不轻易地诉诸法律。在新中国成立后，虽然庞大的家族治理被单位制影响，但"德治"依然没有完全消失。在单位内部，即使有重大违规发生，单位的领导也会在第一时间试图用德治的方式在内部化解问题。这被西方学者称为中国的"一致化政治"（Consistency Politics）（B. Womack，1991）。由此，一方面"德治"方式与西方所谓的"法制"存在差别；另一方面，如前文论述的"单位"代表国家。上述成分矩阵中出现的国家维度和违规维度正向相关现象真实地反映了我国社会生活的形态，因此是正确且可以被解释的。

2. 场景特征公因子 F_2 解析

场景特征公因子 F_2 主要支配了合法性，即反映了什么样的场景构成才能让人"感觉对"。由成分矩阵可见，在我国让人"感觉对"的场景是遵守传统性原则、不能张扬且具有理性的。这些特点暗合了我国传统儒家思想理性、内敛、守序的特征（著名社会学家韦伯在其著作《儒教与道教》中指出"儒教的'理性'是一种秩序理性主义"），反映了传统文化在我国城市社会中的传承和延续。

对于实用主义脱离合法性维度的原因，本书认为，主要存在两个方面的因素：一方面，在理论上实用主义的出离是符合传统社会学对我国社会传统文化、价值观认识的。中国社会科学院的于铭松在总结了韦伯的儒教理论的基础上指出，"由于儒家的抱负是出仕，因此儒教伦理的这一核心原则，拒斥了行业的专门化、现代的专家官僚体制与专业训练，尤其是拒斥了为营利而进行的经济训练"（于铭松，2004）。因此，本书认为，其结论是支持本书实证结论的。另一方面，在实证统计上，只能说明由我国数据进行实证而取得的结果中，实用主义因子在分布上更贴近于 F_2 因子群，而不能完全否认其不存在于 F_1 中，因此也不能否认原场景价值量表的构成，而可以视为是地域性因素对的场景特征的影响表现。

3. 结论

综上所述，本书将来自我国 35 个城市的 374 个城区的区位场景特征解释如下：

我国的区域场景特征公因子 F_1 可以看做是戏剧性和可靠性的综合体，这进一步解释了在我国"感觉到美"和"感觉到真"具有很强的关联性。"国家"可以看做是戏剧性和可靠性的主导，即是美和真的来源。同时，实用主义因子的加入也较好地反映了我国改革开放后以经济建设为中心的社会精神在社会主流文化中的导向。综合以上因素，本书认为，区域场景特征公因子 F_1 源于国家，受国家相关因子所主支配，并符合我国的社会主流文化属性，因此 F_1 代表了我国的政治文化。

我国的区域场景特征公因子 F_2 可以看做是合法性的主载体。其中，传统主义与理性的高度正向关系，以及与展示性的负相关，也反映了儒家文化中理性和内敛思想及价值观对我国各地区的深切影响。F_2 进一步解释了我国各地区对"正确性"的认同具有强烈的传统性和理性思想。综合以上因素，本书认为文化、价值观场景特征公因子 F_2 源于传统，受传统文化相关因子所主支配，并符合我国社会主流文化的演变历史，因此 F_2 代表了我国的传统文化。

综合来看，本书利用主成分分析方法进行的定量分析的结果与本书第四章中对我国城市区域场景特征因素的相关判断较为一致，可以进一步地展开对我国城市择居行为的研究和分析。

第三节　回归分析及交叉检验

在第四章的第四部分，本书已经基于场景理论构建了我国城市居民的择居模型。本部分将对该理论模型进行数据匹配，并试图利用回归分析、交叉检验等方法实证本书提出的模型及假设。下文将首先对模型中所需要的数据进行匹配并进行初步的相关分析。

一、数据匹配及相关分析

本项研究需要大量的、种类多样的数据，因此数据收集是本书研究的主要难点之一。一些难以获得的数据，本项研究秉着严谨的研究态度，将科学地选取合适的替代变量进行补偿和完善，力求保证研究的完整性和科学性。而针对现有数据的局限性，笔者在未来的相关研究中将努力地进行完善和补足。下文将分别就本书研究模型中涉及的因变量和自变量进行匹配及解析。

1. 数据匹配与解析——因变量

根据理论模型的设计，本书选取了来源于我国 35 个城市的 374 个城区中的不同年龄层次的城市居民所占该城区总人口的比例作为因变量，如表 5-6 所示。

表 5-6　因变量

名称	出生时间区间	2000 年时的年龄区间	数据名称
20 世纪 20 年代后五年	1926~1930	70~74 岁	20b
20 世纪 30 年代前五年	1931~1935	64~69 岁	30a
20 世纪 30 年代后五年	1936~1940	60~64 岁	30b
20 世纪 40 年代前五年	1941~1945	54~59 岁	40a
20 世纪 40 年代后五年	1946~1950	50~54 岁	40b
20 世纪 50 年代前五年	1951~1955	45~49 岁	50a
20 世纪 50 年代后五年	1956~1960	40~44 岁	50b

续表

名称	出生时间区间	2000 年时的年龄区间	数据名称
20 世纪 60 年代前五年	1961~1965	35~39 岁	60a
20 世纪 60 年代后五年	1966~1970	30~34 岁	60b
20 世纪 70 年代前五年	1971~1975	25~29 岁	70a
20 世纪 70 年代后五年	1976~1980	20~24 岁	70b
20 世纪 80 年代前五年	1981~1985	15~19 岁	80a

注：下文将使用缩写（数据名称）替代名称。

表 5-6 所包含的 12 个年龄层次人群因子涵盖了 15~74 岁的我国城市居民。从样本人群出生时间区间来看，数据的区间跨度符合本书进行现代中国（1949 年新中国成立后）城市居民择居行为研究的需要。

2. 数据匹配与解析——自变量

本书构建的场景理论模型中一共包含 11 个研究因子，除了区域场景特征识别获得的两个区域场景特征公因子，还需匹配 9 个研究因子。具体的数据[①] 匹配及分析如下：

（1）工作机会（Opportunity）。本书选取就业率（Employment Rate）数据反映在该地区获得工作机会的难易程度。地区就业率高，表明该地区具有较多的就业机会；地区失业率低，表明该地区的就业机会较少。

（2）区域发展（Development）。城区的发展水平与城区固定资产建设、更新的比例及速度息息相关。发展较快的城区会吸引较多的投资，区域活力旺盛。由于本书的研究数据选自 2000 年，因而本书选取了 1990~2000 年 10 年间新建设的固定资产的百分比反映区域发展的情况。

（3）地区房价（Housing Price）。在前文本书已经分析了住房在我国人生活中的重要意义。用房价作为衡量地区贫富状况的水平非常符合中国的国情。因此，本书以城区中居住在不同价位[②] 住宅中的人数百分比作为权数对地区的不同房价进行了加权平均构建了地区的真实平均房价。

（4）区位（Location）。由于区位数据在统计分析中不易于量化，因而在许多研究中选择用虚拟变量来反映区位数据。本书认为，采用虚拟变

---

① 本段所述数据来源除特别指出外均来自中国 2000 年第五次全国人口普查数据。
② 根据中国 2000 年第五次全国人口普查数据的分类，每个地区的房价被分为 9 个价位水平。

量，用等级表示区位的方法主观性太强，易受到研究者主观经验的影响。因此，本书提出采用客观的"城区非农人口百分比"（% of Non-agricultural Population）数据匹配区位。[①] 在中国，城区非农业人口的数量就是城市区域扩展的指示标，地区非农业人口越多，说明该地区城市化进程较早，在城市的发展中处于中心位置。

（5）继承（Inheritance）。本书用"居住代数"（Generation）数据反映对居住区位的继承情况。本书选取了城区中家庭居住历史超过三代的住户在总户数中所占的比例作为匹配数据。该数据越大，证明该城区的居住历史越悠久，继承居住情况越多。

（6）服务水平（Service）。地区生活、娱乐设施的数量能够反映区域的宜居程度，能够较好地匹配服务水平因子。该数据来源于口碑网（www.koubei.com）生活黄页数据。为了避免城区人口因素对数据的干扰，本书选择了"每千人生活、娱乐设施拥有量百分比"作为匹配数据。

（7）治安状况（Security）。本书选取了"地区固定人口（有户口）比例"数据反映地区的治安状况。本书之所以选取该数据是基于对中国基本国情的考虑。"游民犯罪"是当前中国城市治安的最主要隐患。据统计，20世纪90年代城市犯罪事件中具有外来人口背景的案件，北京占70%，石家庄占61.7%（邵道生，1998）。由此可见，固定人口较多的城区具有较好的治安状况。

（8）教育水平（Education）。本书选取了"每千人教育机构的拥有量百分比"数据匹配地区教育水平因子。该数据来源于口碑网生活黄页数据。

（9）医疗水平（Health）。本书选取了"每千人医疗机构的拥有量百分比"数据匹配地区医疗水平因子。该数据来源于口碑网生活黄页数据。

以上9个自变量，加上反映地区场景文化水平的区域场景特征变量 Scenes F_1 以及 Scenes F_2，本书一共选取了11个自变量进行统计分析，如表5-7所示。

---

① "非农业人口"（Non-agricultural Population）是中国特殊的城乡二元户籍体系的产物。所谓"非农人口"指的是从事非农业性劳动的人口，这些人大多生活在农村。随着中国城市化的发展，城市不断扩展，一些城市周边的农村被城市吞并，大多原农业土地被改为城市用途，但是也有部分原村民继续从事农业生产。

表 5-7　自变量

	自变量	匹配数据
1	工作机会（Opportunity）	地区就业率
2	区域发展（Development）	地区新建房屋比例
3	地区房价（Housing Price）	地区均房价
4	区位通勤（Location）	地区非农人口比例
5	代际继承（Inheritance）	地区居住三代以上家庭比例
6	地区治安（Security）	地区非流动人口比
7	周边服务（Service）	地区周边服务设施数量
8	教育水平（Education）	地区每千人教育机构数量
9	医疗条件（Health）	地区每千人医疗机构数量
10	场景因子 1（Scenes F_1）	区域场景特征公因子 F_1
11	场景因子 2（Scenes F_2）	区域场景特征公因子 F_2

3. 相关分析

本书首先采用皮尔逊相关分析（Pearson Correlation Analysis）方法，验证研究模型中各变量之间的相互关系，分析结果如表 5-8 所示。

由表 5-8 的相关分析可见，一方面，本书经过理论分析所选取的自变量大多与因变量关系显著。这证明了本书理论研究及因子判断的正确性。另一方面，由表 5-8 的结果也可见一些自变量之间也存在一定的相关关系。

探究我国城市居民居住选择的最优模型，观察场景特征公因子是否在居住选择因子中处于优先考虑地位及所占的考虑比重是本书实证检验所需要关心的问题。因此，为了进一步检验不同的自变量对因变量是否确实具有影响预测作用，本书将使用逐步回归分析方法对数据模型进行分析，以进一步探求我国城市居民居住选择的最优模型。

二、逐步回归分析

本书的主要实证目的是为了检验和证明按照场景理论构建的区域场景特征公因子，即文化、价值观因素是否会对我国城市居民的居住区位选择行为产生影响以及产生多大的影响。因此，找到我国城市居民居住选择的最优模型，观察场景特征公因子是否在居住选择因子中处于优先考虑地位及所占的考虑比重是本书实证检验所需要关心的问题。综合这些因素，为

表 5-8　相关系数表

	Opportunity	Development	Housing Price	Location	Inheritance	Service	Security	Education	Health	Scenes F_1	Scenes F_2
20b	-0.349**	-0.469**	-0.165*	0.284**	0.139**	0.195**	0.089	0.071	0.108*	0.073	-0.136**
30a	-0.439**	-0.451**	-0.209**	0.440**	0.067	0.154**	0.107*	0.044	0.092	0.168**	-0.103*
30b	-0.246**	-0.381**	-0.467**	0.353**	0.074	0.084	0.138**	0.068	0.103*	0.120*	-0.024
40a	0.090	-0.317**	-0.564**	-0.074	0.334**	0.122*	0.144**	0.135**	0.127*	-0.032	-0.022
40b	-0.050	-0.384**	-0.415**	-0.014	0.253**	0.132*	0.050	0.097	0.097	-0.050	-0.081
50a	-0.356**	-0.463**	-0.272**	0.295**	0.108*	0.143**	0.038	0.065	0.089	0.160**	-0.042
50b	-0.648**	-0.401**	0.018	0.617**	-0.223**	0.040	-0.021	-0.069	-0.008	0.318**	-0.033
60a	-0.357**	-0.116*	-0.001	0.434**	-0.262**	-0.044	-0.073	-0.073	-0.007	0.287**	-0.151**
60b	0.448**	0.460**	0.163**	-0.352**	-0.029	-0.048	-0.151**	0.033	0.015	-0.056	-0.056
70a	0.179**	0.562**	0.538**	-0.094	-0.226**	0.009	-0.273**	0.034	0.047	0.159**	-0.024
70b	-0.128*	0.473**	0.701**	0.269**	-0.468**	-0.062	-0.390**	-0.092	-0.037	0.320**	0.000
80a	-0.201**	0.288**	0.393**	0.295**	-0.310**	-0.096	-0.220**	-0.107*	-0.079	0.247**	0.074
Opportunity	1	0.058	-0.246**	-0.817**	0.305**	-0.063	0.170**	0.037	-0.050	-0.443**	-0.042
Development		1	0.455**	0.034	-0.057	-0.083	-0.298**	-0.056	-0.028	0.210**	-0.023
Housing Price			1	0.286**	-0.395**	-0.002	-0.424**	-0.082	-0.032	0.379**	-0.117*
Location				1	-0.432**	0.075	-0.225**	-0.039	0.083	0.585**	0.013
Inheritance					1	0.162**	0.253**	0.169**	0.117*	-0.297**	0.036
Service						1	-0.024	0.18	-0.037	0.069	-0.218**
Security							1	0.948**	0.961**	-0.289**	0.092
Education								1	0.970**	-0.025	-0.203**
Health									1	0.064	-0.229**
Scenes F_1										1	0.000
Scenes F_2											1

注：** Correlation is significant at the 0.01 level (2-tailed). * Correlation is significant at the 0.05 level (2-tailed).

表 5-9 逐步分析结果

Dependent Variable	Model	Unstandardized Coefficients		Standardized Coefficients	t	Sig.	Correlations	R	R Square	ANOVA	
		B	Std. Error	Beta			Partial			F	Sig.
20b	(Constant)	0.054	0.010		5.588	0.000					
	Development	-0.029	0.003	-0.453	-11.283	0.000	-0.507				
	Opportunity	-0.029	0.010	0.208	-2.987	0.003	-0.154				
	Inheritance	0.000	0.000	0.294	6.652	0.000	0.328				
	Scene F$_2$	-0.001	0.000	-0.169	-4.254	0.000	-0.216				
	Location	5.953E-5	0.000	0.258	3.515	0.000	0.180	0.650[e]	0.422	53.721	0.000[e]
30a	(Constant)	0.033	0.002		17.718	0.000					
	Development	-0.031	0.003	-0.412	-9.853	0.000	-0.457				
	Location	0.000	0.000	0.601	14.597	0.000	0.606				
	Inheritance	0.000	0.000	0.267	6.194	0.000	0.307				
	Scene F$_2$	-0.001	0.000	-0.142	-3.849	0.000	-0.197				
	Housing price	-3.546E-8	0.000	-0.104	-2.264	0.024	-0.117	0.711[e]	0.505	75.068	0.000[e]
30b	(Constant)	0.014	0.009		1.538	0.125					
	Housing price	-1.539E-7	0.000	-0.509	-11.040	0.000	-0.499				
	Location	0.000	0.000	0.687	10.243	0.000	0.472				
	Development	-0.012	0.003	-0.177	-4.213	0.000	-0.215				
	Scene F$_2$	0.000	0.000	-0.094	-2.554	0.011	-0.132				
	Inheritance	0.000	0.000	0.113	2.633	0.009	0.136				
	Opportunity	0.023	0.009	0.162	2.511	0.012	0.130	0.720[f]	0.519	65.917	0.000[f]
40a	(Constant)	0.046	0.002		24.057	0.000					
	Housing price	-1.796E-7	0.000	-0.572	-10.864	0.000	-0.493				
	Scene F$_1$	0.002	0.000	0.241	5.402	0.000	0.271				

续表

Dependent Variable	Model	Unstandardized Coefficients		Standardized Coefficients	t	Sig.	Correlations	R	R Square	ANOVA	
		B	Std. Error	Beta			Partial			F	Sig.
40a	Inheritance	0.000	0.000	0.204	4.515	0.000	0.229				
	Development	-0.009	0.003	-0.131	-2.836	0.005	-0.146				
	Security	-0.002	0.001	-0.112	-2.462	0.014	-0.127				
	Scene F_2	0.000	0.000	-0.089	-2.191	0.029	-0.114	0.641f	0.410	42.557	0.000f
40b	(Constant)	0.091	0.009		9.610	0.000					
	Housing price	-1.564E-7	0.000	-0.366	-6.373	0.000	-0.316				
	Development	-0.026	0.005	-0.277	-5.421	0.000	-0.273				
	Security	-0.005	0.001	-0.179	-3.640	0.000	-0.187				
	Inheritance	0.000	0.000	0.209	4.241	0.000	0.216				
	Opportunity	-0.024	0.010	-0.115	-2.270	0.024	-0.118				
	Scene F_2	-0.001	0.000	-0.126	-2.869	0.004	-0.148				
	Scene F_1	0.001	0.001	0.106	2.050	0.041	0.107	0.559g	0.313	23.786	0.000g
50a	(Constant)	0.198	0.013		15.515	0.000					
	Development	-0.056	0.006	-0.404	-8.637	0.000	-0.411				
	Opportunity	-0.103	0.014	-0.342	-7.376	0.000	-0.360				
	Inheritance	0.001	0.000	0.189	4.191	0.000	0.214				
	Scene F_1	0.003	0.001	0.207	4.352	0.000	0.222				
	Housing price	-1.444E-7	0.000	-0.230	-4.376	0.000	-0.223				
	Security	-0.004	0.002	-0.102	-2.266	0.024	-0.118				
	Scene F_2	-0.001	0.001	-0.090	-2.237	0.026	-0.115	0.652g	0.425	38.612	0.000g

续表

Dependent Variable	Model	Unstandardized Coefficients		Standardized Coefficients	t	Sig.	Correlations	R	R Square	ANOVA	
		B	Std. Error	Beta			Partial			F	Sig.
50b	(Constant)	0.212	0.022		9.842	0.000					
	Opportunity	-0.122	0.022	-0.322	-5.605	0.000	-0.281				
	Development	-0.067	0.006	-0.383	-11.397	0.000	-0.511				
	Location	0.000	0.000	0.377	6.569	0.000	0.324				
	Health	-0.009	0.003	-0.368	-3.061	0.002	-0.158				
	Service	0.000	0.000	0.296	2.459	0.014	0.127				
	Scene F_2	-0.002	0.001	-0.080	-2.394	0.017	-0.124	0.782f	0.611	96.074	0.000f
60a	(Constant)	0.096	0.003		37.984	0.000					
	Location	0.000	0.000	0.386	6.553	0.000	0.324				
	Scene F_2	-0.002	0.000	-0.201	-4.345	0.000	-0.221				
	Housing price	-1.037E-7	0.000	-0.230	-4.488	0.000	-0.228				
	Inheritance	0.000	0.000	-0.127	-2.377	0.018	-0.123				
	Service	-5.020E-5	0.000	-0.105	-2.216	0.027	-0.115				
	Scene F_1	0.001	0.001	0.118	2.067	0.039	0.107	0.519f	0.270	22.583	0.000f
60b	(Constant)	0.000	0.021		-.048	0.962					
	Development	0.054	0.006	0.396	9.336	0.000	0.439				
	Opportunity	0.098	0.020	0.330	4.762	0.000	0.242				
	Inheritance	0.000	0.000	-0.160	-3.488	0.001	-0.179				
	Location	-9.547E-5	0.000	-0.193	-2.632	0.009	-0.136				
	Health	0.008	0.003	0.417	2.862	0.004	0.148				
	Service	0.000	0.000	-0.357	-2.421	0.016	-0.126				
	Security	-0.003	0.002	-0.085	-1.979	0.049	-0.103	0.662g	0.438	40.820	0.000g

续表

Dependent Variable	Model	Unstandardized Coefficients		Standardized Coefficients	t	Sig.	Correlations	R	R Square	ANOVA	
		B	Std. Error	Beta			Partial			F	Sig.
70a	(Constant)	-0.026	0.031		-0.837	0.403					
	Development	0.082	0.009	0.367	8.720	0.000	0.415				
	Housing price	4.050E-7	0.000	0.402	8.710	0.000	0.414				
	Opportunity	0.096	0.031	0.200	3.096	0.002	0.160				
	Inheritance	0.000	0.000	-0.192	-4.398	0.000	-0.224				
	Health	0.004	0.001	0.134	3.512	0.001	0.181				
	Location	0.000	0.000	-0.153	-2.267	0.024	-0.118				
	Scene F_2	0.002	0.001	0.079	2.098	0.037	0.109	0.721[g]	0.520	56.667	0.000[g]
70b	(Constant)	-0.098	0.041		-2.359	0.019					
	Housing price	7.634E-7	0.000	0.523	12.399	0.000	0.543				
	Inheritance	-0.002	0.000	-0.238	-6.056	0.000	-0.301				
	Development	0.066	0.012	0.204	5.285	0.000	0.266				
	Scene F_2	0.003	0.001	0.080	2.395	0.017	0.124				
	Opportunity	0.151	0.041	0.216	3.656	0.000	0.187				
	Location	0.000	0.000	0.185	3.015	0.003	0.155	0.772[f]	0.596	90.409	0.000[f]
80a	(Constant)	0.064	0.007		9.092	0.000					
	Housing price	2.312E-7	0.000	0.222	3.872	0.000	0.198				
	Location	0.000	0.000	0.161	3.152	0.002	0.162				
	Development	0.040	0.012	0.175	3.384	0.001	0.174				
	Inheritance	0.000	0.000	-0.147	-2.752	0.006	-0.142				
	Scene F_2	0.003	0.001	0.107	2.325	0.021	0.120	0.489	0.239	23.079	0.000

了实现本书的实证目的，本书选取了适用于探寻最优模型的逐步回归（Stepwise Regression）方法进行本书的实证。本书应用 11 个自变量分别对 12 个因变量进行了逐步回归，并将各个最优模型的最终结果整合如表 5-9 所示。

　　由表 5-9 可见，12 个逐步回归模型的拟合度普遍可以接受。一方面，由于本研究采用的是截面数据，R^2 在 0.4 左右即可表明方程具有较好的拟合优度。在表 5-9 中除了 60a 和 80a 两个模型的拟合优度偏低外其他的模型均在可接受范围内，且各模型的 F 检验均显著，因此本书认为，逐步回归的结果较好，但是需要进一步采用交叉检验的方式验证回归方程是否可以用于进一步的分析和讨论。

三、交叉检验

　　为了进一步检验上述场景模型是否可以用于进一步的分析和讨论，本书选取了交叉检验（Cross-Validation）的方式对模型进行效验。交叉检验本身是一种比残差分析更具说服力的模型评估方法。K-折交叉检验是一种较为常见的交叉检验方式。该方法主要是将样本集分为 k 份，其中 k-n 份作为训练数据集，而另外的 n 份作为验证数据集。用验证集来验证所得分类器或者回归的错误码率。一般需要循环 k 次，直到所有 k 份数据全部被选择一遍为止。模型如下：

　　设样本量为 n + m，其中 n 为样本期间；m 为样本期外：

$$x_1, \ x_2, \ \cdots, \ x_n, \ x_{n+1}, \ x_{n+2}, \ \cdots, \ x_{n+m}$$

则标准误差为：

$$S = \sqrt{\frac{1}{n} \sum_{i=1}^{n} (x_i - \hat{x}_i)^2} \tag{5-5}$$

则检验系数 J 为：

$$J = \frac{\sqrt{\dfrac{1}{m} \sum_{i=n+1}^{n+m} e_i^2}}{\sqrt{\dfrac{1}{n} \sum_{i=1}^{n} e_i^2}} = \frac{\sqrt{\dfrac{1}{m} \sum_{i=n+1}^{n+m} (x_i - \hat{x}_i)^2}}{\sqrt{\dfrac{1}{n} \sum_{i=1}^{n} (x_i - \hat{x}_i)^2}} \tag{5-6}$$

　　其中，分母为历史模拟的标准误差，分子为事后预测的标准误差。检验系数 J 越小越好，当检验系数为 0 时，称为完美预测；接近 1 时，一般可认为预测期的变化规律与样本期间相同，模型具有较好的精度；但当检验系数远大于 1 时，可认为预测期的变化规律与样本期间不同，模型的精度较差。

由上述定义和公式可见应用 K-折交叉检验需要进行大量的重复运算，因此该方法也比较适合于样本量较小的情况。由于本研究是大样本，因而不必须采用 K-折交叉检验，而可以选取 90-10 交叉检验方法。90-10 交叉检验方法与 K-折交叉检验类似，只是在训练集和测试集的选择上存在差别。90-10 交叉检验方法是在大样本情况下随机选取 10% 的样本作为测试集，其他 90% 作为训练集，然后按照 K-折交叉检验的方法计算检验系数 J 并判断回归方程的预测精度。

因此，本书根据 90-10 交叉检验的方式，利用 SPSS 16.0 中的 Random sample of cases 语句随机选取了 90% 的样本（共计 341 个）作为训练集；另外 10% 的样本（共计 33 个）作为测试集进行交叉检验，检验结果如表 5-10 所示：

表 5-10   交叉检验表

模型	训练集	测试集	检验系数
20a	0.005167	0.005578	1.079625
30b	0.005723	0.005430	0.948719
30a	0.005039	0.004368	0.866831
40b	0.005798	0.005285	0.911536
40a	0.008477	0.008113	0.957144
50b	0.011281	0.012102	1.072721
50a	0.011874	0.011010	0.927255
60b	0.009358	0.007590	0.811080
60a	0.011185	0.011955	1.068828
70b	0.016680	0.016278	0.975919
70a	0.022468	0.016962	0.754914
80a	0.018007	0.021918	0.821574

由表 5-10 可见，本书构建的 12 个年龄段的居住区位模型的检验系数在 [0.75，1.08] 区间内均接近于 1，因此可认为本书构建的 12 个实证模型均具有较好的精度。

第四节　结果分析及讨论

结合本书第四章对城市择居行为展开的理论研究，本书已经完成了对我国城市择居行为的定性、定量分析。综合上述分析结果，本章将对第四章提出的当代我国城市择居行为的三个主要研究假设，即假设一：城市场景特征对我国城市居民的择居行为具有显著的影响；假设二：传统性场景特征对我国年青一代城市居民的择居行为具有正向的影响作用；假设三：不同城市场景特征对具有不同文化、价值观诉求的城市居民的择居行为的影响具有显著差异，展开分析及讨论。

一、城市场景特征对我国城市居民的择居行为具有显著影响

针对本书提出的我国城市择居行为假设一：城市场景特征对我国城市居民的择居行为具有显著的影响。本章将基于第三节的分析结果进行分析和讨论，表 5-11 是逐步分析所得的主要结果的整理。

表 5-11　逐步分析主要结果汇总

模型	R Square	Partial Scene F_1	Partial Scene F_2	Cross-Validation
20b	0.422	—	-0.216	1.079625
30a	0.505	—	-0.197	0.948719
30b	0.519	—	-0.132	0.866831
40a	0.410	0.271	-0.114	0.911536
40b	0.313	0.107	-0.148	0.957144
50a	0.425	0.222	-0.116	1.072721
50b	0.611	—	-0.124	0.927255
60a	0.270	0.107	-0.221	0.811080
60b	0.438	—	—	1.068828
70a	0.520	—	0.109	0.975919
70b	0.596	—	0.124	0.754914
80a	0.239	—	0.120	0.821574

注："—"表示没有。

由表 5-11 可见，反映文化、价值观因素对居民居住区位选择影响的场景特征公因子 F_1、F_2 被纳入了除 60b 模型以外的所有年龄段人群的最优选择模型中，并均协助提高了最优回归方程的拟合优度。虽然在 60a 和 80a 模型中 R^2 都较小，但是由交叉检验的结果可见，以上结果均可信，可用于进一步分析。另外，从各模型中场景特征公因子的偏相关系数（Partial Correlation）的大小来看，在控制各模型中其他变量条件下，场景特征公因子对我国城市居民居住区位选择的直接影响的绝对值均超过 0.1。由此可以证明文化、价值观场景因素对我国城市居民的居住区位选择具有显著的影响。

其中，值得讨论的是在 60b 模型中文化、价值观场景因素对该年龄段居民居住区位影响不显著的问题。从历史事件和时代背景看，60b 中文化、价值观场景因素缺失的原因可能与 60b 人群经历的文化、价值观变革有关。20 世纪 70 年代末到 80 年代是"伤痕文学"的顶峰时期，而同时也是 60b 人群读书、求知和成长的青春期和叛逆期。因此，以"伤痕"为主的时代文化及价值观，可能影响了处于该年龄段的大部分人群，由此，出现了我国城市社会主流现代文化、价值观的转折点。从"60b"的区位选择模型上看，不单是文化诉求因子群，以地区发展与工作机会为代表的经济诉求因子群也正是在该群体中出现了转折。在 60b 模型前后的两个模型 60a 与 70a 中，文化、价值观场景特征公因子及经济因子的构成及影响方向截然不同的情况也证明了转折点的存在，也同时印证了本书提出的新中国成立后居住文化的两次巨变理论假设。综合上述讨论，本书认为，假设一被证明，城市场景特征对我国城市居民的择居行为具有显著的影响，即城市文化、价值观场景特征对现代我国城市居民的居住区位分布具有显著的影响。

二、 城市传统性场景特征引导了当代我国年青一代城市居民的择居行为

针对本书提出的我国城市择居行为假设二：传统性场景特征对我国年青一代城市居民的择居行为具有正向的影响作用。本章构建了我国城市居民居住区位的主选择因子变化表以讨论传统文化变革的影响假设，如表 5-12 所示。

表 5-12　我国年青一代城市居民择居行为影响因子变化表

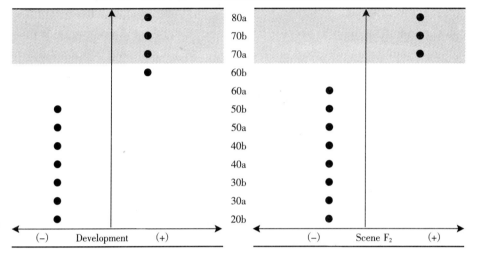

由表 5-12 可见，我国城市居民的居住区位选择因子在不同年龄段人群中确实存在明显的变化趋势。其中，以 60a 人群为转折点，在经济诉求方面，年青一代对地区经济发展的诉求较年长者高。这可以看做是对本书提出的由"北大荒"精神向"北漂"精神转变的证明。另外，以 60b 人群为转折点，在文化诉求方面，反映传统文化、价值观属性的场景特征公因子 F_2 对年青一代产生了正向的影响作用，而在年长者中其均是负作用的。这也印证了本书提出的，我国当前的年青一代正在越来越多地向具有较高的传统文化、价值观场景属性的地区聚集的假设。

因此，综合上述讨论，本书认为，假设二被证明，传统性场景特征对我国年青一代城市居民的择居行为具有正向的影响作用，即传统文化、价值观场景因素对现代我国城市居民的居住区位分布具有显著的影响，尤其对年轻人的居住区位分布具有正向影响。

三、我国年青一代城市居民与其父辈在择居行为中具有不同的场景特征诉求

针对本书提出的我国城市择居行为假设三：不同城市场景特征对具有不同文化、价值观诉求的城市居民的择居行为的影响具有显著的影响差异。从上述分析结果看，似乎没有发现直接的介绍和论证，因此本章将结

合对于我国社会发展现状的考虑，利用我国年青一代与父辈的居住文化诉求的对比，寻求支持本假设的论据。

根据我国现行的婚姻法，年轻女子的适婚年龄是 20 岁，且由于我国长期实行计划生育政策，提倡和鼓励晚育，因此本书估算，我国"80 后"一代（80a）的父母年龄应该处于"50 后"（50a、50b）左右；"70 后"一代（70a、70b）的父母年龄处于"40 后"（40a、40b）左右；"60 后"一代（60a、60b）的父母处于"30 后"（30a、30b）左右。基于这一分类，本书构建了我国年青一代与其父辈的居住区位选择文化诉求差异表，如表5–13 所示。

表 5–13　我国年青一代与父辈的居住文化诉求差异比较

Post80	Post50	Post70	Post40	Post60	Post30
—	$+ F_1$	—	$+ F_1$	$+ F_1$ or \	—
$+ F_2$	$- F_2$	$+ F_2$	$- F_2$	$- F_2$ or \	$- F_2$

注："—"表示没有。

由表 5–13 可见，在"80 后"、"70 后"与其父辈"50 后"、"40 后"的对比中，我国年青一代与其父辈所具有的居住文化及价值观诉求截然不同。在"60 后"与其父辈"30 后"的对比中，表现出了父辈与子辈间居住文化价值观的矛盾及统一。因此，该结果一方面印证了本书对家庭文化、价值观场景对我国城市居民居住区位选择具有显著影响的假设；另一方面也印证了本书提出的家庭文化的变革及其带来的对不同年龄层次人群的影响。

因此，综合上述讨论，本书认为假设三：不同城市场景特征对具有不同文化、价值观诉求的城市居民的择居行为的影响具有显著的影响差异被证明，并主要表现为家庭文化、价值观场景因素对现代我国城市居民的居住区位分布具有显著的影响，尤其在年轻人和其父辈的居住区位选择的对比中存在截然相反的影响趋势。

第六章 区域场景特征对我国城市房价空间差异的影响实证
——以北京为例①

　　在第四章和第五章中，本书先后利用理论分析和实证检验证明了在城市中"区域场景"由"城市便利设施"组合而成。城市区域场景不仅蕴含了功能，并通过不同的构成及分布，组合形成抽象的符号感知信息，将包括文化、价值观在内的各类认同感传递给了不同人群，从而引导了其行为模式的选择，进而极大地改变了现代城市的居住秩序。换句话说，即我国的城市择居行为受来自于居住者对城市场景特征的认同感影响。在此认同感的影响下，在我国城市中出现了以"房奴、蜗居、蚁族"为代表的"非经济理性"择居群体。

　　在本章中，结合本书前述各章的理论阐释与剖析，如绪论中对房价变化的"空间两极分化"现象的概述，第二章对择居行为及房价空间差异现象的进一步探讨，第三章对场景理论提出的关于城市文化、价值观对城市发展的影响力有不断增强趋势的认识，以及第四章关于中国传统文化、价值观的影响作用，将进一步论证：在受城市场景特征认同感影响下而产生的"非经济理性"择居行为的存在，使得现代我国城市房价在现代城市社会中不再仅仅是关于建安成本的计量，也不再完全匹配购房者的收入；在城市的各类场景所具有的文化、价值理念越来越吻合于社会发展、越来越吻合于现代城市的生活方式、越来越具有启迪并展现人们渴望发展的梦想之现实下，城市住房已更多地向人们展示出其所具有的社会功能，逐渐地展露出其溢出建安成本价的文化价值。由此，本章提出本书的另一个核心

---

① 2010 年国务院正式批复了北京市政府关于调整首都功能核心区行政区划的请示，同意撤销北京市东城区、崇文区，设立新的北京市东城区，以原东城区、崇文区的行政区域为东城区的行政区域；撤销北京市西城区、宣武区，设立新的北京市西城区，以原西城区、宣武区的行政区域为西城区的行政区域。由于笔者的研究时间所致，本书中的北京市行政区划仍使用 2010 年之前的标准。

观点：我国城市房价在当今城市经济社会发展及人本理念的背景下，反映了房地产市场各主体对住宅所处空间场景价值量的认可。

本章将以北京为例，同样利用理论与实证相结合的方式论证这一观点。尤其在实证研究方面，由于城市房价存在较强的空间关联性，即距离、位置因素对房价的形成具有重要影响。因此，为了克服原有场景理论方法论体系在空间评价中的缺陷，本书结合地理信息系统技术（Geographic Information System，GIS）对原方法论体系进行了创新，原创了更适应于城市空间分析的ST@GIS集成方法。在此基础上，本书利用来自北京市六环内的220个热点区域的房价数据及85类城市便利设施数据，利用空间计量相关方法对本书的核心观点进行了检验，并与一些既有理论、观点展开了对比讨论。

第一节　北京的区域场景特征及其对房价空间差异的影响

作为对于城市内部房价空间差异问题的研究分析，本章的分析对象是城市内部的房价板块。在本书研究中，我国的首都北京被选为了研究的对象。之所以选择北京展开研究，主要包括两个方面的原因：

（1）北京具有广为人知且被世界所公认的悠久历史文化。作为我国的首都，北京具有悠久的历史和浓郁的文化底蕴。这为本书研究拟探索的城市区域文化、价值观场景特征对城市房价差异的影响问题提供了充足的现实基础。不仅如此，作为国际性的研究，通过2008年北京奥运会所展现给世界的北京形象，使得本书研究对北京市的分析更容易被国外同行专家所了解和接受。在此意义上，北京被选为本书展开房价空间实证的研究对象。

（2）北京较好且较完整地保留和保护了历史城市的形态。以"紫禁城"为中心的北京市城市形态至今被较好地保存。不仅如此，北京市作为首都对优秀历史文化传统的保护和传承在全国范围内均属较好。同时，随着时代的进步，北京作为我国发展最快的城市之一率先出现了"房奴、蜗居、蚁族"等现象。因此，无论从历史还是从现代的角度看，北京都是我国文化的标志，因此更适合于本书研究的开展。

基于上述两个主要原因，本书认为，可以以北京为例对区域场景特征对我国城市房价空间差异的影响问题展开分析和研究。

一、 北京的场景特征及形成历史回顾

由我国的历史可知，古老的北京有着 3000 余年的建城史和 778 年的建都史。自秦汉以来北京地区一直是我国军事和商业重镇。无论是在古代还是在新中国成立以后，北京在中国人心中的地位和形象一直都是庄严和神圣的。中国人对北京城市场景特征的认识也可以从"紫禁城"说到"四合院"。从空间上看，不得不提的就是北京的"九门"，如图 6-1 所示。

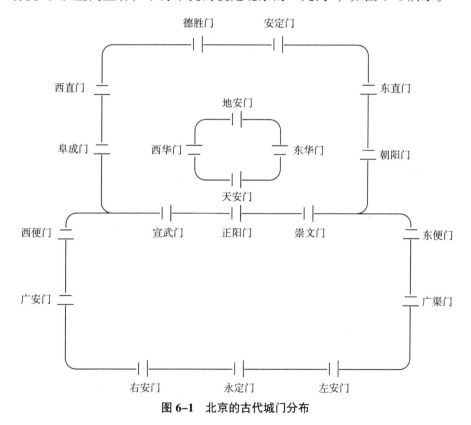

图 6-1 北京的古代城门分布

老北京的城市结构是以紫禁城为中心，九经九纬大道交错，九门环绕的方形结构。在古代的北京城中，对于城门民间有"内九、外七、皇城四"的说法，如图 6-1 所示。这二十道门却各有各的不同用途。其中，

"皇城四"指的是进出紫禁城的四道门，分别是西华门、地安门、天安门、东华门，这四个门的主要用途是为了文武百官进出而设立的。比"皇城四"低一个级别的是"内九"。"内九"指的是古北京内城的九道城门，分别是正阳门、东直门、西直门、朝阳门、阜成门、崇文门、宣武门、德胜门和安定门，这九个门也具有不同的功能和职责。其中，正阳门就是今天的前门，是古代皇帝出入之门，平民不能走。东直门主要负责过往运送柴炭车的，也被称作柴道。西直门则是运水通道，每天由玉泉山进入皇城的水就是由此而过的。朝阳门是运粮通道。阜成门是运煤通道。崇文门是运酒通道。宣武门主要负责运送囚犯，死囚从此门押出，拉到菜市口斩首。德胜门是军队得胜班师回朝进入的门。安定门是军队出征时走的门。相对于具有明确等级意义的"皇城四"和"内九"，"外七"则主要是百姓入城务工、商贸及访友所用，包括广渠门、广安门、左安门、右安门、东便门、西便门和永定门。

由于北京作为首都的历史地位，其在城市演化和发展的形态上一直遵守着前文提及的等级化趋势，如核心宫殿区的分布主要坐落在北京市的中轴线上，并呈现以北为尊的城市形态。

二、北京的房价空间分布现状

在只考虑住宅的情况下，市场公认的北京房价主要涉及四种类型：新房价格、二手房价格、别墅价格和保障性住房价格。其中，有两类房价在本书的研究中暂不考虑。一是别墅的价格。根据国家统计局的统计准则，别墅价格独立于新房价格或二手房价格。在我国当前的平均生活水平下，别墅作为少数人的奢侈品，其也较难反映本书研究所反映的大众居住文化、价值观特征，而且别墅的数量远少于新房和二手房，因此本书研究剔除了别墅类房地产商品价格在所研究房地产价格中的影响。本书研究尚不予考虑的第二类房价是保障性住房价格。一方面是在政策性因素作用下，保障性住房的价格是非市场化的，因此价格的构成机理与一般商品房差异较大；另一方面，保障性住房作为政策性、福利性的类公共品，其同样难以反映我国大众的居住文化、价值观特征。不过，由于已建成保障性住房的数量尚不足以对商品房市场造成影响，因而本书的研究暂时也在房地产价格中忽略其影响。

综上所述,本书的研究主要对北京市的新房价格和二手房价格的空间分布现状展开分析。本书应用 ArcGIS 9.3 软件,基于调查数据对 2011 年初北京市的新房及二手房分布,利用经典的反距离加权插值方法进行了城市房价的空间拟合。空间拟合的结果如图 6-2 和图 6-3 所示。

1. 北京市新房价格空间分布的现状

由图 6-2 可见,北京市的新房价格空间分布呈现反"C"型结构。其中,城市核心区域的价格最高。东城区、朝阳区的高新房价格也符合一般市场认识的。但是,海淀区内三环到四环的区域成为新房价格空间分布的"价格洼地"。这种现象却是有悖于对北京市房地产价格分布的一般认识的。本书认为,造成这一现象的主要原因是空间数据的缺失,海淀区目前新建并在售的新楼盘较少,因此拟合后该地区出现了"价格洼地"。

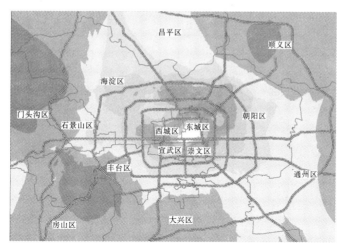

图 6-2 北京市新房价格空间分布特征

注:图例见图 6-14。

2. 北京市二手房价格空间分布的现状

由图 6-3 可见,北京市六环内的中高二手房价格空间分布呈明显的"彗星状"分布。其中,"彗核"位于二环以内的东城区,"彗尾"由中心拖向位于西北的海淀区,直至北五环。"彗星体"辐射下的其他中低二手房价格区域则主要呈现了北高南低的趋势,基本符合对北京市二手房价格分布的一般认识。

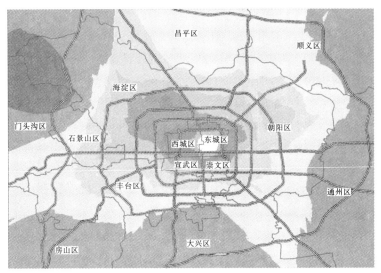

图 6-3　北京市二手房价格空间分布特征

注：图例见图 6-15。

三、城市区域场景特征对北京房价空间差异的影响探讨

在本书的第四章中，本书就我国城市的历史形态及等级化文化、价值观传统在其中的影响进行了分析和讨论。就北京而言，作为我国的首都，无论是在古代还是在现代，城市区域文化、价值观场景特征的影响一直发挥着重要的影响作用。新中国成立以后，中央政府对北京市进行了新的城市改造，其中，以打破北京城市旧有的等级化文化、价值观区域分布为主要目标。然而，事与愿违，在城市中的改革使得旧的城市遭到了极大的破坏，而新的规划却也不能进行。因此，本书第四章将其评价为"被打破的只是建筑，而不是传统上中国城市以'权力'为中心的城市分布"，并指出，如今大量政府机关和中央大型企业都集中在城市中心地段的现象就可以被看做是区位规划改革失败的代表。这也为后来城市传统文化的复苏留下了隐患。

如今，北京市城市的区位布局出现了向传统化回归的趋势，一方面，"上风上水"思想的复燃使得北京市西北部成为许多人向往的地方；另一方面，在城市的整体规划上，以"中十字"轴上的奥运场馆为代表，城市的传统区位分布正在逐步加剧。此外，北京市的房地产分布呈现明显的南北差异。在与城市中心"天安门"的距离相等的情况下，北京市南三环、北三环房地产的价格存在较大的差异。在经济、通勤效用无差异的情况下，本书认为，其中主要受到了城市区域文化、价值观场景特征的影响。同时，北京自古以来的以北为尊的发展思路延续至今，并影响了北京市房地产价格的分布。

由此，本书认为，在北京，城市区域场景特征对北京的城市空间布局具有重要的影响，同时也由此影响了北京市的城市房价。下文将运用空间计量方法构建城市房价分布特征地图，对北京市房价分布的现状展开探讨。

第二节　ST@GIS 方法概述

ST@GIS，顾名思义是场景理论（Scenes Theory）与地理信息系统（Geographic Information System，GIS）英文缩写的组合，而其中的"@"则取其工程学原意"at"，即表明将场景理论与地理信息系统的集成。

一、ST@GIS 方法的提出

一方面，ST@GIS 方法的提出源于城市场景特征与房价分布研究的需要。城市房价的形成存在较强的空间关联性。从资产评估的角度看，目前，我国城市房价定价所采取的办法主要是"市场比较法"，即根据相邻区位的楼盘的价格拟定自身价格，而房价的变化也将根据楼盘周边"市场价格"的变化而变化，这也是房地产市场存在的"领袖楼盘定价"模式。在此背景下，距离、位置因素对城市区域房价形成的影响就显得尤为重要。既有场景理论的方法论体系中尚未对空间问题提出较好的解决办法，因此为了克服原有场景理论方法论体系在空间评价中的缺陷，本书结合地理信息系统技术（GIS）对原方法论体系进行了创新，原创了更适应于城市空间分析的 ST@GIS 集成方法。另一方面，ST@GIS 方法的提出、构建思路也来自于中国科学院数学与系统科学研究院、中国科学院预测科学研究中心汪寿阳教授提出的综合集成预测方法 TEI@I（Wang 等，2005）。TEI@I 方法论的核心思想是将传统的统计技术与新型的人工智能技术的方法相结合，是基于文本挖掘（Text Mining）、经济计量（Econometrics）、智能技术（Intelligence）和集成技术（Integration，由 @表示）而形成的复杂系统分析方法（闫妍，2007；董纪昌、吴迪等，2008，2009，2010）。该方法论形成与国际学术界日益关注的复杂系统方法论的快速发展密切相关。在当今国际学术研究日益学科交叉化、基础微观化的趋势下，既有的单一分析工具已经不能充分胜任这些内容庞杂的研究，而应用复杂系统方法，从系统工程角度出发，强调从事物形成基础出发的多角度、微观集成研究，因此而成为未来学术研究方法论发展的重要趋势之一。本书构建的 ST@GIS 方法的提出符合该学术潮流的发展，同时作为一个新兴的方法论，在未来，ST@GIS 方法还有许多值得改进和完善的地方。

二、GIS 扩展方法及空间数据在城市研究中的应用

地理信息系统技术（下文简称 GIS）是经典的空间测度手段和工具。Tobler（1970）提出的地理学第一定律指出：在地球上，任何事物都和其他事物有关系，但是距离近的比距离远的关系更大。基于该原理大量学者在各自领域开展了对空间关系的研究。空间关系正是上文论述的场景理论方法论体系中尚未解决的难点。因此，本书提出利用 GIS 和空间计量的思想、方法和工具来解决区域场景特征研究中的空间关联这一难题。

在以往的研究中，许多学者已经尝试将 GIS 相关工具、方法与经济、社会、城市相关研究相结合。Dobson（1993）就提出了 GIS 可以将景观数据化并由此主导未来人文地理研究的发展。Crampton（2001）指出，GIS 所绘制出的地图不仅是社会结构的反映，更加深入地关联了社会政治和文化过程。Craig 等（2002）将 GIS 运用到了社会所研究的社会参与领域。Texas A&M 大学的地理学家 Sui（2004）更是直接指出，在信息时代，GIS 对社会科学研究的介入将极大地改变社会科学研究的面貌。一方面，上述学者的研究和展望为本书提出的将 GIS 与区域场景识

别相结合提供了借鉴模式。但是，另一方面，在实践中，尚存在两方面的难点：

1. 空间数据收集的复杂性

要实现利用 GIS 和空间计量等手段来分析城市文化，就必须实现分析数据的数字化和坐标化。要让海量的城市生活娱乐数据符合这两个基本标准是极其困难的。随着信息时代的到来，尤其是以 Google 为代表的网络数据资源的兴起解决了这一困难。Jeremy Ginsberg 等（2009）在 *Nature* 上发表了利用 Google 搜索数据进行流感预测的文章。这标志着网络数据已经被公认。由此，本书提出的利用 Google Map 和 Google Earth 提供的精确生活便利设施数据，以场景理论模型作为其信息组合规则进行数据挖掘，并以此进行区域场景特征挖掘，进而探索城市区域场景特征与房价空间差异化的关系是具有科研实践经验基础的。

2. 空间数据匹配的精确性

除了数据收集比较复杂以外，空间数据的精确匹配也是必须解决的问题。以本书的研究为例，由于城市生活、娱乐设施空间数据的庞大和复杂，在已经进行的研究中，只能选取尽可能多的具有代表性的"热点"区域进行空间匹配。同时，在热点区域范围的划分方面也只能较为模糊地采用地方公认的，即所谓"约定俗成"的空间范围划定，因此未来在该方面也尚有待改进。而在国外的相关类型研究中，如本书第二章文献综述部分所述，*GIS Tutorial*：*Workbook for ArcView 9* 一书的作者卡耐基梅隆大学（Carnegie Mellon University）的 Kristen Kurland 正在试图将 Google Map 时空数据库与 ArcGIS 研究软件进行对接。本书认为，一旦其对接成功将为城市居住秩序，乃至整个城市相关研究带来革命性的变化。①

综上所述，GIS 这类经典的空间分析技术已经在城市经济、社会相关研究中被广泛地应用。同时，后来研究者也必须注意到空间数据在收集和匹配上的复杂性。因此，这也可以成为未来研究改进和创新的方向。

三、ST@GIS 方法的模型解析及应用流程

ST@GIS 方法是本书的研究为了将场景理论合理、科学地应用于对城

---

① 具体关于空间数据匹配的未来发展详见本书第九章。

市空间房价差异问题的研究而提出的综合创新方法，本部分将就其创新性、模型构成及应用流程进行解析，以此至其后续，即以北京市为例展开实证研究。

1. ST@GIS 方法的创新性

ST@GIS 方法是场景理论与地理信息系统技术、方法的结合。其创新性主要在于在空间上实现了对区域场景特征的融汇、刻画。由场景理论对场景概念的定义可见，城市生活、娱乐组合——场景构成了抽象的，包括文化、价值观在内的各类符号感知信息，并传递给不同人群。Clark（2007）指出，文化不是孤立存在的（Culture Does Not Exist in Isolation）。同样，在不断进行的相关研究中，学者们逐渐意识到，使用类似单一经济指标的文化指标是不足以刻画城市文化所具有的这一关联性特征的，即单一因素是不足以涵盖复杂的城市文化、价值观现象的。在此背景下，为了克服这一问题，城市研究者们将"社会网络"的思想引入到了城市文化的度量中。Florida（2008）在 Who's Your City? 一书中指出了人际间的社会网络是人们共享创新的基础。这一论述进一步丰富和发展了其原有的对城市生活便利设施的认识。

基于上述理论思想，本书提出的 ST@GIS 方法在原有场景理论提出的区域场景表现得分构建基础上进行了创新性改进，提出了用结构性的"场景价值得分权重"替代原始的场景价值得分概念。该创新主要针对原有计算方式中忽略的每个生活、娱乐设施内部所存在的价值分布差异问题。利用"场景价值得分权重"替代原始的场景价值得分后，可以有效地降低由于内部所存在的价值分布差异而导致的其价值及文化内容反映的失真。由此体现了 ST@GIS 的第一项主要创新。

另外，在解决城市区域文化、价值观场景的复杂关联性方面，Clark（2007）指出，文化不可能是独立存在的，而需要许多东西共同配合完成。例如，一个剧院需要建筑物、餐馆、灯光以及听众，演出的好与坏在于其是否激起了听众所具有的文化及价值观的共鸣。该解释说明：一方面，由于文化和价值观本身所具有的抽象性，因而必须配合定性的手段来刻画它们。城市生活娱乐设施所具备的内容性赋予了定性评价一个较为一致的基础，而这正是场景理论评价体系构建的基础。另一方面，城市生活、娱乐设施引发的文化、价值观认同效应是一个共同作用的过程，因此，需要考虑由城市生活、娱乐设施的布局、结构而引发的文化、价值观交叉、共鸣，而这正是场景理论方法论在空间研究中的不足所在。为此，本书的研究提出，将地理信息系统技术与场景理论研究相结合，为场景信息赋予地理经纬度，在研究中充分考虑其空间特征，进而实现对城市区域文化、价值观场景复杂关联性的刻画，由此体现了 ST@GIS 的第二项主要创新。

2. 场景价值得分权重及场景表现得分矩阵解析

在本书第四章的第一节——场景特征的识别方法及流程中，本书已经就场景表现得分的构建进行了简单的描绘。本部分将在此基础上着重补充对"场景价值得分权重"的说明和解析。此外，在实际操作中，场景表现得分的刻画涉及较为复杂的矩阵运算，因此本部分将以矩阵运算的方式对场景表现得分的计算进行全过程解析，也以此为未来 ST@GIS 智能软件工具的开发和应用提供理论基础。

设：原始的场景价值得分（Scenes Value Score，SVS）为 X，城市生活便利设施样本（Sample of Urban Amenities，SUA）共计 n 个，并结合 15 个场景维度（Scenes Dimension，SD），则原始的场景价值矩阵 A（Scenes Value Matrix，SVM）为：

$$A = \left[X_{ij} \right]_{n \times 15} \tag{6-1}$$

设：原始的生活便利设施数量为 Y（Number of Urban Amenities，NUA），城市生活便利设施样本共计 n 个（Sample of Urban Amenities，SUA），样本城市区域共计 m 个（Sample of Urban Regions，SUR），则原始的生活便利设施数量矩阵 B（Number of Urban Amenities Matrix，NUAM）为：

$$B = \left[Y_{ji} \right]_{n \times m} \tag{6-2}$$

在此基础上 Clark 等提出利用权重数据实现对便利设施的结构性。由此得到生活便利设施结构矩阵 $\overline{B}$（Urban Amenities Structure Matrix，UASM）为：

$$\overline{B} = \left[\beta_{ji} \right]_{n \times m} \tag{6-3}$$

其中，β_{ji} 为生活便利设施结构得分（Urban Amenities Structure Score，UASS）：

$$\beta_{ji} = Y_{ji} \bigg/ \sum_{i=1}^{n} Y_{ji} \tag{6-4}$$

由以上两个步骤最终可以得到区域场景表现得分矩阵 C（Regional Urban Scenes Performance Matrix，RUSPM）为：

$$C = \overline{B}_A^T \tag{6-5}$$

一方面，该公式加入了对城市生活便利设施的结构性考量，因而更能体现其之间存在的相对效应，因此具有创新性和优越性。但是另一方面，该公式使用的是生活便利设施的原始场景价值得分，而忽略了每个生活便利设施内部存在的价值分布差异，因此可能导致其价值及文化内容反映的失真。吴迪（2011）针对该问题对该模型进行了进一步的改进，用场景价值得分权重（Scenes Structure Value Score，SSVS）替代了原始的场景价值得分，由此得到场景价值结构矩阵 $\overline{A}$（Scenes Structure Value Matrix，SSVM）为：

$$\overline{A} = \left[\alpha_{ij} \right]_{n \times 15} \tag{6-6}$$

其中，α_{ij} 为场景价值得分权重：

$$\alpha_{ij} = X_{ij} \bigg/ \sum_{j=1}^{15} X_{ij} \tag{6-7}$$

由此，原有的区域场景表现得分矩阵 C 转变为：

$$\overline{C} = \overline{B}^T \overline{A} = \left[\gamma_{ji} \right]_{m \times 15} \tag{6-8}$$

其中，γ_{ji} 为区域场景表现得分：

$$\gamma_{ji} = \sum_{k=1}^{m} \left(\beta_{ki} \alpha_{kj} \right) = \sum_{k=1}^{m} \left(Y_{ki} X_{kj} \bigg/ \sum_{i=1}^{n} Y_{ki} \sum_{j=1}^{15} X_{kj} \right) \tag{6-9}$$

改进后的区域场景表现得分不仅具备对城市生活便利设施结构性的考量功能，另外，能够更为合理地诠释城市生活、娱乐设施的文化、价值内涵，因此更具有优越性。

3. ST@GIS 方法的应用流程

ST@GIS 作为场景理论与地理信息系统的有机方法论组合，其适用范围不仅仅局限于本书研究针对的城市居住相关问题。只要是与城市空间文化、价值观及相关场景特征相关的研究问题，都可以利用该研究方法进行分析和考虑。在具体的应用流程方面，主要包括如下六个步骤：

第一步：拟定空间研究问题。该步骤主要就被研究对象是否在理论上存在空间关联性和蕴含文化、价值观特征展开理论分析。在判断了空间、文化价值观属性对被研究对象具有一定影响的情况下就可以展开进一步研究。

第二步：文献资料及场景数据的收集整理。该部分主要是为了构建ST@GIS研究展开所需的"知识库"和"城市生活、娱乐设施数据库"。其中，知识库的构建需要在收集的大量的城市志及历史相关研究材料的基础上配合文本挖掘，构建对被研究对象进行空间场景分析的理论基础。

第三步：基于知识库和数据库，综合提炼、构建相关指标。该部分包括并行的两方面内容。一方面，通过知识库的建立，找到被研究对象的相关理论、数据材料，进而挖掘、构建可以刻画被研究对象的空间指标，在指标较多、数量较大的情况下可以进一步构建空间指标库，以备后续研究工作的展开。另一方面，利用构建好的城市生活、娱乐设施数据库对被研究区域的区域场景表现进行评价，进而对区域场景特征进行识别。

第四步：地理编码与特征地图构建。该部分首先要求将上述数据信息录入到地理信息系统之中，为这些数据赋予空间坐标，即地理编码（Geocoding）。在此基础上利用GIS中的制图工具分别构建"被研究对象的特征地图"及"区域场景特征地图"并就其空间图形特征展开初步的分析和讨论。

第五步：空间计量分析。该分析主要是利用先进的空间计量方法分析空间图形特征所蕴含的数量含义。其中，主要可以通过空间相关分析探究其空间的关联性、利用地理加权回归分析指标之间的影响，并运用空间插值方法分析预测空间演化趋势。

第六步：分析结论讨论。在上述定量、定性分析的基础上，通过对比、分析讨论被研究问题的空间、场景成因。如果研究的是政策性或城市管理性的问题，还可在此基础上，有针对性地提出改进的对策及策略。

具体的ST@GIS方法的应用流程图，如图6-4所示。

在图6-4中，本书展示了ST@GIS方法的应用流程，为了展示该方法在城市空间、区域空间应用中的普适性，本书着重就一般城市空间问题的解析进行了阐述。下文将基于ST@GIS方法应用流程，针对本书研究的关键问题"城市房价的空间差异问题"以北京为例展开理论分析及实证研究。

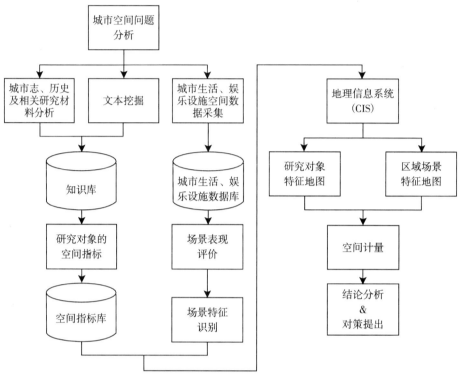

图 6-4 ST@GIS 方法应用流程

第三节　基于 ST@GIS 方法的北京市房价 空间差异实证

　　根据图 6-4 所展示的 ST@GIS 方法的应用流程，本章第二节的研究基本上完成了对问题的聚焦及对部分文献、史料的梳理和分析。本部分内容将主要根据 ST@GIS 方法进一步展开对北京市房价空间差异的实证分析。

一、北京场景评价数据的来源及分析

　　本书拟基于场景理论利用空间计量的方法对北京市的房价分布展开研

究。根据实证需要，本书须获得北京市的"地区房价"、"地区周边生活、娱乐、服务设施的种类及数量"数据并构建"地区场景价值表现"数据，以进行实证研究。由于目前对于北京市各类研究的官方数据（如国家统计局数据和北京市统计局数据），都只有城区一级的数据（共计18个），而本书认为18个数据的数据量太小，较难反映对北京市地区文化差异的研究要求，适宜采用更为细化的网络数据对北京市的房价分布展开研究，因而，在生活、娱乐设施的数据选取方面，本书继续采用了北京"口碑网"的黄页数据；在房价数据方面，本书选取了目前被公众较为认可的搜狐"焦点网"的房地产数据；在空间经纬度数据方面，本书采用了Google Earth软件进行坐标采集。本书收集的数据如下：

（1）220个地区中的85类的生活、娱乐、服务设施的数量（来自"口碑网"。

（2）220个地区的平均新房价格和平均二手房价格（来自搜狐"焦点网"）（不考虑限价房、经济适用房、别墅）。

（3）220个地区（核心点）的经纬度（来自"Google Earth"软件）。在地图方面，本研究以北京市六环以内10W比例地图为基本图层，选取了北京市220个热点区域作为样本进行了调研，数据分布如图6-5所示。

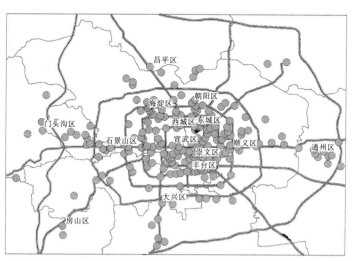

图6-5　北京市场景研究220个调研热点分布

由图 6-5 可见，本书对北京市的调研基本上覆盖了北京的主要核心功能区，因此可以进行进一步的研究。

二、北京区域场景特征识别

基于本书第四章构建的场景特征的识别方法及流程，本节首先通过主成分分析，提取出了场景特征公因子。因子成分系数矩阵可以构建场景特征公因子 F_1、F_2 及 F_3 如下：

$$F_1 = -0.063\text{Trad} + 0.140\text{SE} - 0.169\text{UI} + 0.161\text{Char} - 0.180\text{Egal} + 0.037\text{Neigh}$$
$$+ 0.154\text{Form} + 0.137\text{Exhi} + 0.127\text{Glam} + 0.008\text{Trans} - 0.032\text{Rat}$$
$$+ 0.046\text{Loc} - 0.081\text{Sta} - 0.100\text{Corp} - 0.063\text{Eth}$$

$$F_2 = 0.109\text{Trad} + 0.097\text{SE} - 0.138\text{UI} + 0.005\text{Char} - 0.069\text{Egal} + 0.232\text{Neigh}$$
$$+ 0.036\text{Form} - 0.014\text{Exhi} - 0.055\text{Glam} + 0.039\text{Trans} + 0.103\text{Rat}$$
$$+ 0.249\text{Loc} - 0.169\text{Sta} - 0.271\text{Corp} + 0.026\text{Eth}$$

$$F_3 = 0.005\text{Trad} + 0.154\text{SE} - 0.138\text{UI} - 0.178\text{Char} + 0.044\text{Egal} + 0.065\text{Neigh}$$
$$- 0.028\text{Form} - 0.019\text{Exhi} - 0.114\text{Glam} + 0.350\text{Trans} - 0.137\text{Rat}$$
$$+ 0.084\text{Loc} + 0.198\text{Sta} - 0.014\text{Corp} + 0.348\text{Eth}$$

如表 6-1 所示，原来 15 个变量反映的信息可以由三个主成分反映，且累计方差百分比达到 91.34%，远超过一般标准要求的 70%。

表 6-1　累计方差表

Compo-nent	Initial Eigenvalues			Extraction Sums of Squared Loadings			Rotation Sums of Squared Loadings		
	Total	% of Variance	Cumulative %	Total	% of Variance	Cumulative %	Total	% of Variance	Cumulative %
1	8.355	55.698	55.698	8.355	55.698	55.698	6.507	43.379	43.379
2	2.975	19.833	75.531	2.975	19.833	75.531	4.535	30.230	73.609
3	2.372	15.813	91.343	2.372	15.813	91.343	2.660	17.735	91.343
4	0.563	3.752	95.096						
5	0.226	1.505	96.601						
6	0.148	0.986	97.587						
7	0.122	0.812	98.399						
8	0.082	0.548	98.946						
9	0.063	0.417	99.363						

Compo-nent	Initial Eigenvalues			Extraction Sums of Squared Loadings			Rotation Sums of Squared Loadings		
	Total	% of Variance	Cumulative %	Total	% of Variance	Cumulative %	Total	% of Variance	Cumulative %
10	0.044	0.293	99.657						
11	0.018	0.122	99.779						
12	0.016	0.105	99.884						
13	0.012	0.079	99.962						
14	0.006	0.038	100.000						
15	−7.665E−17	−5.110E−16	100.000						

Extraction Method：Principal Component Analysis.

由表 6-2 及表 6-3 可知，第 1 场景特征公因子 F_1 主要支配展示、传统主义、理性、超凡魅力、平等主义、正式、时尚、自我表现、实用主义、亲善、本地；第 2 场景特征公因子 F_2 主要支配社团和国家；第 3 场景特征公因子 F_3 主要支配违规和种族。

表 6-2　成分矩阵

	Component		
	1	2	3
Exhi	0.957	0.222	−0.057
Trad	−0.921	0.135	0.099
Rat	−0.920	0.286	−0.225
Glam	0.916	0.186	−0.300
Egal	−0.828	−0.506	0.048
Form	0.828	0.371	−0.038
Char	0.767	0.432	−0.397
SE	0.765	0.345	0.417
UI	−0.742	−0.500	−0.413
Neigh	−0.708	0.541	0.327
Loc	−0.688	0.581	0.384
Corp	0.544	−0.783	−0.243
Sta	0.565	−0.682	0.312
Trans	0.468	−0.172	0.813
Eth	0.043	−0.323	0.801

3 components extracted.

表6-3 成分系数矩阵

	Component		
	1	2	3
Trad	−0.063	0.109	0.005
SE	0.140	0.097	0.154
UI	−0.169	−0.138	−0.138
Char	0.161	0.005	−0.178
Egal	−0.180	−0.069	0.044
Neigh	0.037	0.232	0.065
Form	0.154	0.036	−0.028
Exhi	0.137	−0.014	−0.019
Glam	0.127	−0.055	−0.114
Trans	0.008	0.039	0.350
Rat	−0.032	0.103	−0.137
Loc	0.046	0.249	0.084
Sta	−0.081	−0.169	0.198
Corp	−0.100	−0.271	−0.014
Eth	−0.063	0.026	0.348

Rotation Method: Varimax with Kaiser.

Normalization.

Component Scores.

1. 北京区域场景特征识别及讨论

北京的场景特征公因子构成与第四章中的全国374个城区的场景特征公因子的构成相比，虽然在结构上存在不同，但是其因子间的相互关系的方向却没有改变。例如，在全国场景特征公因子 F_2 和北京场景特征公因子 F_1 中，传统性和理性呈同向正相关关系，而均与展示性和自我表现性呈反向相关关系，展示性与自我表现呈正向相关关系；在全国场景特征公因子 F_1 和北京场景特征公因子 F_2 中社团性与国家性呈正向相关关系；在全国场景特征公因子 F_1 和北京场景特征公因子 F_3 中违规性与种族性呈正向相关关系。由此再次证明了场景理论及场景价值量表的稳定性，因此可以进行进一步研究。

对于北京场景特征公因子与全国场景特征公因子构成不同的问题，本书认为，其反映了地区文化的差异性。在不同的地域，受不同的生活、娱乐设施的构成影响会形成不同的区域文化、价值观场景因子构成。此外，从北京场景特征公因子的构成来看，其主体上还是继承了全国场景特征公因子构成的主框架，呈现传统性和国家性的分离。特别值得注意的是，在北京场景特征公因子构成中违规性和种族性从国家性中脱离，因此也反映了北京市作为首都，其社会法制在全国对比中的健全与超前。由表 6-1 可见，当 15 个维度分为两个主维度时累计方差百分比已经高达 73.609%，超过一般标准要求的 70%。因此，本书认为由违规性和种族性构成的第三因子 F_3 可以不作为主要的研究考察对象。综上所述，本书认为，依然可以在类似于全国场景特征公因子构成两因素解析的模式下，对北京市的场景特征公因子构成进行解析和进一步的研究、分析。同时，将第 1 场景特征公因子 F_1 命名为传统性；将第 2 场景特征公因子 F_2 命名为国家性；将第 3 场景特征公因子 F_3 命名为违规性。

2. 北京区域场景特征空间分布构图

本书利用上文的三类场景特征公因子得分，并按照从大到小的区别表现方式（即点越大数值越高）构建了北京市场景特征公因子的空间分布如下：

第一，北京场景特征公因子 F_1——传统性。

北京场景特征公因子 F_1 主要支配了包括展示性、传统主义、理性、超凡魅力、平等主义、正式性、时尚性、自我表现、实用主义、亲善性和本地性在内的 11 个因子，反映了北京地区场景特征公因子的主要构成。虽然在图 6-6 中较大的点主要集中在城市的东南角，但是由于 F_1 中数据的正负符号不同，因而可以理解为点越大展示性和自我表现性越强，而传统性、理性、实用性等越弱。由此，该分布符合本书在上文的理论推断，位于北京城市西北方向的区域具有较高的传统性、理性和亲善性。

第二，北京场景特征公因子 F_2——国家性。

北京场景特征公因子 F_2 主要支配了社团性和国家性。如图 6-7 所示，与 F_1 类似，由于北京场景特征公因子 F_2 中的主因子均为负值，因而点越小表示国家性和社团性越强。由此可见，北京城市的东部主要表现出了国家性和社团性。

第三，北京场景特征公因子 F_3——违规性。

北京场景特征公因子 F_3 主要支配了违规性和种族性。北京场景特征公因子 F_3 中的因子值均为正，点越大说明属性越强烈。从图 6-8 看，北京市违规性和种族性较大的点主要分布在城郊地区，其中顺义区和通州区的违规性及种族性较强。

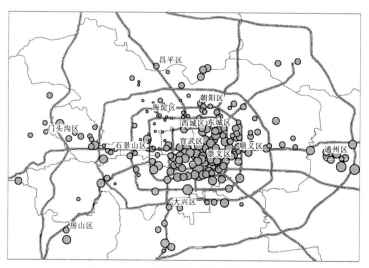

图 6-6　北京市场景特征公因子 F_1 分布

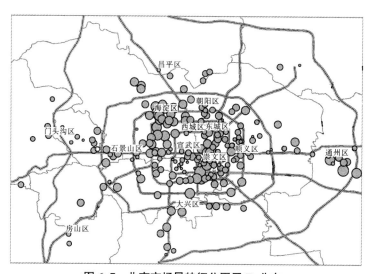

图 6-7　北京市场景特征公因子 F_2 分布

三、空间计量分析

空间计量方法是在城市规划、经济地理、地质统计中常用的分析方

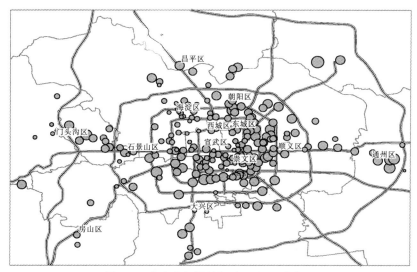

图 6-8　北京市场景特征公因子 F_3 分布图

法，其基本原理是 Tobler（1970）提出的地理学第一定律，即"在地球上，任何事物都和其他事物有关系，但是距离近的比距离远的关系更大"。基于该原理大量学者在各自领域开展了空间关系的研究。Griffith（1987）发现一些处于相同区位的变量其观察数据存在相互依赖性，并将此现象命名为空间自相关。其发现为后来学者对空间关系进行科学的考虑和研究提供了借鉴依据。

在国内研究方面，吴玉鸣（2004）应用空间统计对我国区域经济增长的聚集进行了研究，通过测试 Moran I 指数证明了我国各省的经济增长具有集聚性。苏方林（2005）运用地理加权模型对辽宁省的县域经济进行了空间分析，探索了辽宁省县域经济差异的原因。在房地产研究方面，李志等（2009）利用地理加权回归模型对南京市住宅土地影响因素及边际价格进行了研究和测算。其研究指出，地铁站点、商业网点、水景观、绿地公园等生活便宜设施对南京市住宅土地均价的边际影响力较强，而高等学校、医院的影响则较弱。吕萍、甄辉（2010）同样应用地理加权模型对北京市住宅用地的价格进行了研究。其研究指出，北京地价呈现多中心分布，且受地铁、公路影响较大。

由以上研究可见，空间计量方法已经被成熟地、广泛地运用到社会经济的研究当中。因此，借鉴这些成熟的研究方法论，本书将把空间计量引入到本书对场景理论和房地产价格的相关关系研究中，并希望以此发现北京市房地产价格分布及蔓延的内在规律。

1. 空间自相关检验

判断区域房价是否存在空间相关性和异质性，可以通过全域莫兰指数（Global Moran's I）进行检验（Moran，1950）。其表达式为：

$$I = \sum_{i=1}^{n} \sum_{j=1}^{n} W_{ij}(Y_i - \overline{Y})(Y_j - \overline{Y}) \Big/ \sum_{i=1}^{n}(Y_i - \overline{Y})^2$$

其中，Y_i 为第 i 个区域的房价，Y_j 为第 j 个区域的房价，n 为样本区域数，$\overline{Y}$ 为地区房价的平均水平，W_{ij} 为空间权值矩阵。一般用统计指标 Z 衡量空间相关性。公式如下：

$$Z = (I - E(I)) \Big/ \sqrt{VAR(I)}$$

其中，

$$E(I) = -1/(n - 1)$$

$$VAR(I) = \frac{n^2 \sum_{i=1}^{n} \sum_{i=j}^{n}(W_{ij} + W_{ji})^2/2 + n \sum_{i=1}^{n}(W_i + W_j)^2 + 3 \sum_{i=1}^{n} \sum_{i=j}^{n} W_{ij}^2}{(n^2 - 1) \sum_{i=1}^{n} \sum_{i=j}^{n} W_{ij}^2} - E^2(I)$$

其中，E(I) 和 VAR(I) 取决于数据的空间分布及空间滞后矩阵元素的排列方式。当 Z 值为正且显著时，表明存在正的空间自相关，即相似的观测值趋于空间集聚；当 Z 值为负且显著时，表明存在负的空间自相关，即相似的观测值趋于空间分散；当 Z 值为零时，则表明观测值呈随机的空间分布。

如图 6–9 至图 6–12 所示，二手房价格空间分布的正态统计量 Z 为 19.35 且大于正态分布函数在 0.01 水平下的临界值，则可以说明北京市二手房价格之间存在空间依赖性，且呈显著的正向自相关关系。场景特征公因子 F_1 的空间分布的正态统计量 Z 为 19.96；场景特征公因子 F_2 的空间分布的正态统计量 Z 为 3.23；场景特征公因子 F_3 的空间分布的正态统计量 Z 为 7.1，且均大于正态分布函数在 0.01 水平下的临界值，则可以说明北京市的三个场景特征公因子也存在空间依赖性，且呈显著的正向自相关关系。

以上统计结果说明，北京市的二手房房价分布及场景特征分布存在空间聚集现象，如果使用普通的全局最小二乘回归分析（OLS）方法，可能会忽略空间维度的相关性和异质性，因此，应该使用更为适合的地理加权回归（GWR）方法进行实证检验。

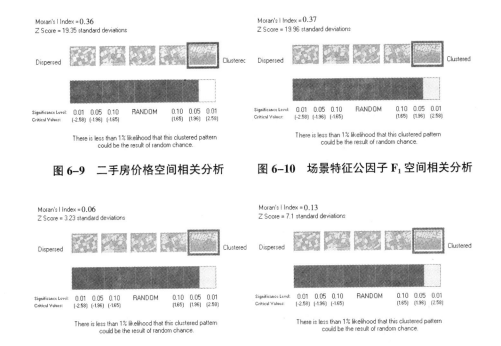

图 6-9　二手房价格空间相关分析　图 6-10　场景特征公因子 F_1 空间相关分析

图 6-11　场景特征公因子 F_2 空间相关分析　图 6-12　场景特征公因子 F_3 空间相关分析

2. 地理加权回归

地理加权回归是由 Fotheringham 等于 1996 年提出的探索回归关系的空间非平稳性的一个有力的方法，它已经被广泛应用于地理学、经济学、传染病学和环境科学等众多领域中空间数据的分析。该方法利用加权最小二乘方法局部拟合空间变化系数回归模型，根据回归系数在各个地理位置处的估计值随空间的变化特征探索和分析回归关系的空间非平稳性。普通最小二乘法（OLS）只能是在全局或者平均意义上对参数进行估计，无法反映空间局部的变化，因此不能揭示被研究对象的空间依赖性。地理加权回归（GWR）可以在空间上对每个参数进行估计，更能反映经济变量之间的空间依赖性。普通最小二乘回归模型如下：

$$Y = \beta_0 + \sum_n \beta_n X_n + \varepsilon$$

GWR 模型在最小二乘回归模型的基础上进行了改进：

$$Y_i = \beta_0(U_i,\ V_i) + \sum_n \beta_n(U_i,\ V_i)X_{in} + \varepsilon_i$$

其中，(U_i, V_i) 为样本在 i 点的坐标，即地理加权；$\beta_n(U_i, V_i)$ 为独立变量 X_{in} 的系数。本书应用 ArcGIS 9.3 软件对本书研究的 220 个北京市房价分布数据和场景数据，分别以新房价格和二手房价格为因变量及三个场景因子构成为自变量进行了地理加权回归。

空间回归分析结果如表 6-4 所示：

表6-4　地理加权回归结果

	二手房价均价
AICc	4415.185105
R^2	0.728054
R^2 Adjusted	0.639049

由表 6-4 可知，回归分析的结果较好。三个场景因子对二手房价格的空间拟合优度达到了 0.73，调整 R^2 达到 0.64。由此，本书认为，该拟合结果较好，因此可以证明本书提出的地位文化、价值观场景因素对北京市的二手房房价分布具有显著影响作用的理论推断。

此外，较高的拟合优度表明，可以进一步使用空间回归结果对北京市二手房房价的空间分布进行预测。

3. 北京市二手房房价空间蔓延的趋势预测

本书之所以选择二手房价格而没有选择新房价格进行基于场景理论的空间预测是因为，在北京市当前的发展背景下，新房价格的空间蔓延趋势不适宜用场景理论进行预测。不适合的原因主要包括如下几个方面：

第一，新房总体样本量较少。

在本研究的调查中，选取了北京市从中心直至六环附近的 441 个新楼盘的均价数据反映新房价格的分布；选取了来自 3407 个二手楼盘约 371010 套二手房的销售均价反映二手房价格的分布。房屋的均价受到多方面的影响，地段、楼盘、户型、物业、房龄等都可能影响到房屋的均价。

对于海量的二手房楼盘数据，根据大数定律，这些原因导致的差异可能呈现同方差变化，而对于相对较少的新房楼盘则有可能出现较大的差异。

第二，新房开发受政策性影响较大。

如图 6-2 所示，目前北京市的新房价格呈反"C"型分布。造成海淀区成为新房价格"缺口"的主要原因是缺乏新开发楼盘。海淀区作为北京市较好的区段，在过去的几十年中对其的开发已经基本饱和。目前，海淀区仅余下不多的新楼盘，如在建的"龙湖·唐宁 ONE"楼盘，而该楼盘的销售标语就是"中关村腹地的最后一块楼盘"。由此可见，未来新楼盘的开发受到来自土地资源的限制和政府房地产开发管理的限制，因此，运用模式化的理论模型对其进行预测是缺乏理论根据的。综上所述，本书认为不适合对新房价格的蔓延趋势进行预测，但是可以对流通量较大、城市居民自由支配程度较高的二手房价格的蔓延趋势进行预测。

在空间预测方面，本书主要采用了克里金空间插值（Kriging Mapping）方法对二手房价格空间分布的蔓延趋势进行预测。克里金（Kriging）插值法又称空间自协方差最佳插值法，它是以南非矿业工程师 D. G. Krige 的名字命名的一种最优内插法（Kriging，1951）。Kriging 法是数学地质中广泛使用的一种基于随机过程的统计预测法，可对区域化变量求最优、线性、无偏内插估计值，并具有平滑效应及估计方差最小的统计特征，在线性地质统计学中占有重要地位。Kriging 模型如下：

设函数 F = Y(X)，则系统的响应值与自变量之间的关系可以表示为：

$$Y(X) = f^{\mathrm{T}}(X)\beta + Z(X)$$

在上式中，$f^{\mathrm{T}}(X)$ 为已知回归模型；β 为待定参数；$Z(X)$ 为均值为 0、方差为 σ_z^2 的统计过程。设 $R(x, y)$ 为变异系数，根据 Gaussian 函数则有：

$$R(x, y) = \prod_{j=1}^{n} \exp(-\theta_j d_j^2)$$

利用极大似然估计法求极大值，则有：

$$L(\theta) = -\{N \ln \sigma^2 + \ln[\det(R)]\}/max$$

最后，综合上式求出位置点 x_K 的预测值如下：

$$\hat{y}(x_K) = f^{\mathrm{T}}(x_K)\hat{\beta} + r^{\mathrm{T}}(x_K)R^{-1}(Y - x\hat{\beta})$$

其中，$r(x_K)$ 为试验点和预测点距离的相关矩阵。根据上述公式，利用 ArcGIS 9.3 软件对北京市二手房价格的场景预测值进行了空间插值拟合预测。

空间拟合预测结果如图 6-13 所示。下文将对本图进行进一步的分析。

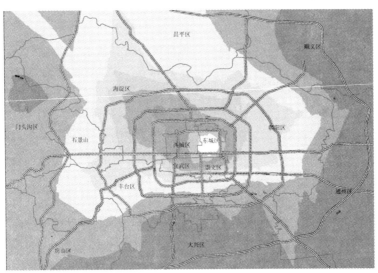

图 6-13 基于场景理论的北京市二手房价格空间蔓延趋势预测

注：图例见图 6-16。

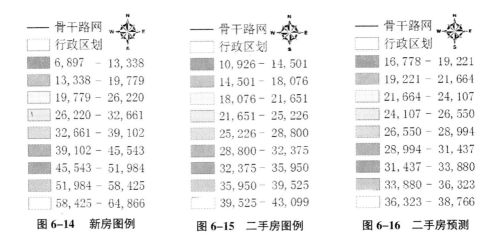

骨干路网	骨干路网	骨干路网
行政区划	行政区划	行政区划
6,897 – 13,338	10,926 – 14,501	16,778 – 19,221
13,338 – 19,779	14,501 – 18,076	19,221 – 21,664
19,779 – 26,220	18,076 – 21,651	21,664 – 24,107
26,220 – 32,661	21,651 – 25,226	24,107 – 26,550
32,661 – 39,102	25,226 – 28,800	26,550 – 28,994
39,102 – 45,543	28,800 – 32,375	28,994 – 31,437
45,543 – 51,984	32,375 – 35,950	31,437 – 33,880
51,984 – 58,425	35,950 – 39,525	33,880 – 36,323
58,425 – 64,866	39,525 – 43,099	36,323 – 38,766

图 6-14 新房图例　　　**图 6-15 二手房图例**　　　**图 6-16 二手房预测**

第四节 结论、对比分析与政策建议

综合上文对区域场景特征对我国城市房价空间差异的影响分析、实证及讨论，本书得到了四个主要结论。在此基础上，本书将这四个主要结论与以往的经典相关研究进行了比较分析。最后，有针对性地对北京市的城市发展及房价调控提出了政策建议。

一、主要研究结论

根据上文的分析结果，本书综合提出四个主要结论如下：

1. 北京市的文化、价值观场景分布存在空间极化现象

由表 6-1 至表 6-3 和图 6-6 至图 6-8 可知，北京市的城市场景特征在全国场景特征（传统性和国家性）的基础上，违规性和种族性被单列成为一项。从其分布上看，位于北京城市西北部的海淀区是传统性和理性聚集的地区；整个东部及部分南部地区，即朝阳区和崇文区则表现出了较高的国家性和社团性；周边地区，尤其是东部边缘地区，如顺义区和通州区则呈现出了较高的违规性和种族性。因此，北京市文化、价值观场景的分布呈现明显的空间极化特征。

2. 北京市的房地产价格分布受到场景特征的显著影响

在定性研究方面，本书通过理论推导，演绎了北京市城市文化的分布情况及变迁，说明了北京城市居住的分布有史以来一直受到北京市特定历史、文化背景和特殊地位的影响。在定量研究方面，本书通过地理加权回归分析，实证了场景因子对北京市房地产价格分布的影响作用。因此，本书认为，北京市的房地产价格分布受到场景特征的显著影响；同时，这种影响在北京市未来的房地产价格分布中将继续发挥作用。

3. 北京市中高二手房价格的"彗星状"分布特征明显

由图 6-3 可见，北京市六环内的中高二手房价格空间分布呈明显的"彗星状"特征。其中，"彗核"位于二环以内的东城区，"彗尾"由中心拖向位于西北的海淀区，直至北五环。"彗星状"二手房价格整体呈现至

西北坠向东南的趋势，主体浮于长安街以北，并停止于南二环到南三环的崇文区、宣武区内。由"彗星状"体辐射出的其他较低的二手房价格分布则呈现南部较低的分布态势，六环内仅余大兴区和房山区的二手房价格略低于六环内平均水平。

4.受城市区域文化、价值观场景影响，未来北京市二手房价格分布的"彗星状"特征将日趋显著，并出现"集中加长的趋势"

如图6-13所示，根据本书基于场景理论对北京市二手房价格未来发展蔓延趋势的空间预测，未来北京市六环内二手房价格的"彗星状"分布将更加显著，并出现"集中和拉长的趋势"。其中，"彗核"部分将进一步地扩大，向宣武区和海淀区蔓延的趋势明显。由于在东南部遭遇阻力，"彗星体"将不会继续向东南移动，转而出现"彗核"扩大、"彗尾"拉长的趋势。"彗尾"将超越北五环，热度也将进一步向"彗尾"指向的西北方向蔓延。同时，"彗核"内部的二手房热度将有所降低，但是"彗尾"热度将逐渐升高；同时，"彗星状"辐射区域的热度也将升高。由此可以预计，在未来北京市东城区、朝阳区及海淀区、宣武区、崇文区的近城区的二手房价格将呈现向平均化收敛的趋势，而其他地区的二手房价格将继续保持上涨。

二、对比分析

国内著名城市规划研究专家顾朝林先生曾在《城市社会学》（2002）一书中研究和预测过北京市新社会空间结构的形态。其在对北京市城市空间的地理分布研究的基础上，在2002年时点上就北京市城市的未来形态和居住分布进行了综合预测和展望。本书将借鉴他的研究和预测成果对比本书的研究和预测结构，并进行分析和讨论。在其2002年版的书中，顾朝林先生指出，北京的空间结构将由同心圆结构向沿着高速公路发展的地形走廊结构转变，进而演变成同心圆——扇形模式。其中，具体的分布状况如图6-17所示。

图6-17模拟了顾朝林先生2002年对北京市社会空间分布未来发展的预测。其中，其预测"东北扇"将成为最富的区域，这里将聚集受过专业训练的高薪雇员、生意人和暴发户；"西北扇"将成为中等收入知识分子家庭的集聚；"西南扇"是中等收入技术工人的聚集区；"东南扇"则聚

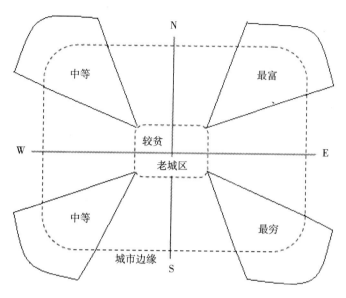

图 6-17 顾朝林先生 2002 年对北京市社会空间分布未来发展的预测

集一些无技术、低工资的人，进而成为北京最穷的一个扇区；在老城区内，则留守一些相对贫困的老北京人和新移民。虽然，本书的预测对象是二手房价格分布，但是在北京当前房地产市场供不应求的情况下，二手房价格的分布在一定程度上可以反映不同收入群体的购房行为。因此，可以与顾朝林先生对北京市不同收入群体的空间分布状况分析进行比较研究。本书认为，顾先生的研究和预测具有先进性和重要价值。但是，在一些预测方面与本书的研究及预测结论存在差异。因此，本书将就这些问题展开讨论。顾先生的"四扇形"预测模型和本书的"彗星"预测模型主要存在如下几个主要差异：

1. 对"老城区"的预测

本书认为，顾朝林先生对老城区将留守相对贫困的北京人和迁入新移民的预测是借鉴了西方城市演化发展历史的。其对中心城市将逐渐衰弱的认识与早期芝加哥学派对城市中心衰弱，富裕人群向城市郊区迁徙的看法相同。在本书中，老城区从二手房价格上看，非但没有衰弱反而一直保持着城市中心的地位。本书认为，造成这一现象的原因主要有两个方面：一方面，政策性因素导致了北京的旧城并未衰弱。与早期芝加哥学派研究的西方社会的城市的中心是 CBD 不同，北京老城区的前身是紫禁城，其代表着最高的权力和地位。新中国成立后虽然紫禁城成为故宫博物院，但是北京的城市中心依然是中央政府办公的所在地。另一方面的原因来源于文化。从长安街各核心部门的总部大楼可见，辉煌的总部大楼以及其距离中心——天安门的远近往往代表了该部门的重要程度，而这也是与我国传统的区位文化相一致的。因此，在这些"总部大楼"的文化氛围辐射下，周边城区不可能出现类似西方社会的城市核心区衰弱现象。因此，在城市中心的发展方面"彗星"模型预测更贴近于实际。

2. 对"东北扇"和"西北扇"的预测

本书 "彗星"模型和顾朝林先生"四扇形"模型的另外一个最大不同点就是对"东北扇"和"西北扇"的预测。在"彗星"模型中，由二手房的房价可以推测，能够居住在"西北扇"的人应该较"东北扇"富有。但是在实际生活中，由于位于"东北扇"的朝阳区集中了大量的各类高收益企业，因而其确实存在"四扇形"模型所描绘的"聚集了大量受过专业训练的高薪雇员、生意人和暴发户"，也可因此推测出"东北扇"人群较"西北扇"人群富有。为什么两个模型会呈现相反的预测情况呢？

本书认为，其主要原因还是场景理论所强调的文化性。"四扇形"模型主要是从收入对居住区位进行描绘，而这正是本书在前文提及的"经济诉求"在居住区位中的反映，但是经济诉求并不是居住区位选择的唯一因素。就北京地区而言，海淀区以所谓"上风上水"的区位优势占据了居住区位的主导地位。较为富有的"东北扇"人群可能受到文化、价值观的影响而更希望居住于"西北扇"。因此，从文化性上来考虑，"彗星"模型更贴近实际。

综合上述因素，本书认为，"彗星"模型和"四扇形"模型在北京市"东北扇"和"西北扇"预测上的差异，正是"四扇形"模型缺乏对地区场景文化、价值观属性的考虑造成的，而这也体现了"彗星"模型的优越性。

三、对北京城市房价调控及城市居住规划的政策建议

通过上文的分析和论述，本研究以北京市为例，论证了场景理论在城市规划中应用的可行性，并通过模型对比证明了场景理论在城市区位规划及社会形态规划中的优越性。因此，综合上述分析结论，本书对北京市发

展和改革委员会及相关的城市规划部门提出两点政策建议。

1. 通过城市文化、价值观场景建设平抑居住消费热点集中问题

该政策建议主要针对的是"彗星"模型中反映出的二手房价格热点集中问题。由上文的分析可见，价格热点集中地受到来自文化、价值观场景的影响，其中受传统文化、价值观场景的影响较大。因此，本书认为，可以通过两个办法改变该现象：一方面，可以在北京市的其他城区，如南城效仿海淀区的生活、娱乐设施数量及结构进行城区建设，通过提高南城的传统文化、价值观场景来吸引人群，从而分散以海淀区为主的"西北扇"地区的房价压力。另一方面，可以通过土地置换的方式，直接通过置换核心生活、娱乐设施以实现"西北扇"传统文化、价值观场景的分散。例如，将海淀区聚集的大量具有高传统性的学校（中小学：传统性 3.6；大学：传统性 3.6）置换到传统性较低的其他区域，如南城和城郊，以实现场景分散进而平抑居住消费热点集中的问题。

2. 通过城市文化、价值观场景规划优化城市居住结构布局

过度的居住空间极化将带来复杂的城市问题。例如，城中村中贫困群体的聚集、城市边缘"蚁族"群体的聚集。高房价导致的富裕人群的聚集同样不利于北京市的和谐发展。由"四扇形"模型可见，早在 2002 年就已经有学者指出了北京市城市空间分异极化的现象，而时隔 8 年，北京市南城的发展依然极大地落后于北城，因此有理由反证，在过去的 8 年间北京市所实施的城市规划方案是有缺陷的。本书认为，这一缺陷就是缺乏对城市文化、价值观场景区位的认识。北京市过往的对南城的规划并没有让城市居民产生文化、价值观上的认同感，因此难以实现城市的均衡发展和城市居住结构的优化。因此，本书建议，北京市发展和改革委员会及相关城市规划部门在未来的城市规划，尤其是南城地区规划的发展设计中加入对文化、价值观场景氛围的构建。例如，可以通过大规模修建绿地、建设城市雕塑、社区公园等方式从场景上改变旧南城的面貌，并以此激发北京市民或外来居民对南城的认同，进而实现北京市居住结构的优化。

第七章　我国城市区域场景关系结构对择居行为、区域房价的影响

本书第四章、第五章、第六章分别从择居行为及空间房价两个方面出发，分析并实证了城市区域场景特征在其中的影响。一方面，通过分析及实证的结果可知，城市区域场景特征对于当代我国的城市择居行为及空间房价差异均具有重要影响；另一方面，从操作层面上看，由第五章、第六章两章对区域场景特征构建方法的描述可见，区域场景特征的构建与推导尚较为复杂，要直接地、简明地应用于实际的城市规划、建设及相关的管理仍具有一定的难度。为此，本书在场景理论的思想体系框架下，提出了"区域场景关系结构"这一新概念。区域场景关系结构，即构成场景的生活、娱乐设施组合的内部关系特征。此结构是有别于既有理论下构建的基于加权平均的生活便利设施结构①的新型结构特征。该结构特征主要刻画了区域生活、娱乐设施之间的"关系"，探讨了"区域核心场景"及"区域场景关系结构的网络特征"两个重要概念。

本书认为，城市的发展，尤其是城市区域的发展是一个循序渐进的过程。发达国家早期城市的出现源自聚集经济，而聚集的核心是以现代企业为代表的生产单位。此时，在城市社会中，其他相关生活、娱乐设施的产生和出现都是因企业而生的。换句话说，在该背景条件下，企业是城市区域场景中的"核心场景"，对周边其他场景及生活、娱乐设施的存在和发展具有衍生及拉动（或抑制）效应。此时"区域场景关系结构的网络特征"主要表现为以"企业群"为核心，周边其他场景及生活、娱乐设施围绕该群而衍生的"中心—分散"结构特征。

---

① 参见第六章第二节第三段对于"生活便利设施结构矩阵"（Urban Amenities Structure Matrix，UASM）的公式及解析。

随着人类经济、社会及城市的发展，不同城市的"区域核心场景"及"区域场景关系结构"也不断发生着变化。在本书第三章第四节对场景理论与相关城市空间理论的对比中，也阐述了城市发展、居住核心环境的变迁及主因。这些变化在世界各城市的发展中所发挥的影响效果各不相同。为此，本章将首先通过国际比较，阐明城市区域场景关系结果变化对城市区域经济、社会发展的影响作用，接着，利用社会网络分析等相关方法对其进行解构，并以此针对我国城市区域场景关系结构对择居行为、区域房价的影响展开理论分析与实证分析。

第一节 区域场景关系结构变化对现代城市发展的影响

区域场景关系结构是指构成城市区域场景的生活、娱乐设施组合的内部关系网络特征。区域场景关系结构主要包含两个核心子概念：区域核心场景与区域场景关系结构的网络特征。区域核心场景与区域场景关系结构特征对城市区域的经济、社会及文化发展的影响的例子正在世界各个城市中不断重复上演。

一、城市区域场景关系结构变化影响作用的国际比较

澳大利亚的悉尼歌剧院就是其中最具代表性的成功典范之一。悉尼歌剧院作为世界著名的表演艺术中心、悉尼市的标志性建筑，它的建立除了为悉尼吸引了大批游客，创造了直接经济价值外，还成为了悉尼的艺术中心，乃至整个悉尼的象征，在国际上极大地提升了悉尼市的形象（Lynch M.，2002）。

在美国芝加哥，由重工业城市向金融服务业城市转型的过程中，芝加哥运用建设大到摩天大楼群（芝加哥被誉为世界建筑的博物馆），小到临街咖啡屋的城市文化空间建设方式，彻底地改变了芝加哥重工业城市的旧城市形象，进而吸引了众多的律师和金融业从业者。律师需要多样化的咖啡屋和雇主进行交流，而金融业者对摩天大楼有着特殊的文化情结

（Charles Madigan，2004）。

　　在英国伯明翰，伯明翰国际会议中心（International Convention Center，ICC）吸引了大量著名的交响乐团、歌剧团和芭蕾舞团，游客也纷至沓来；ICC 的建立为城市带来了环境、交通等一系列的改变，以及新的社会效益和经济效益。作为城市新形象的中心，ICC 使伯明翰从一个灰色、单调而且中心商业区日渐衰落的工业城市变为一个拥有繁荣新心脏的后现代城市。类似的情况还有英国谢菲尔德市建立的文化产业区。

　　在日本东京，东京提出"以文化作为都市魅力与活力源泉，建立起将东京文化资源与创造性活动结合的有机结构，打造充满创造性的文化都市"的文化战略。"迪士尼乐园"、"海上迪士尼乐园"等文化场景的构建以及适宜的文化产业环境的营造，不断强化了东京的国际影响，在增加产出和提供就业的同时，带动了东京旅游业的繁荣，促进了城市的功能及形象升级。

　　在韩国首尔，为了展现首尔新的城市文化风貌，首尔市决定从 2002 年 7 月起启动清溪川复原工程。经过三年多的复原工程，清溪川重新出现，并修建了 22 座小桥和 9 个喷泉，恢复了历史遗迹。重生的清溪川将城市的平均气温降低了 10% 以上，是一条名副其实的自然生态河流。清澈的河水和各种各样精彩的活动、夜间的喷泉等吸引了众多市民和游客，成为首尔市有名的文化休闲胜地及文化创意产业发源地。

　　在我国，也有许多类似的案例。例如，我国首都北京王府井步行街辐射下的王府井商业区；三里屯酒吧群引领下的前卫文化、娱乐聚居区。还有一些人工打造的区域，如南京市成功地再造"秦淮古韵"，使之再现流淌着历史的人文经典，憧憬美丽幸福的精神追求驱使着成千上万的后来人在此地流连忘返。福州市成功地把林则徐等曾经生活在该市的历史文化名人之故居进行修葺，并以"三坊七巷"作为福州市重要的城市文化空间，使之传承着中华文化精髓、繁荣城市经济生活。

　　基于来自上述世界不同区域的城市场景案例，本书认为，澳大利亚悉尼的歌剧院区、韩国首尔的清溪川周边，以及我国北京的王府井、三里屯、唐家岭，这些代表性的区域都具有鲜明的区域场景关系结构及区域核心场景。对应而言，悉尼歌剧院、清溪川工程、王府井步行街、三里屯酒吧群，即是这些区域中的核心场景。由此伴随而生的悉尼歌剧院周边地区的艺术区、清溪川流域的生活和文化创意区、王府井周边的商业区及三里屯周边的前卫文化和娱乐区都是在该区域核心场景影响下，由其区域场景关系结构网络特征衍生而成的典型区域特征及特殊区域氛围。

此外，上述案例充分地展现出合理、有效地在城市区域建设中利用区域场景关系结构的拉动作用而带来的对整个地区、城市乃至国家的经济、社会发展及人文价值观跃升所产生的良好综合效应。

然而，并非所有类似的区域场景关系结构构建都能够带来正向的影响。例如，美国华盛顿在风景优美的波特马克河岸建起肯尼迪中心，虽然建筑本身富含文化价值意义，但由于其对岸就是阿林顿国家公墓，处于政治性较强的地区，结果是市民只能来看演出而不能进行其他活动，由此导致肯尼迪中心的建设没有取得预期效果。在我国也有这样"事与愿违"的案例。一些城市因选择的区域核心场景与区域居民现实发展的期望不协调（如"山东阳谷、临清两地打造西门庆故居事件"），从而遭遇了当地居民的抵制和媒体的广泛批评，最终抑制了这些区域的经济、社会及人文发展。

由此可见，区域场景关系结构具有"双刃剑"属性。因此，城市管理者若要在城市的经济、社会及人文发展中，合理、有效地发挥其正向效应，还需对区域场景关系结构形成及作用机理具有清晰、科学的认识。这也反映了本项研究的重要理论意义及现实意义。我国正面临着重大转型期与大规模实施新型城镇化建设的"前夜"，本项研究更是一个亟待攻克的重大时代性课题。

二、 我国城市区域场景关系结构对城市发展的影响

以上这些个案都是基于区域场景建设进行城市再造的典型代表。通过构建适合于本区域的核心场景，这些城市要么成功地实现了城市转型，要么促进了当地社会发展，要么提升了市民的文化价值认同感及幸福感，并都最终为城市带来了巨大的社会效益和经济效益，提高了城市的核心竞争力，提升了城市的形象品质，进而为城市经济、社会的发展及人文建设的推进注入了新的活力。Florida（2004）研究发现，城市活力的提升伴随着大量的书店、网络接入口、咖啡屋的增加。Clark（2004）指出，德国的Essen、意大利的Naples、哥伦比亚的Bogota以及美国的Chicago都是通过富有创意的城市场景建设在过去的10~20年实现了戏剧性的城市转型

(Dramatically Transformed)。由此可见，基于场景建设的城市建设、管理，能够在地区和城市的发展中产生良好的"综合效应"。目前，世界上不少城市已经或正在有意识地在城市建设及管理中越来越多地运用类似的场景思想。对于我国城市而言，来自三个方面的城市场景问题，赋予了我国场景研究的更强的必要性和紧迫性。

1. "学区房"热

在我国，"学区房"是由房地产与教育体制交织而成的独特的现象。顾名思义，"学区房"是指位于政府划定的学校辐射范围内的住房。随着社会竞争的日趋激烈，我国许多家长为使孩子不输在教育的起跑线上，不惜花费重金购置位于教育质量好的中小学学区的房产，由此也导致了我国的"学区房"热现象。在2013年3月，在国家为加强对房地产市场的调控拟推出更为强力的房价调控措施——"国五条"之际，来自中国经济网的一条消息①指出：位于北京海淀区五道口（毗邻清华大学、北京大学及中关村二小等知名学府）的华清嘉园学区房，逆市上涨到了每平方米10万元的"天价"。对此，著名的房地产专家任志强也不禁为之感叹，并指出该地区当年开盘价格才每平方米4000多元。该报道再次反映了"学区房"现象在我国的"火爆"销售情况。

本书认为，我国的"学区房热"，实质上是"社区场景构建"的问题。"学区房热"的文化、价值观内涵主要源于我国对子女教育的家庭传统，以"孟母三迁"为典型代表。《三字经》中有"养不教，父之过"的论断；此外，儒家思想强调的"出仕"理念中也有"学而优则仕"的观念。强调"学习"本是儒家思想的先进性所在，这种思想随着儒家思想的传播和扩散，在亚洲其他国家，如日本、韩国也同样存在。然而，"学区房热"之所以在当代我国成为社会问题，其还与家庭文化存在重要的联系。当前，我国的家庭主要是"金字塔"型，子女作为金字塔的一级承受着来自父母的甚至祖父母的寄托和期望。"不要让孩子输在起跑线上"的社会流行语是这种文化、价值观观念的重要体现。因此，对其学习、培养的投入也进一步增大。这种教育投入的增加与我国平均化的学区体系产生了矛盾，因此导致了"学区房"攀比竞赛愈演愈烈。

从区域场景的角度上看，"学区房"的区域核心场景就是教育品质较

---

① 此消息来自中国经济网新闻北京2013年3月20日，由记者刘延佶报道。

好的学校及其场景关系结构衍生下的区域教育氛围。特别是在中小学这类早期、基础性教育中，教育氛围，也就是家长、老师所说的孩子的成长氛围，对中小学生的成长具有重要的影响。由此，进一步激化了学生家长对优质教育区域场景的追求。因此，区域教育场景的构建及城市社会全区域的教育设施、场景的投入及构建对于化解"学区房"这类社会问题具有重要的意义（董纪昌、吴迪等，2010），而如何有效地、科学地进行针对性建设还需要对对应的区域场景关系结构展开探索和挖掘。

2."睡城"和"鬼城"

"睡城"和"鬼城"是对当今我国城市中一些独特的大规模居住区域的新兴称谓。其中，"睡城"也称为"卧城"，主要指在一些大型城市周边具有"独特"功能的大型居住区。在这些居住区人口相对集中，但是缺乏较为完善的生活、娱乐设施，因此在白天，该区域的居民倾巢而出前往城市中心工作，只是到了夜间才回家睡觉。由于配套功能的缺失，这些区域被形象地冠以"睡城"称号。我国首都北京近郊的"通州"、"天通苑"及"回龙观"等区域就是其中的代表。相对于"睡城"面临的人口密度时间结构性不均衡问题，"鬼城"则面临更大的发展"瓶颈"。

"鬼城"是我国一些城市大规模"新城"建设的产物。在快速的城市化进程中，受"大干快上"政绩思路的影响，许多城市忽略当地产业和人民生活发展的一般规律，大规模地进行了所谓的"新城"建设。以至于在一些地区，新城拔地而起、道路横平竖直、地产项目林立，而唯独少有人烟，尤其是到了夜晚偌大城区只有两成至三成灯光点亮，让人犹如置身"鬼城"一般，而"鬼城"也因此而得名。位于内蒙古自治区鄂尔多斯市的"康巴什新城"和位于河南省郑州市的郑东新区是我国最具代表性的两个"鬼城"。

美国著名的《时代周刊》2011年4月5日以《鬼城》（*China: A Modern Ghost Town*）[①]为题就鄂尔多斯的康巴什新区的房地产空置现象进行了报道，并以此对我国的房地产市场泡沫问题进行了探讨，由此引起了国内外各界的讨论。2011年11月，我国的《中国企业报》也就鄂尔多斯的房价

---

① 参考《时代周刊》，载 http://www.time.com/time/photogallery/0，29307，1975397_2094521，00. html#ixzz0km8irctp。

泡沫破裂进行了报道。[①] 该评论称"政府投资了那么多的钱建设康巴什新区，但是百姓不需要，康巴什这座空城已经成为中国房地产泡沫的'最佳展品'"。鄂尔多斯的康巴什新区位于该市的中南部，地处鄂尔多斯高原腹地，距老城区东胜区 25 公里，并与东胜区及伊金霍洛旗的阿镇共同组成了鄂尔多斯市的城市核心区，是鄂尔多斯未来规划中新的政治文化、金融及科研教育中心。然而，在老东胜城区 23 平方公里的土地上拥挤着 30 万人，而康巴什新区 32 平方公里的现代居住区域中却人烟稀少。由于地产供给过剩，加之配套设施不完备，因而康巴什新区少有人住，大部分人选择居住于老城区东胜而投资于此。

"睡城"及"鬼城"这两个特殊的现象再次展示了在当代我国城市择居及房地产价格形成中场景的重要性。如本书的核心观点所述，"我国的城市择居行为受来自于居住者对城市场景特征的认同感影响"及"我国城市房价在当今城市经济社会发展及人本理念的背景下，反映了房地产市场各主体对住宅所处空间场景价值量的认可"。"睡城"、"鬼城"现象的产生从场景的角度看即是区域场景未能被居住者认可的结果。"鬼城"房地产泡沫的破裂则可以看做是市场价格远高于"住宅所处空间场景价值量"的后果。由此，本书进一步认为，"睡城"及"鬼城"这两个我国当前城市中的重要问题，其核心是区域场景建设的缺失。就"睡城"而言，区域核心场景的构筑是其区域功能结构扩展的有效途径。就"鬼城"而言，在既有区域中引入场景概念，利用区域场景关系结构，重塑区域的经济、社会及文化发展态势及形象，就可以以此实现区域的更新。如何科学、有效地设定区域核心场景构筑方向、如何开展对区域场景关系结构构建，是本项研究需要探讨的问题。

3. 保障性住房"空置"现象

《中华人民共和国国民经济和社会发展第十二个五年规划纲要》中指出：对城镇低收入住房困难家庭，实行廉租住房制度。对中等偏下收入住房困难家庭，实行公共租赁住房保障。《国务院办公厅关于保障性安居工程建设和管理的指导意见》（国办发〔2011〕45 号）提出："到'十二五'期末，全国保障性住房覆盖面达到 20% 左右，力争使城镇中等偏下和低收入家庭住房困难问题得到基本解决，新就业职工住房困难问题得到有效缓

---

① 此消息来自中国经济网 2011 年 11 月 25 日 7：25，来源：《中国企业报》。

解，外来务工人员居住条件得到明显改善。"据住建部测算，在"十二五"期间，全国计划新建保障性住房将达到 3600 万套。由此可见，在我国保障性住房建设工程是一个量大、面广的重要民生工程，具有重要的社会意义及价值，尤其在当今房价高企的背景下，是一项利国利民的大事。

然而，在现实的保障性住房分配中，大面积的空置问题极大地影响了该政策的有效实施。2012 年 7 月一则来源于《人民日报》的报道①指出：河南 6 市的廉租房空置过半。6 个省辖市共建成廉租房 1.6 万套，其中空置 8215 套，空置率高达 51.3%；同时，存在违规分配保障性住房和发放廉租房补贴的现象。无独有偶，《东方日报》的报道②也披露：郑州 2011 年 12 月推出的 1353 套公租房，自面向社会公开配租以来，只收到不到 100 张申请表；上海首批两个市筹公租房项目，首期申请率仅为四成；武汉市首批公租房启用，七成房源无人问津。由此，引发了社会各界对保障性住房建设的质疑和批评。在该现象中，配套设施缺乏、交通出行不便、地理位置偏远是保障性住房空置的主要原因。有些学者甚至把一些地方将保障房项目选在离城市中心较远的地方，配套设施又没能同步建设，以至于建成后迟迟不能入住，或是入住了但生活非常不方便等现象进行串接后认为，按此方式大规模地建设保障性住房将会带来后患无穷的城市"贫民窟"问题。

本书认为，该问题的背后，恰恰反映了当前我国保障性住房建设及城市规划中对区域场景建设的关注不足。在前文中，本书指出了我国的城市择居行为受来自于居住者对城市场景特征的认同感影响，即居住者对是否能在所处城市空间中获得更多的发展机会和更便捷地享用公共产品的价值判断影响着其居住选择。显然，配套设施缺乏、交通出行不便、地理位置偏远三类问题的存在导致了"被保障对象"不能对政府提供的保障性住房项目产生足够的场景认可，由此导致了某些保障性住房项目的大面积空置问题。因此，在保障性住房建设的同时，充分考虑"被保障对象"能否在保障性住房周边可以感受到"能够获得更多的发展机会和更便捷地享用公共产品"的"保障性场景"，是未来我国城市在大规模保障性住房建设中必须考虑的问题。其中，如何在政府财政预算有限的

---

① 此消息来自人民网新闻 2012 年 7 月 31 日 8：29，由王汉超报道，来源：《人民日报》。
② 此消息来自 esf.cd.soufun.com 搜房网新闻 2012 年 4 月 9 日 9：59，来源：《人民日报》。

情况下，利用区域场景关系结构所具有的拉动效应，以点带面地实现配套生活、娱乐设施场景的"小投入、大产出"，则是场景理论在区域规划中必须攻克的技术难题。

三、从城市景观到场景关系结构研究演进

从上述对国内外城市区域相关案例及问题的分析可见，在城市区域建设及管理中利用类似的空间场景概念对城市进行更新、建设的举措已经越来越被世界各国城市和地区所重视。同时，从各国的失败教训及我国面临的三类主要问题来看，对于场景在城市区域中的应用尚未被城市管理者所全面认清。在学术上对与此相关的空间氛围及空间拉动效应的研究尚有待深入的探索。因此，本节将主要从学术研究角度出发，梳理和总结国内外学者对空间氛围及空间文化的相关研究，并对本书提出的场景关系结构与以往研究展开比较。

1. 早期过于依赖定性分析的空间氛围研究

城市区域的空间氛围是一个高度抽象的概念。早期学者们对空间氛围及空间拉动效应的研究主要取决于研究者个人对城市历史的认知和主观经验判断。随着城市相关研究的发展和深入，城市研究者认识到了这种定性的、芝加哥学派"新闻报道"式的文化界定方式是具有局限性的（D.W. Miller，2000）。因此，城市研究者一直在着力选择更为客观的研究思路及手段。尤其是与城市空间文化氛围相关的研究者一直力图在与城市空间文化氛围相关的研究中借鉴类似经济学的量化研究方法，即试图找到某个指标使其尽可能地贴近和反映城市的文化氛围。最早被公认的实现对该问题展开定量化的研究来自于城市地理学。Walter Firey（1947）通过对波士顿中心区土地利用变化的研究指出：空间具有象征的功能。空间和象征的社会价值结合在一起成为地方文化体系及空间氛围中的重要成分。空间氛围作为一种工具，让共有某种文化或价值的人群聚居；空间氛围可以与一些社会价值耦合在一起成为一个受人崇拜的复合体，对空间氛围的适应不只是一种经济利益最大化的适应，其中，文化可能成为一种完全与经济要素独立的变量。虽然 Firey 的研究将城市空间氛围及空间文化提升到了一个与经济问题同等重要的理论意义上，但是从方法论的体系上看，其研究所界定的城市空间氛围及空间文化依然是需要依靠主观定性描述的，并没有

完全解决抽象、定性研究的固有弊病。

2. 以城市景观作为分析工具的城市空间氛围研究

Gerald D. Suttles（1984）针对 Firey 的研究，指出了其存在对城市空间文化界定过于主观这一根本问题，并进一步指出，即使使用城市人群的文化态度调查作为城市空间氛围及空间文化的评测方式也缺乏客观性，因此人的文化态度和行为具有天然的相互违背性。在此基础上，他提出可以利用城市景观作为客观评测城市文化的工具。该方法受到了城市地理学，尤其是人文地理学研究者的广泛支持。Brian Berry（1985）正式提出了"城市景观是一面反映维持其存在的城市社会的明镜"的重要概念（The urban landscape is a mirror reflecting the society which maintains it）。由此，城市景观被广泛作为衡量城市文化状况的客观指标运用到城市空间氛围及空间文化的研究、规划和管理中（Alexander Wilson，1991；Farina，1993；Joan Iverson Nassauer，1995）。然而，利用城市景观进行区域空间氛围及空间文化评价的方式同样存在局限性。城市景观本身不具备功能和非人为定义的内容，其在城市中作为一种象征存在，其可能反映的是某一特殊时期的城市社会氛围及文化状况。尤其是在当今城市越来越强调历史文化景观保护的背景下，以相对静态的城市景观作为区域氛围及文化测度客观载体的办法，在一些变化较快的城市已经越来越难以反映时代文化的变迁。在当今世界全球化的背景下，城市空间氛围及空间文化研究需要更具有内容、更能反映快速的城市生活变化的指标。此时，更具内容和时代性且为城市独有的城市生活便利设施成为了城市研究者们关注的新热点。

3. 以城市生活便利设施作为分析工具的城市空间氛围研究

早在 1987 年，Zukin 就指出了城市中产阶级的复兴与城市建筑的修复以及城市文化生活便利设施的建设存在重要联系。此后，Zukin（1989）在 *Loft Living: Culture and Capital in Urban Change* 一书中又再次强调了城市生活便利设施对城市文化、艺术氛围建设的重要影响。Robert Putnam（2000）在其书 *Bowling Alone* 一书中也谈到了城市生活便利设施对于城市的重要性。可见，城市生活便利设施这一特有的城市指标很早就被城市研究者所关注并运用到了城市空间氛围、空间文化及相关的城市研究中。在当今引起了广泛关注的城市生活便利设施研究来自于 Florida 关于城市"创造性阶层"的研究。Florida（2002、2004、2007）将当今欧美发达国家城市的再发展归因于创造性阶层对城市再发展的智力支持与知识创新贡献。导致创造性阶层聚集于特定城市的原因在于这些城市提供的城市生活便利设施数量和质量及由此形成的城市空间文化氛围。美国哈佛大学的城市经济学家 Glaeser（2001）也提出了类似的观点。其从经济学的角度论证了城市生活便利设施在当今城市中扮演的重要角色。美国芝加哥大学的城市社会学家 Clark（2002）进一步指出，在当前西方的后工业化城市中，城市空间文化氛围的影响越来越大，甚至有超越经济因素的趋势。其特别指出，城市文化的作用正是通过城市便利设施的建设而发生的。城市生活便利设施透过城市文化导致工业城市的可持续发展。在此基础上，Clark（2004）在 *The City as an Entertainment Machine* 一书中重点指出，旧有的城市理论已经随着全球化的到来而陈旧了，新的城市文化将改变当今城市的发展规则。城市便利设施将成为城市空间氛围及文化建设、发展的关键。

4. 城市空间氛围及空间文化相关研究的局限性

本书认为，以城市生活便利设施作为城市空间氛围及空间文化评测的指标是具有一定的进步意义的。一方面，城市生活便利设施由于具有客观的功能因而更能反映城市大众文化，例如 Clark 所述的迪士尼公园的文化、价值观意义；另一方面，在全球化的背景下，城市生活便利设施随着市民的生活需求而同步地发生着改变，因此更能反映城市时代文化。例如，Florida 所描述的咖啡屋所营造的新城市文化氛围。然而，由于当前对于城市生活便利设施的研究仍然处于起步阶段，因而其依然难以解决城市文化管理中的两个固有难题；另外，上述对于城市生活便利设施的研究是孤立的，并没有考虑到这些生活便利设施之间的相互关系和影响。以咖啡屋为例，咖啡屋只是新城市文化氛围的一个重要组成部分，此外，图书馆和其他现代化的新型城市生活便利设施也共同催生了新空间氛围及空间文化的产生。

因此，本书认为，凭借孤立的城市生活便利设施无法完整、准确地刻画城市的空间氛围及空间文化状况。对于城市生活便利设施数量和质量的考察也依然无法判定城市空间氛围及空间文化的作用和影响范围。以迪士尼公园为例，当今世界上只有为数不多的 5 个迪士尼主题公园。这 5 个迪士尼主题公园为所在城市所带来的城市经济的拉动、城市环境的改变及城市空间氛围和空间文化的变化绝对不是仅凭其数量和质量就可以衡量的。

与本书提出的质疑观点相类似的还有，Michael Ian Borer（2006）提出对文化地域性研究的重要性，以及 Michael Storper、Allen J. Scott（2009）提出了质疑，他们认为城市的发展应该是一个复杂的系统，而单一的城市生活便利设施不能很好地解释这个系统的变化。由此可见，以城市生活便利设施作为城市空间氛围及空间文化评测的指标的概念和方法仍然需要进一步地改进和创新。

综上所述，在回顾了城市空间氛围及空间文化相关的研究的基础上，本书总结得出，当前城市空间氛围及空间文化相关研究的难点主要存在于两个方面：一是区域空间氛围及空间文化的合理量化；二是空间氛围及空间文化作用范围的有效界定。其中，区域空间氛围及空间文化量化的难点在于如何选择一个客观、合理、有效且易获得的城市指标或数据，并能采用一种合理方法对其进行科学、合理的量化。另外，空间氛围及空间文化作用范围界定的难点则在于如何考虑城市不同区域空间及文化空间区域的相互作用范围。如果不攻克这两个难题，城市空间氛围及空间文化相关研究将依然过度依赖来自历史的案例和决策者经验而缺乏科学性。为了推动与城市空间氛围及空间文化相关的研究、规划及管理向更科学的方向发展，本书将针对城市空间氛围及空间文化管理发展中的这两个重点及难点问题提出有针对性的改进办法。

5. 城市场景研究对空间氛围及空间文化研究的新突破

无论是利用城市景观还是城市生活便利设施对城市空间氛围及空间文化进行界定都存在孤立性的问题。城市的空间氛围及空间文化不是孤立存在的。在不断的研究中，学者们是逐渐意识到了城市空间氛围及空间文化所具有的这一关联性特征的。因此，为了攻克这一难点问题，城市研究者们将"社会网络"（Social Network）的思想引入到了城市空间氛围及空间文化的度量中。Florida（2008）在 *Who's Your City?* 一书中指出了人际间的社会网络是人们共享创新的基础。这一论述进一步丰富和发展了其原有的对城市生活便利设施的认识。

Clark（2007）指出，文化不可能是独立存在的，而需要许多东西共同配合完成。例如，一个剧院需要建筑物、餐馆、灯光以及听众，演出的好与坏在于其是否激起了听众所具有的文化及价值观的共鸣。该解释说明：一方面，城市生活便利设施引发的空间氛围及空间文化效应是一个共同作用的过程，因此需要考虑城市生活便利设施构成对空间氛围及空间文化的影响；另一方面，由于文化和价值观本身所具有的抽象性，因而必须配合定性的手段来刻画它们。城市生活便利设施所具备的内容性赋予了定性评价以一个较为一致的基础，而这也是城市景观所不具备的。由此，Clark等人创造性地在城市生活便利设施理论的基础上提出了场景理论。

本书在场景理论的基础上进行了丰富和延伸。Clark 对场景的描绘及定量刻画仍然较为抽象，而难以直接地、简明地应用于实际的城市规划、建设及相关管理。为此，本书在场景理论的思想体系框架下，提出了"区域场景关系结构"这一新概念。本书直接通过区域场景关系结构，从城市生活便利设施及场景内部"关系"的角度出发分析空间氛围及空间文化的产生根源及作用路径。

第二节 区域场景关系结构分析方法与区域场景解构

在上述理论分析和文献回顾的基础上，本节将主要从方法论体系出发讨论区域场景关系结构的分析方法：社会网络分析方法及具体的凝聚子群方法。并基于该方法，以我国首都北京的两个代表性城区——海淀区和朝阳区为例，进行区域核心场景的挖掘与分析。

一、区域场景关系结构分析方法概述

对区域场景关系结构的分析方法主要来自于社会学中对于关系的经典分析方法"社会网络分析"。

"社会网络分析"是一种全新的、来自社会科学的研究范式。该方法起源于 20 世纪三四十年代，是西方社会学方法论的一个重要分支。最早提出社会网络分析方法的是英国著名的人类学家 R.布朗，其通过探讨文化如何规定了有界群体内部成员的行为而提出了"社会结构"的概念，由此引起了社会学、人类学等各界学者的广泛关注。在随后的研究中各种网络概念逐渐形成，由此社会网络分析的理论方法也逐渐成熟（Scott，1991；Everett，2002）。

社会网络分析研究的基本前提假设可以被归纳为如下四个方面：第一，世界中的个体或者群体不是简单、孤立的，而存在于一个庞大的复杂网络结构中，个体及群体之间存在相辅相成和相互制约的复杂关系；第二，网络结构环境会对个体行动产生影响或制约；第三，网络间的资源流动是通过个体行动者之间的关系来实现的；第四，规则的产生源于社会关系系统中的各个单元的位置（Wellman，1988；Wasserman、Faust，1994）。

从社会网络分析方法研究的历程来看，其发展可分为三个阶段：第一个阶段是从 20 世纪 30~70 年代，该时期是图论和图分布快速发展的时期。Moreno 和 Jennings（1938）发明了"社群图"。一方面其用"点"表示个人；另一方面其用"线"表示个体之间的关系，并以此建立关系模型。此时的研究主要通过测量群体中的个体之间相互接受和排斥程度来发现、描述、评价社会地位、结构，以及社会发展。第二个阶段是 20 世纪 70~80 年代，该时期的主要研究特征是网络关系中的互惠性及均衡性得到广泛关注。同时，Holland 和 Leinhardt（1981）提出了关系数据的概率分布，利用对数线性模型对数据进行拟合的概率模型由此产生。第三个阶段始于1986 年，在这一时期兼容并包性及再赋值网络及多元关系网络的广泛应用性得到各界学者青睐，并由此极大地推进了社会网络分析的研究（Frank、Strauss，1986；Faust、Skvoretz，1999）。

近年来，我国学者纷纷将社会网络分析的方法运用于对我国现实问题进行分析。刘军（2004、2006）运用"块模型"方法，从社会网络的角度将费孝通先生说的"差序格局"进行量化。其研究认为，"块模型"在揭示多种社会网络的整体结构和关系模式方面具有优势并对于我国特别重视"关系"的现象的研究很适用。汪云林等（2008）应用社会网络分析理论和方法对国家自然科学基金合作进行了探讨。朱海燕等（2009）运用社会网络分析方法，结合具体案例研究了集群网络结构的演化，并构建了KIBS 嵌入的网络结构三要素演化模型。李二玲等（2007）认为，在社会网络分析中需要洞察到其现象背后的社会关系的深层含义。李平等（2008）利用社会网络分析方法对企业智力资本的动态性和网络属性进行了分析。钱锡红等（2010）将社会网络分析中的"结构洞"概念引入到了对企业吸收能力与创新绩效的研究当中。

综上所述，可见社会网络方法已经具有较为成熟的方法论体系，且在社会、经济相关领域的研究中具有了大量的成功尝试的经验，因此本书的研究提出，利用社会网络分析方法对区域场景关系结构进行分析的研究设计具有可行性。

二、凝聚子群方法概述

在具体的分析方法中，本书的研究选取了较为适合本项研究数据特点的"凝聚子群方法"。凝聚子群分析也被称为"小团体分析"。该方法是对社会结构的网络研究，关注于社会行动单元之间实际的或潜在的关系。

凝聚子群是具有相对较强的、直接的、经常的关系的行动单元的子集合。较为常见的凝聚子群及其概念可以分为：①派系，建立在互惠性基础上；②n-派系，建立在距离基础上，任何两点之间在总图中的最大距离不超过n；③n-宗派，建立在距离基础上，任何两点之间在子图中的最大距离不超过n；④k-丛，建立在点度基础上，子图中任何一点都至少与子图中除了k个点之外的其他所有点直接相连；⑤k-核，建立在点度基础上，子图中任何一点都至少与子图中的k个点直接相连。同时，凝聚子群结构表现为子群数量和重叠性两个方面。不同子群的共同成员被称为重叠成员，其他成员为剩余成员。对凝聚子群进行形式化的描述需要对以下四点进行度量：①关系的互惠性；②子群成员之间的接近性或可达性，即点对距离；③子群成员之间关系的频次，即点的度数；④子群成员之间关系相对于内、外部成员之间关系的强度。

社会网络分析形式化描述和量化度量的核心是对"权利"的量化，包括影响和支配两个维度，为此，社会网络分析中引入中心性的概念，以中心度来衡量单个节点的中心，以中心势来衡量中心性的趋势。对中心性指标集的计算可以归结如下：

指标一：点度中心性。用 C_{ADi} 表示绝对点度中心度，用 C_{RDi} 表示相对点度中心度，则点 n_i 的点度中心性可表示为：

$$C_{ADi} = d(n_i)$$

$$C_{RDi} = \frac{d(n_i)}{n-1}$$

其中，n 表示图中的节点数。

指标二：点度中心势。点度中心势描述的是一个图中是否存在一个核心节点的趋势。可以描述为：

$$C = \frac{\sum_{i=1}^{n}(C_{max} - C_i)}{\max\left[\sum_{i=1}^{n}(C_{max} - C_i)\right]}$$

若分别用绝对点度中心度和相对点度中心度来描述点度中心势，则其形式可以表述为：

$$C_{AD} = \frac{\sum_{i=1}^{n}(C_{ADmax} - C_{ADi})}{n^2 - 3n + 2}$$

$$C_{RD} = \frac{\sum_{i=1}^{n}(C_{RDmax} - C_{RDi})}{n - 2}$$

指标三：中间中心性和中间中心度。中间中心性根据图中节点对的测地线数量来量化中心性。用 C_{ABi} 来表示绝对中间中心度，C_{RBi} 表示相对中间中心度，则绝对中间中心度和相对中间中心度可以表示为：

$$C_{ABi} = \sum_{j}^{n}\sum_{k}^{n}b_{jk}(i),\ j \neq k \neq i\ \text{且}\ j < k$$

$$C_{RBi} = \frac{2C_{ABi}}{n^2 - 3n + 2} = \frac{2\sum_{j}^{n}\sum_{k}^{n}b_{ik}(i)}{n^2 - 3n + 2}$$

其中，$b_{jk}(i) = \dfrac{g_{jk}(i)}{g_{jk}}$，表示第三点 n_i 控制点 n_j 和 n_k 两点交往的能力。

指标四：中间中心势。中间中心势用来描述整个图的中间性趋势。分别用绝对中间中心度和相对中间中心度来描述，其形式如下：

$$C_{AB} = \frac{\sum_{i=1}^{n}(C_{ABmax} - C_{ABi})}{n^3 - 4n^2 + 5n - 2}$$

$$C_{AB} = \frac{\sum_{i=1}^{n}(C_{RBmax} - C_{RBi})}{n - 1}$$

指标五：接近中心性和接近中心度。接近中心性根据图中节点对的测地线长度来量化中心性。接近中心度用来描述点与其他点之间的距离。用 C_{AGi} 和 C_{RGi} 分别表示绝对接近中心度和相对接近中心度，则点 n_i 的接近中心度可表示为：

$$C_{ACi} = \cfrac{1}{\sum\limits_{j=1}^{n} d(i,\ j)}$$

$$C_{RCi} = \cfrac{C_{ACi}}{1/(n-1)} = \cfrac{n-1}{\sum\limits_{j=1}^{n} d(i,\ j)}$$

其中，d（i，j）表示点 n_i 和 n_j 之间的距离。

指标六：接近中心势。接近中心势用来描述一个图中是否包含一个节点与其他所有点之间的距离都很短的趋势。通常用相对接近中心度来描述：

$$C_{RC} = \cfrac{(2n-3)\sum\limits_{i}^{n}(C_{RCmax} - C_{RCi})}{n^2 - 3n + 2}$$

由对凝聚子群方法的概述可见，该方法体系也适合于本书研究对场景关系结构的挖掘。下文将主要利用该方法对我国城市的区域核心场景及区域场景关系结构进行挖掘和解构。

三、区域核心场景挖掘

本书的研究首先对区域场景关系结构的重要组成部分——区域核心场景应用 UCINET 软件，利用凝聚子群方法进行分析和挖掘。UCINET（University of California at Irvine NETwork）是一种功能强大的社会网络分析软件。该软件最初由加州大学尔湾分校（University of California at Irvine）的 Linton Freeman 编写，现主要由美国波士顿大学的 Steve Borgatti 和英国威斯敏斯特大学（Westminister University）的 Martin Everett 维护更新（刘军，2006）。UCINET 是目前比较常用的、公认的进行社会网络分析所应用的软件工具。

在数据来源方面，本书继续采用了北京"口碑网"的黄页数据。由于本项研究主要针对区域场景关系结构，因而本书尽可能多地选取了来自北京市主要城区的 144 种涵盖 9 个大类的生活娱乐设施："餐饮美食、休闲娱乐、购物服务、教育培训、旅游酒店、便民服务、美容保健、车辆服务及医疗健康"的截面数据展开研究和分析。

本项研究作为区域场景关系结构的初步探索，在区域核心场景挖掘方面尚只对一些典型区域进行了研究尝试。在本书研究中，一方面，本章只对处于拉动及溢出效应作用核心的城市区域核心场景进行探索和挖掘；另一方面，本章暂时只向读者展示本项研究对北京市的主要教育区域——海淀区以及主要商业区域——朝阳区进行区域核心场景挖掘所得到的结论及所进行的对比分析。之所以选择海淀区和朝阳区展开前期研究，主要原因是这两个区域的区域场景特征明显、功能定位明确且在国内具有较高的认知度。因此对这两个区域展开研究，既具有代表性和典型性，又能获得较高的普遍认知。

综上所述，本项研究，对北京市海淀区和朝阳区的区域核心场景进行了挖掘分析，并构建了区域场景关系结构网络特征图。分析的结果如图7-1和图7-2所示。

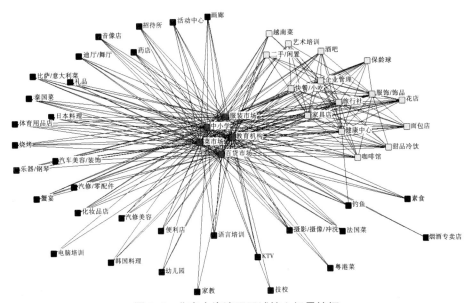

图7-1 北京市海淀区区域核心场景挖掘

在图7-1和图7-2中，图中的每个节点代表被研究城区中的一种城市生活、娱乐设施。当区域中的任意两种城市生活、娱乐设施出现的频率达到"规定水平"（在本项研究中，"规定水平"为城市生活、娱乐设施出现

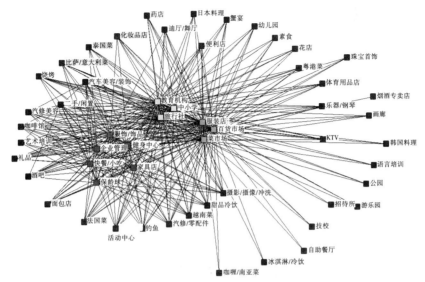

图7-2 北京市朝阳区区域核心场景挖掘

频率的全市平均值)时,即表明可建立联系(图中表现为节点之间的连线),然后可以进一步运用凝聚子群研究方法进行网络聚类分析,并利用UCINET软件构建区域场景关系结构网络特征图。

如图7-1和图7-2所示,与本项研究的研究构想相符,海淀区与朝阳区的区域核心场景结构存在显著的差异。该差异主要表现在两个方面:

1. 区域核心场景数量差异

如图7-1所示,海淀区的区域核心场景表现为以单核为主的主要特征。从海淀区的城市功能定位及大众对海淀区的一般认知可见,由于海淀区是北京市的主要文教区域,汇聚了大量的大、中、小学及各类教育机构,因此其表现为以单核为主的区域场景关系结构网络特征是符合现实状况的。相对于海淀区的单核,如图7-2所示,朝阳区则存在以"一大两小"为主要特征的"三核"网络特征。从朝阳区的城市功能定位及大众对朝阳区的一般认知可见,其既是北京重要的中央商务区(Central Business District,CBD),又是重要的外事活动区。经济发展又带动了朝阳区科技、文教等事业的全面发展。因此,"三核"为主的区域场景关系结构网络特征也较为符合朝阳区多元化发展的区域特征。

2. 区域核心场景内容差异

图7-1中的红色块状节点反映了海淀区的区域核心场景的主要内容。从网络特征图上看，在海淀区"中小学、教育机构、百货商场、服装市场、菜市场"这五大生活、娱乐设施具有明显的"小团体"性。该区域中的其他生活、娱乐设施则可以可看做由这个"小团体"拉动产生。此外，图7-2中的红色块状节点反映了朝阳区的大区域核心场景的主要内容，该核心场景由"企业管理、健身中心、快餐及小吃、家具店、保龄球、服饰及饰品"构成；黄色块状节点反映了朝阳区的第一小区域核心场景的主要内容，该核心场景由"中小学、教育机构、旅行社"构成；绿色块状节点反映了朝阳区的第二小区域核心场景的主要内容，该核心场景由"百货商场、服装市场、菜市场"构成。

从两个城区的区域核心场景的内容来看：一方面，朝阳区的场景内容更为丰富，而这也与朝阳区中央商务区、多元化发展的趋势密切相关。海淀区由于场景内容较为单一，因而在商务及多元化发展方面的基础及未来潜力较朝阳区弱。另一方面，两个城区共同呈现出的同类核心场景"百货商场、服装市场、菜市场"和"中小学、教育机构"在一定程度上反映了我国城市居民的一般居住习惯和居住文化。

尤其值得一提的是，2012年6月20日，北京市政府在《北京市社区菜市场建设管理办法（送审稿）》中明确规定：开发商在新建住宅小区时必须配建菜市场，同时配建菜市场的比例要达到住宅建筑面积的2%。由此也反映出城市建设、管理部门对居住区域基础设施、核心场景建设的关注及重要性，也佐证了本书提出的区域核心场景分析的重要性。

第三节　我国区域场景关系结构对区域房价的影响实证

作为对城市区域场景关系结构的初步探索，上文已经就区域核心场景挖掘进行了概述并以北京市的海淀区和朝阳区为例进行了实证分析。上文的研究结论证明了区域核心场景分析的必要性和可行性。由此也从侧面反映了本书研究提出的对区域场景关系结构所进行的分析可行。在此基础上，本节将进一步利用社会网络方法展开对区域场景关系结构的探索，并在网络特征分析的基础上，对本书核心观点之一的——"区域场景关系结构对我国城市区域房价的高低具有重要影响"的论断展开实证分析。

在数据来源方面：一方面，本书仍旧采用来自北京"口碑网"的生活、娱乐设施黄页数据。其中，主要包括144种涵盖了9个大类的"餐饮美食、休闲娱乐、购物服务、教育培训、旅游酒店、便民服务、美容保健、车辆服务及医疗健康"的截面数据。另一方面，本书选取了来自搜狐"焦点网"的对应的北京市190个代表性区域的房价数据进行研究。其中，主要包括"新建楼盘均价、二手楼盘数、二手楼盘均价"三类房价数据。样本数及生活、娱乐设施种类平均数如表7-1所示。

表7-1　样本数及生活、娱乐设施种类平均数

区域名称	样本数	生活、娱乐设施平均数	区域名称	样本数	生活、娱乐设施平均数
东城区	13	98.30	石景山区	8	94.62
西城区	7	98.28	丰台区	28	91.25
昌平区	3	98.00	平谷区	1	88.00
崇文区	17	97.88	大兴区	3	86.66
宣武区	14	97.21	通州区	5	85.40
海淀区	39	97.05	房山区	2	84.50
朝阳区	50	96.88	全市	190	95.53

注：表中单位均为个。

由表7-1可见，本书研究对北京市的研究采样基本上覆盖了北京主要城区的建成区域，因此，在数据的采集方面具有空间的完整性。此外，从表中的生活、娱乐设施种类平均数来看，位于北京城市中心区域的东城区和西城区的生活、娱乐设施种类最为丰富，而位于城郊的大兴区、通州区及房山区的生活、娱乐设施种类则较为简单。上述描述性统计在数据特征上基本符合大众对北京市城市设施分布与场景特征的一般认识。下文将利用该数据对北京市的区域场景关系结构进行解构和分析。

一、　区域场景关系结构解构

与上一节对区域核心场景挖掘所应用的方法相同，本书研究继续应用

UCINET 软件，利用凝聚子群方法对北京市的区域场景关系结构进行解构并构图。基于对来自北京市 190 个代表性区域的 144 种生活、娱乐设施的网络分析，本项研究构建了 190 幅区域场景关系结构网络特征图。无论是从直观上观察，还是从结果数据分析，这 190 幅区域场景关系结构网络特征图类别明显地呈现出了三类代表性分类。本书依据其图像特征，将其命名为：金鱼型区域场景关系结构（下文简称金鱼型）、海螺型区域场景关系结构（下文简称海螺型）和海葵型区域场景关系结构（下文简称海葵型）。其中，在北京市主要区域中呈现金鱼型特征的区域为 59 个；呈现海螺型特征的区域为 64 个；呈现海葵型特征的区域为 67 个。本书分别在 3个种类的特征图中各选取了 4 个用于展示、分析。区域场景关系结构网络特征图如图 7-3 至图 7-8 所示。

1. 金鱼型区域场景关系结构网络特征图

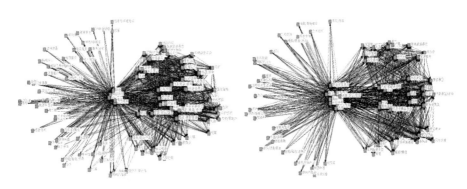

图 7-3　金鱼型区域场景关系结构范例——四惠（左）及首都机场（右）

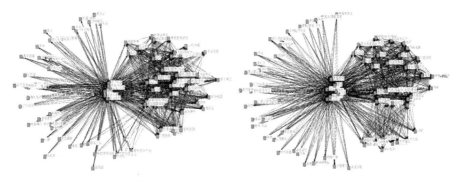

图 7-4　金鱼型区域场景关系结构范例——八里桥（左）及马连洼（右）

如图7-3和图7-4所示,该关系结构的特点表现为具有明显的单核区域核心场景特征。但是在区域核心场景"小团体"的两端分别呈现"紧密交错"和"分散孤立"的场景特征。该特征因为酷似"金鱼",由此而得名。

2. 海螺型区域场景关系结构网络特征图

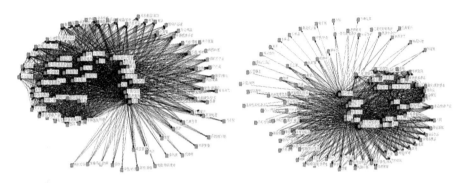

图7-5 海螺型区域场景关系结构范例——国贸(左)及西客站(右)

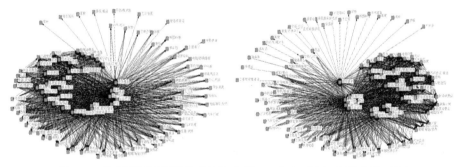

图7-6 海螺型区域场景关系结构范例——大屯(左)及芍药居(右)

如图7-5和图7-6所示,相对于金鱼型,海螺型区域场景关系结构在特点上主要表现为区域核心场景"小团体"两端的"紧密交错"程度更高。或者说,相对于金鱼型而言,在海螺型场景下生活、便利设施的集中度更高,体系更为完善。同样,其因海螺状的网络图形特征而得名。

3. 海葵型区域场景关系结构网络特征图

如图7-7和图7-8所示,"全面"、"多核"是该场景关系结构的主要特征。在海葵型结构中,无论是在金鱼型结构还是在海螺型结构中均存在

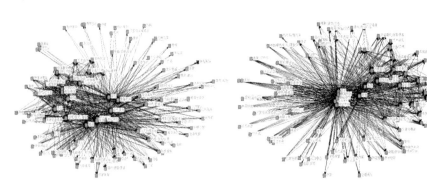

图7-7　海葵型区域场景关系结构范例——甘家口（左）及西苑（右）

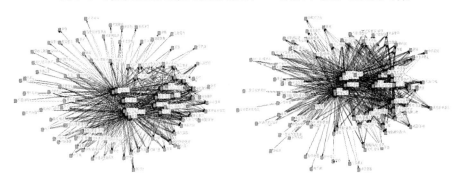

图7-8　海葵型区域场景关系结构范例——人民大学（左）及学院路（右）

的区域场景的显著"分散孤立"已经变得非常模糊。高度的"紧密交错"是海葵型结构的主要特点，由此也在一定程度上反映了海葵型场景下生活、便利设施更全面集中。同样，本书因其类似海葵的形状而对其命名。

在上述的解构及分析中，本书对区域场景关系结构进行了更进一步的分析，总结、提炼出了我国区域场景关系结构的三类典型网络特征，有别于第二节中对区域核心场景的挖掘与分析。本部分内容主要关注区域场景的关系结构形态，并试图探索不同结构形态对城市房价的差别化影响。下文将主要利用经典的相关分析方法对区域场景关系结构特征与区域房价之间的关系展开实证分析。

二、相关分析

在上节对区域核心场景展开的分析中，本书从"区域核心场景数量差异"及"区域核心场景内容差异"两个方面探讨了城市区域核心场景差异对城市区域发展及公众认知的影响差异。由于该部分的研究需要一些更为微观的行为调查数据，因而在本书的研究中暂未对其进行更为深入的实证分析。在本书中，本项研究将主要针对区域场景关系结构对我国城市区域房价的影响展开。

本部分将对上文挖掘、构建的 190 个区域场景关系结构网络特征图进行定量刻画并与北京市的城市区域房价展开相关分析。本项研究首先采用设置虚拟变量的方式对 3 类区域场景关系结构进行了量化。此类将网络结果量化并结合统计方法进行实证的研究方法，在其他社会网络相关的研究也得到了应用和认可（罗家德等，2008）。同时，在对上述 190 个区域进行的社会网络分析结论中，本项研究还选取了多样性和中心度两个网络特征指标用于分析。在相关分析方面，本书采用皮尔逊相关分析方法，检验研究各变量之间的相互关系。检验结果如表 7-2 所示。

表 7-2　相关系数表

	海螺	金鱼	海葵	多样性	中心度	新建楼盘均价	在售二手楼盘数	在售二手楼盘均价
海螺型	1	−0.478**	−0.526**	−0.039	−0.105	0.197**	0.106	0.192**
金鱼型		1	−0.495**	−0.325**	−0.384**	−0.243**	−0.288**	−0.354**
海葵型			1	0.353**	0.476**	0.040	0.174*	0.153*
多样性				1	0.610**	0.184*	0.225**	0.299**
中心度					1	0.137	0.187**	0.346**

注：**. Correlation is significant at the 0.01 level（2-tailed）.
　　*. Correlation is significant at the 0.05 level（2-tailed）.

由表 7-2 进行的相关性检验可见：第一，区域场景关系结构对我国城市区域房价具有显著的影响。第二，区域场景关系结构中的多样性及中心度均与房价及房地产交易（用二手楼盘数指代）具有显著的正向关系。第三，不同类型的区域场景关系结构特征对区域房价具有不同的影响，其中，海螺型与海葵型区域场景关系结构与二手房楼盘均价呈显著的正相关影响；同时，海螺型结构还与新建楼盘均价呈显著的正相关影响；而金鱼型区域场景关系结构与二手房楼盘均价及新建楼盘均价均呈显著的负相关关系。

由此，可以证明本书提出的重要观点，即"区域场景关系结构对我国城市区域房价的高低具有重要影响"。

三、比较分析

在"区域场景关系结构对我国城市区域房价的高低具有重要影响"核心观点成立的基础上，本项研究将继续就各类型区域场景关系结构的内在特点及其对房价的影响和作用原因进行对比分析。

1. 三类区域场景关系结构的内部构成特征比较分析

在就三类区域场景关系结构的网络特征图展开分析梳理的基础上，本项研究还就三类区域场景关系结构的内部构成特征展开了比较。在比较方法上，本项研究首先就各类区域场景关系结构特征之间主要生活、娱乐构成差异进行了比较。通过"两两配对"比较，提取出了在六种配对比较关系下，对两者场景构成差异影响最大的城市生活、娱乐设施，并提取了影响位于各类关系前十位的城市生活、娱乐设施构建了三类区域场景关系结构的内部构成特征比较分析表。

分析表如表7-3、表7-4及表7-5所示。

第一，海葵型与海螺型区域场景关系结构的内部构成特征比较分析。

表7-3 海葵型与海螺型区域场景关系结构的内部构成特征比较分析

	排序	葵/螺	排序	螺/葵
1	杂货	2.58	二手车	17.80
2	教育机构	2.27	开锁/配钥匙	2.26
3	电脑硬件/软件	2.12	中医/针灸	2.03
4	学校	2.04	珠宝首饰	1.97
5	办公用品	1.94	4S专卖店	1.83
6	数码产品店	1.88	美体	1.77
7	通讯/数码产品	1.86	度假村	1.72
8	厨房电器	1.73	五星级宾馆酒店	1.69
9	手机店	1.52	婴幼儿用品	1.66
10	电子城	1.50	购物中心	1.62

由表7-3可知，一方面，海葵型结构较海螺型结构具有更多的文教设施和基础购物设施。其中，海葵型结构中所具有的"教育机构、学校"，

其数量均是海螺型结构的两倍。其所具有的基础购物设施，如"杂货、电脑硬件/软件、办公用品、数码产品、通讯/数码产品、厨房电器、手机店及电子城"均在海螺型结构的 1.5 倍以上。

另一方面，反观海螺型结构，高档消费设施反映了该结构的主要特点。其中，海螺型结构与"二手车"相关的生活便利设施是海葵型结构的 17 倍，此外，高档的"珠宝首饰、4S 专卖店、美体、度假村、五星级宾馆酒店、购物中心"等设施的数量均在海葵型结构的 1.6 倍以上。

基于上述的内部构成特征比较，本项研究初步判断海葵型结构主要代表了城市的老城区或工薪城区。这些区域在长期的发展研究过程中逐渐形成了适合于普通大众生活、学校及居住的生活便利设施，由此，其特征表现为具有较多的文教设施和基础购物设施。海螺型结构主要代表了城市的新城区或高档城区。这些区域具有更多新兴的、档次较高的城市生活便利设施，符合了城市较高收入群体、"小资"群体对于高消费、高品质生活的追求特征。

第二，海葵型与金鱼型区域场景关系结构的内部构成特征比较分析。

由表 7-4 可知，一方面，与同海螺型结构的比较类似，海葵型结构较金鱼型结构具有更多的基础购物设施和文教设施。在基础购物设施方面，其具有的"婚庆服务"设施的数量是金鱼型结构的近 10 倍。而且，海葵型结构对于金鱼型结构的比较优势会更强，海葵型结构具有的"教育机构、学校"，其数量均是金鱼型结构的 3.5 倍以上。

表 7-4 海葵型与金鱼型区域场景关系结构的内部构成特征比较分析

	排序	葵/鱼	排序	鱼/葵
1	婚庆服务	9.69	二手车	31.80
2	电玩/游戏/账号	6.16	4S 专卖店	1.99
3	电脑硬件/软件	5.12	心理咨询	1.40
4	通讯/数码产品	4.08	公园景点	1.26
5	数码产品店	4.02	度假村	1.22
6	教育机构	3.93	汽车经销	1.11
7	擦鞋/修鞋/修伞	3.87	中医/针灸	1.11
8	学校	3.55	车辆租赁买卖	1.04
9	农家院	3.52	宠物服务	1.03
10	手机店	3.41	婴幼儿用品	0.99

另一方面，也与海螺型结构类似，金鱼型结构中的高档消费也较海葵型结构略多。但是，除了在汽车销售和租赁方面，如"二手车、4S 专卖店、汽车经销、车辆租赁买卖"这几个方面，金鱼型结构远大于海葵型结构以外，其他高档设施在结构上虽然与海螺型结构类似，具有"度假村、宠物服务"较多的特点，但是其在多出的比例上略少，均未超过 1.4 倍。

基于上述内部构成特征比较，本项研究初步判断金鱼型结构代表了城市的新建区域或近、远郊区域。这些区域较多的汽车销售展现了这些区域在房屋租赁价格方面可能较低的特征。从各地汽车销售店面的选址情况来看，其通常需要大面积的车库来存放待售的车辆，因此，其通常位于城市的近、远郊区域。同时，金鱼型结构具有较多的公园景点和度假村属性，也综合反映了其可能位于城市近、远郊区域的结构特点。

第三，海螺型与金鱼型区域场景关系结构的内部构成特征比较分析。

表 7-5　海螺型与金鱼型区域场景关系结构的内部构成特征比较分析

	排序	螺/鱼	排序	鱼/螺
1	婚庆服务	12.91	二手车	1.79
2	电玩/游戏/账号	5.40	4S 专卖店	1.08
3	五星级宾馆酒店	5.12	公园景点	0.96
4	农家院	4.92	心理咨询	0.91
5	客栈	3.82	厨房电器	0.84
6	珠宝首饰	3.70	办公用品	0.80
7	擦鞋/修鞋/修伞	3.69	汽修/零配件	0.78
8	青年旅舍	3.63	汽车美容/装饰	0.77
9	酒店式公寓	3.07	汽修美容	0.77
10	粤菜	3.00	杂货	0.76

由表 7-5 可知，一方面，比海葵型结构更大，海螺型结构中所具有的"婚庆服务"设施的数量是金鱼型结构的近 13 倍。此外，海螺型结构所具有的高档设施，如"五星级宾馆酒店、珠宝首饰"较多的特点，在与金鱼型结构的比较中，具有更明显的优势。同时，生活服务较为完善，也是海螺型结构相对于金鱼型结构的一个突出特点，其中，海螺型结构中的"擦鞋/修鞋/修伞、粤菜"是金鱼型结构的 3 倍以上。

另一方面，除了金鱼型结构在汽车销售方面的优势外，较海螺型结构也只是在"二手车、4S 专卖店"两个方面略多，但均未超过 2 倍。除此之外，一个更为突出的特点就是，除了汽车销售以外，其他所有城市生活、娱乐设施的数量，金鱼型结构"都低于海螺型"结构。

　　基于上述内部构成特征比较，本项研究进一步判断，相对于海螺型的新城区或高档城区特点，金鱼型区域属于城市的新开发城区。因此，其在城市生活、娱乐设施完善程度及设施结构分布上具有较大的结构性差异。

　　2. 三类区域场景关系结构对城市区域房价的影响差异比较

　　为了进一步地证明本书提出的核心观点：区域场景关系结构对我国城市区域房价的高低具有重要影响，并探索区域场景关系结构对我国城市区域中不同房价特征类型所具有的影响及其影响作用、影响路径的差异，本书构建了三类区域场景关系结构下的城市房地产状况比较表，对场景结构与空间房价的关系展开分析和讨论。三类区域场景关系结构下的城市房地产状况比较对比分析，如表7-6所示。

表7-6　三类区域场景关系结构下的城市房地产状况比较

	单位	金鱼	海葵	海螺
数量	个	59	67	64
新楼盘均价	元/平方米	33334	39449	42691
在售二手楼盘数	个	74	104	100
在售二手楼盘均价	元/平方米	23686	28977	29427

　　由表7-6可见，在分析的北京市主要城区的190个热点区域中，三类区域场景关系结构的分布还是比较均衡的，其中，海葵型的区域略多而金鱼型的区域略少。在对于城市区域房地产发展状况的考量方面，本项研究主要考察了"新楼盘均价、在售二手楼盘数量及在售二手楼盘均价"三个房地产指标。

　　由对比分析结果可见，新楼盘均价最高的是海螺型区域，均价已经超过4万元/平方米；海葵型区域次之，但均价也逼近4万元/平方米；而最小的金鱼型区域，其新楼盘均价也高达3.3万元/平方米。与新楼盘均价的排序一致，在二手楼盘均价中，依然保持了海螺型最高、海葵型第二而金鱼型最低的结构特征。此外，从在售二手楼盘的数量上看，金鱼型区域的在售二手楼盘也远少于海葵型与海螺型区域。

　　上述的分析一方面，展现了场景关系结构对城市区域房价的影响；另一方面，其中的许多数据结果及相互关系尚有待进一步的挖掘和分析。在下文中，本项研究将综合上述的分析，结合区域场景关系结构的网络特征、相关分析和对比分析的结果展开讨论，并提出本项研究的阶段性研究分析及结论。

第四节　结果分析及讨论

基于对区域场景关系结构的网络特征、相关分析和对比分析结果的综合考量及分析，本书提出区域场景关系结构对城市区域房价影响的三个阶段性研究推论：第一，场景关系结构是城市区域形态及发展阶段的重要表征；第二，场景关系结构的形态与市场主体的房价空间预期具有密切联系；第三，区域场景关系结构对我国城市区域房价的形成具有重要影响。

一、场景关系结构是城市区域形态及发展阶段的重要表征

该论断主要来源于两个方面的推断：

第一，场景关系结构中的重要构成部分——城市区域核心场景对城市区域形态具有重要的影响作用。从上文列举的国外城市的发展案例来看，合理的区域核心场景的构建能够在区域中发挥良好的综合效应，对区域经济、社会及人文发展的拉动和促进具有重要的影响。此外，区域核心场景也同时存在抑制效应，如果不能依据地方发展规律，盲目地进行区域核心场景建设将产生抑制逆效应，进而妨害地区的发展。同时，城市区域核心场景对区域空间氛围及文化空间的建设具有重要的意义。针对这一问题，上文已经利用我国首都北京市功能、特征及发展氛围迥异的海淀区及朝阳区进行了分析和讨论。结果证明，核心场景的数量及内容对于区域功能、发展形态及空间氛围均具有重要的影响作用。

第二，区域场景关系结构的网络特征是城市区域形态及发展阶段的重要表征。

从网络特征上看，海葵型、海螺型及金鱼型的区域场景关系结构网络特征存在结构上的渐进特征，即金鱼型表现为城市区域形态的前中期发展

形态及阶段；海螺型表现为城市区域形态的中后期发展形态及阶段；海葵型表现为城市区域形态的后期发展形态及阶段。

区域场景关系结构的网络特征与城市区域发展阶段具有密切的关系。基于第三节对区域场景关系结构的解构，本书构建了"代表性区域场景关系结构的网络特征与城市区域发展阶段的关系表"，如表7-7所示。

表7-7　代表性区域场景关系结构的网络特征与城市区域发展阶段的关系

关系结构类型	代表性区域	区域发展阶段特征
金鱼型	四惠	城市郊区、地铁换乘
	首都机场	城市郊区、交通枢纽
	八里桥	城市郊区、"睡城"入口
	马连洼	城市远郊、新开发区
海螺型	国贸	长安街沿线、核心商业区
	西客站	长安街沿线、交通枢纽
	大屯	奥林匹克公园南侧、北中轴线中心带
	芍药居	地铁十号线与十三号线路交会处、京承高速与四环交会处
海葵型	甘家口	三环与二环中间位置，玉渊潭公园东北角
	西苑	地铁四号线，万泉河快速路，颐和园公园东北角
	人民大学	地铁四号线，三环紧邻，重要学区
	学院路	地铁十号线、十三号线，四环紧邻，海淀区核心

由表7-7可见，金鱼型区域大多位于城市郊区的新开发区域。其中，许多区域是由于特殊的交通枢纽位置而产出的，如四惠地区是地铁一号线与八通线的交会处，是重要的地铁枢纽；首都机场区域则是重要的航空枢纽。此外，八里桥是北京市著名"睡城"通州的城市入口；马连洼则位于北京市西北部西北旺新开发区域。由此可见，这些区域大多属于开发早期阶段。同时，由于许多同类区域的发展核心是某些具有特定功能的城市设施，如首都机场和地铁枢纽，因而其在区域场景建设中，往往更多地考虑了区域的某些特定功能，由此也造成了金鱼型的具有"中心—分散"型的区域特征。

海螺型区域则主要可以被分为两类：一类是城市成熟区域中的功能区，如国贸和西客站区域。这些区域已经经历了几十年的发展，在城市生活、娱乐设施方面已经日臻完善。但是，由于其特殊城市功能的存在，其必然导致许多城市功能的偏重与非均衡。例如，国贸区域繁华的商业氛围对于区域教育场景的构建具有一定的抑制性作用。因此，其场景结构特征也表现为非全面发展的海螺状。同理，西客站所担负的交通枢纽功能，也使得其周边地区的场景发展具有不均衡性。除了这一类区域，另一类的海螺型区域是大屯和芍药居这样的中后期发展区域。以这两个区域为例，其都恰好位于北京的北四环到北五环之间，从发展的时间上来看，均是近十年的城市发展产物，其海螺型的特征主要是阶段性的。该阶段特征受到了发展时间的限制。例如，大屯区域的大发展与北京奥运会对奥林匹克公园周边建设的发展几乎同步，因此发展、建设历史尚短。由此，也可预计，在未来，随着时间的推移这些地区的区域发展会逐渐地完善，进而向海葵状的全面发展过渡。

从海葵型的代表区域"甘家口、西苑、人民大学、学院路"可见，呈现海葵状、有较为完整的城市生活、娱乐设施的区域主要是发展较早、发展比较完善、功能设施比较齐备的城市成熟区域。在这些区域中，由于发展时间早，城市核心场景及其之间的相互拉动、抑制效应已经随着市场的发展而在不断的博弈中达到了一定的均衡水平，因此在区域场景关系结构特征中主要展现为全面的齐备态势。

由上述分析和推论，本书认为，场景关系结构是城市区域形态及发展阶段的重要表征。其中，城市区域核心场景对城市区域形态具有重要的影响作用。而区域场景关系结构的网络特征是城市区域形态及发展阶段的重要表征，且其具有渐进式的发展特征。

二、场景关系结构的形态与市场主体的房价空间预期具有密切联系

由本章第三节的比较分析可知：在本项研究基于区域场景关系结构的分类下，新楼盘均价最高的是海螺型区域，均价已经超过 4 万元/平方米；海葵型区域次之，但均价也逼近 4 万元/平方米；而新楼盘均价最低的金鱼型区域，其新楼盘均价也高达 3.3 万元/平方米。与新楼盘均价的排序一致，在二手楼盘均价中，依然保持了海螺型最高、海葵型第二而金鱼型最低的结构特征。基于上述排序，本项研究进一步挖掘、分析了其中的房价溢价比例，并构建了"三类区域场景关系结构下的城市房价溢价比例"表，如表 7-8 所示。

表 7-8　三类区域场景关系结构下的城市房价溢价比例

单位：元/平方米

	海螺比金鱼	海葵比金鱼	海螺比海葵
新楼盘均价	+28.07%	+18.34%	+8.22%
在售二手楼盘均价	+24.24%	+22.34%	+1.55%

如表 7-8 所示，在新楼盘均价中，均价最高的海螺型区域的房屋均价比海葵型高了近 8.22%，而比金鱼型高出了 28.07%。同时，海葵型区域的房屋均价比金鱼型高了近 18.34%。在二手楼盘中，海螺型区域的房屋均价比海葵型高了 1.55%，而比金鱼型高出了 24.24%。同时，海葵型区域的房屋均价比金鱼型高了近 22.34%。从溢价比例上看，该结果似乎意味着，本书提出的"我国城市房价在当今城市经济社会发展及人本理念的背景下，反映了房地产市场各主体对住宅所处空间场景价值量的认可"与"区域场景关系结构网络特征的渐进式发展及完善"有矛盾。也就是说，如果按照上述溢价状况分析，则场景更为完善的海葵型区域应该较海螺型具有更大的空间场景价值。那么，是否是本项研究的结论不合理呢？

本书认为，区域场景更为完善的海葵型区域的房价较海螺型更低的结论在我国当前的房地产市场背景下是合理且可以解释的。导致此矛盾现象的根源在于"房价空间预期"的存在。任荣荣和郑思齐等（2008）、况伟大（2010）分别指出，由于预期的存在，使得简单按照供求关系来解释房价过高的原因并寻找调控房价措施的方法难以取得良好的效果。本书在绪论中也提出了"空间预期是房价不同板块发生变化差异的重要推动力"及"房价的空间预期是购房者对获得社会资源、分享城市发展所提供的公共产品可能性的时空预判断"的重要研究论点。

对于发展已经较为成熟的海葵型区域来说，由于发展时间早，城市核心场景及其之间的相互拉动、抑制效应已经随着市场的发展而在不断的博弈中达到了一定的均衡水平。换句话说，在海葵型区域场景价值已经相对均衡，较难出现场景价值量的更大突破或转变。相对于发展中的海螺型区域，随着生活、娱乐设施的日臻完善，其在具有了一定的空间场景价值的基础上，在可预见的未来将继续随着场景的完善而产生更大的价值。表7-8 中，新房与二手房均价的溢价差异也佐证了该观点。相较于海葵型区域的均价，海螺型区域的二手房溢价为 1.55%，远小于新房溢价的8.22%。在现实的房地产交易中，新房与二手房的一个重要差别在于，在我国房地产"预售制"的作用下，购买新房从购买到最终得房具有较长的等候时间，而购买二手房则通常可以立即入住。时间的差异导致了预判时间的延长，在房地产及城市快速发展的我国当前背景下，其最终转化为对于房价价值上涨的预判。

此外，海螺型及海葵型与金鱼型区域房价无论是在新房还是在二手房中均具有近20%以上的溢价水平，展现了场景价值及房价空间预期的"阶跃性"。"阶跃性"在许多城市经济相关的研究中都存在，一些问题有待于展开更进一步的分析。①

三、区域场景关系结构对我国城市区域房价的形成具有重要影响

基于上述的分析、对比及推论，本书认为，区域场景关系结构对我国城市区域房价的形成具有重要的影响。一方面，区域核心场景对区域空间氛围构建的影响，引导了居住者的经济、社会行为，由此影响了城市的择居行为，并间接地影响了房价；另一方面，场景关系结构的网络则表征了城市区域的形态及发展阶段，进而影响了房地产市场主体对房价空间的价值量预期，进而综合地、直接地影响了我国城市区域房价的形成。其中，从区域场景关系结构网络特征的分类来看：在金鱼型区域场景关系结构下，区域发展处于中前期，区域场景有待完善，因此，各类房价均较低；在海螺型区域场景关系结构下，区域发展处于中后期，区域场景的发展具有了一定的规模且在完善的过程中，因此，其各类房价在"房价空间预期"的作用下保持在较高的水平；在海葵型区域场景关系结构下，区域发展处于后期，区域场景的发展已经趋于平衡，区域场景难有较大的突破或变化，因此，其各类房价略低于海螺型区域而远高于金鱼型区域。

综上所述，本书认为，区域场景关系结构对我国城市区域房价的形成具有重要影响，其中，金鱼型、海螺型及海葵型区域场景关系结构作为主要的结构特征类型，与城市区域房价的高低具有密切的关系。

---

① 相关的研究进展，有兴趣的读者可以登录作者所在课题组网站 www.mscas.ac.cn/fdc/查阅相关公开材料及论文草稿。

第八章 结论与管理启示

通过前述章节的理论与实证分析，至此，本书已经完成了拟定的主要研究内容，应用场景理论系统地阐述了城市择居行为及房价空间差异现象的内外原因、形成与发展的机制。本章将把这些理论与实证分析结果汇总、梳理并综合提出基于场景理论的我国城市居住秩序新规律。同时，秉承紧扣实践的研究思想，在提出基于场景理论认识和发现我国城市居住秩序新规律的基础上，将进一步通过理论与实践相结合的思考，提出对当今我国城市规划建设及城市社会管理的新管理启示，首次提出"场景管理"的城市管理新思想，并将以人口城镇化推进中的难点化解、城市规划及转型发展中的功能展现及城市社会管理的引导策略三个案例展现"场景管理"的意义与价值。

第一节 主要结论——当今我国城市居住秩序中的三个场景规律

在本书第四章至第七章的理论与实证分析中，主要从三个方面出发，定性、定量地揭示了场景理论对我国城市择居行为及房价空间差异的影响，再对所得到的阶段性成果进行梳理和总结，提出当今我国城市居住秩序中的三个场景规律。

一、 我国的城市择居行为受来自于居住者对城市场景特征的认同感影响

针对我国的城市择居行为，本书利用史料推演、文献梳理及现状分析等多种理论分析方法，对文化、价值观因素在我国城市居民择居行为中的影响及其历史演化进行了探讨和推演。并且，在此基础上，结合场景理论的思想体系，提出了"在城市中'区域场景'由'城市便利设施'组合而成，城市区域场景不仅蕴含了功能，并通过不同的构成及分布，组合形成抽象的符号感知信息，将包括文化、价值观在内的各类认同感传递给了不同人群，从而引导了其行为模式的选择，进而极大地改变了现代城市的居住秩序"这一本书的核心观点，并在此基础上，得到了三个当代我国城市择居行为中的重要场景规则。

1. 城市场景特征对我国城市居民的择居行为具有显著影响

本书将我国城市区域所反映出的文化、价值观分为传统文化、价值观与国家文化、价值观两种。其中，国家文化、价值观主要反映了城市居民对自身及他人社会身份及地位的认识和判断。在我国，该认识和判断主要受不同时期及历史背景所蕴含的社会主要政治意识形态的影响，因此主要表现为政治文化性。蕴含该文化、价值观的城市社区主要吸引了出生于1950 年以前的中老年城市居民。传统文化则代表了我国固有居住文化传统的传承，是"合法性"（或称合规性）的具体表现。蕴含该文化、价值观的城市社区主要吸引了出生于 1970 年以后的我国年青一代城市居民。该研究的结果充分地证明了在不同场景下，文化、价值观表现的差异会对不同文化群体产生不同影响。

2. 城市传统性场景特征引导了当代我国年青一代城市居民的择居行为

传统文化的回归和渐强趋势是本书的重要实证结果。本书通过场景理论构建的传统文化因子在我国主要代表了传统、理性的文化及价值观，其主要反映了对社会是非的判断，因此，传统文化主要反映了我国城市居民对"合法性"（或称合规性）文化、价值观的诉求，是对我国历史和传统文化的一种肯定。由本书的理论研究可见，具有悠久文化历史传统的我国社会，自古以来即具有强大的居住文化。虽然，当代我国的一些特殊时代背景及政治事件在一定程度上掩盖了传统居住文化在我国城市居民居住选择

中的重要作用，在一定时期否定了历史和传统，但是随着这些时代背景及政治事件的结束，传统文化的复苏及继续传承在我国社会中显得势不可当。就本书的实证分析可见，传统文化在我国年青一代的居住选择中已全面替代了主要受制于历史、时代背景的国家性，更加强烈地影响了年青一代城市居民的居住选择及分布。同时，在本书的理论部分，本书论述了我国城市的传统性可以表现为对城市中心区位属性的追求。因此，本结论也在一定程度上解释了当前我国城市社会存在的"蜗居"、"房奴"、"蚁族"等特殊现象。根据基于场景视角的解读，本书认为，这些现象都可以解释为对以中心城市和城市中心为代表的等级化传统文化、价值观属性的追求。

3. 我国年青一代城市居民与其父辈在择居行为中具有不同的场景特征诉求

我国年青一代城市居民与其父辈一代具有的截然不同的居住区位文化诉求是本书的又一重大实证结果。本书将这种差异归结为我国家庭对当代我国特殊时代背景和政治事件的反思。我国自古以来就有对子女进行帮助、支持的传统。我国"反哺"型社会的特质决定了在我国家庭中，父辈必须对子辈进行各种形式的支持，为其创造更好的生存、发展条件。虽然该文化传统在一定历史时期和政治背景下同样被掩盖，但是随着传统文化的回归，家庭文化也相继复苏，并在年青一代的居住选择中尤为明显地表现出来。由本书的实证分析可见，房价、中心区位、区域发展等反映地区经济发展及贫富状况的指标因子与当前我国年青一代的居住选择呈现正向影响的趋势。在当前我国城市房价居高不下的客观背景下，该选择理念与年青一代应具有的经济收入状况是矛盾的，因此本书认为，决定该选择的动因是文化、价值观。本书通过理论推导及实证分析，推导出了文化、价值观对居住选择影响的两条路径：一方面，传统文化的复苏增强了我国年青一代向高房价、高发展地区及中心区域靠拢的文化向心力；另一方面，对家庭文化的反思使得我国家庭为子辈提供向高房价、高发展地区及中心区域迁徙的物质支持和精神支持。因此，本书认为，传统文化的复苏是当前我国年青一代矛盾的居住选择行为的根本原因，而对家庭文化的反思加速了这种矛盾的居住选择行为的形成。

二、 我国的城市房价反映了房地产市场各主体对住宅所处空间场景价值量的认可

基于场景理论，本书从空间角度出发，针对房价的空间差异问题提出了：我国城市房价在当今城市经济社会发展及人本理念的背景下，反映了房地产市场各主体对住宅所处空间场景价值量的认可和新场景规律。本书利用了来自我国首都北京的数据展开对空间场景价值特征与我国城市房价的空间差异形成的初步分析与讨论，得到了空间场景价值特征对我国城市房价的空间差异形成具有重要的影响这一主要场景规则。同时，针对北京的城市发展，得到了两个重要的阶段性场景规则及结论。

1. 空间场景价值特征对我国城市房价的空间差异形成具有重要的影响

城市区域场景不仅蕴含了功能，并通过不同的构成及分布，组合形成抽象的符号感知信息，将包括文化、价值观在内的各类认同感传递给了不同人群，从而引导了其行为模式的选择，进而极大地改变了现代城市的居住秩序。在此认同感的影响下，在我国城市中出现了以"房奴、蜗居、蚁族"为代表的"非经济理性"择居群体。在受城市场景特征认同感影响下而产生的"非经济理性"择居行为的存在，使得现代我国城市房价在现代城市社会中不再仅仅是关于建安成本的计量，也不再完全匹配购房者的收入。我国城市房价在当今城市经济社会发展及人本理念的背景下，反映了房地产市场各主体对住宅所处空间场景价值量的认可。以我国首都北京为代表的城市场景及房价空间分布中，显著地呈现出了城市场景特征分布的空间极化现象及与二手房价格分布的高度区域拟合趋势。由此，本书指出，北京市二手房价格的分布受到了城市区域场景特征的显著影响。在当前城市区域场景特征的影响下，未来北京市二手房价格分布的"彗星状"特征将日趋显著，并出现向城市西北方向"集中、加长的趋势"。由此，代表性地证明了空间场景价值特征对我国城市房价的空间差异形成具有重要的影响，也在一定程度上解释了当前我国一些城市在房价宏观调控下出现的城市区域房价变化的"空间两极分化"现象。

2. 北京市的场景特征分布存在空间极化现象

基于对北京 220 个热点地区的研究和分析，北京市的城市场景构成在全国场景构成（传统性和国家性）的基础上被单列出一项代表违规性和种

族性的文化、价值观场景特征。因此，从文化、价值观场景的分布来看，位于北京城市西北部的海淀区是传统性和理性聚集的地区；整个东部及部分南部地区，即朝阳区和崇文区则表现出了较高的国家性和社团性；周边地区，尤其是东部边缘地区，如顺义区和通州区则呈现出了较高的违规性和种族性。由此，本书指出，在北京市六环以内的主要地区，北京市的文化、价值观场景的分布呈现明显的空间极化特征。同时，本书通过理论推导和空间计量研究进一步证明，这种文化、价值观场景的空间极化与北京市存在的明显的房地产价格地区差异存在重要的关联关系，尤其与二手房价格的分布特征存在显著的关联关系。

3. 北京市高二手房价格的"彗星状"分布特征明显，且在未来呈现向城市西北方向集中加长的蔓延趋势

本研究利用空间计量方法对北京市的二手房价格分布进行了研究刻画，并用地理信息系统工具构建了北京市二手房价格的空间分布蔓延图和在场景理论下的空间分布蔓延趋势图。由此，本书发现，北京市六环内的中高二手房价格空间分布呈明显的"彗星状"分布。其中，"彗核"位于二环以内的东城区，"彗尾"由中心拖向位于西北的海淀区，直至北五环。"彗星状"二手房价格整体呈现至西北坠向东南的趋势，主体浮于长安街以北，并停止于南二环到南三环的崇文、宣武区内。由"彗星状"体辐射出的其他较低的二手房价格分布则呈现南部较低的分布态势，六环内仅余大兴区和房山区的二手房价格略低于六环内平均水平。受城市区域文化、价值观场景影响，未来北京市二手房价格分布的"彗星状"特征将日趋显著，并出现"集中加长的趋势"。根据本书基于场景理论对北京市二手房价格未来发展蔓延趋势的空间预测，在未来短期内北京市六环内二手房价格的"彗星状"分布将更加显著，并出现"集中和拉长的趋势"。其中，"彗核"部分将进一步地扩大，向宣武区和海淀区蔓延的趋势明显。由于在东南部遭遇阻力，"彗星体"将不会继续向东南移动，转而出现"彗核"扩大"彗尾"拉长的趋势且将超越北五环，热度也将进一步向"彗尾"指向的西北方向蔓延。同时，"彗核"内部的二手房热度将有所降低，但是，"彗尾"热度将逐渐升高，且"彗星状"辐射区域的热度也将升高。由此，可以预计，在场景因素的影响下，在未来，北京市东城区、朝阳区及海淀区、宣武区、崇文区的近城区的二手房价格将呈现向平均化收敛的趋势，而其他地区的二手房价格将继续保持上涨。

三、区域场景关系结构对我国城市区域房价的高低具有重要影响

区域场景关系结构是本书基于城市规划及管理实践，在场景理论的思想体系框架下，提出的创新概念。区域场景关系结构是指构成城市区域场景的生活、娱乐设施组合的内部关系网特征，其主要包含区域核心场景与区域场景关系结构的网络特征两个核心子概念。区域场景关系结构对我国城市区域房价的高低具有重要影响。该影响具体由三个方面的场景规则构成。

1. 场景关系结构是城市区域形态及发展阶段的重要表征

场景关系结构中的重要构成部分——城市区域核心场景对城市区域形态具有重要的影响作用。一方面，合理的区域核心场景的构建能够在区域中发挥良好的综合效应，对区域经济、社会及人文发展的拉动和促进具有重要的影响。另一方面，区域核心场景也同时存在抑制效应，即如果不能依据地方发展规律，盲目地进行区域核心场景建设将产生抑制逆效应，进而妨害地区的发展。同时，城市区域核心场景对区域空间氛围及文化空间的建设具有重要的意义。核心场景的数量及内容对于区域功能、发展形态及空间氛围均具有重要的影响作用。

场景关系结构中的重要构成部分——区域场景关系结构的网络特征是城市区域形态及发展阶段的重要表征。区域场景关系结构的网络特征主要可以分为海葵型、海螺型及金鱼型三类。在结构上，三类结构网络特征存在渐进特点，表现为金鱼型表征为城市区域形态的前中期发展形态及阶段；海螺型表征为城市区域形态的中后期发展形态及阶段；海葵型表征为城市区域形态的后期发展形态及阶段。

2. 场景关系结构的形态与市场主体的房价空间预期具有密切联系

我国城市房价在当今城市经济社会发展及人本理念的背景下，反映了房地产市场各主体对住宅所处空间场景价值量的认可。同时，区域场景关系结构的完善及发展程度与空间场景价值量密切相关。

对于发展已经较为成熟的海葵型区域，由于发展时间早，城市核心场景及其之间的相互拉动、抑制效应已经随着市场的发展而在不断的博弈中达到了一定的均衡水平，因而其区域场景价值已经相对均衡，较难出现场

景价值量的更大突破或转变。海螺型区域在具有一定的空间场景价值的基础上，随着生活、娱乐设施的日臻完善，在可预见的未来将继续随着场景的完善而产生更大的价值。金鱼型区域是城市区域形态的前中期发展形态及阶段，此时的区域场景价值量构成缺乏基础，且不具有明显的发展趋势判断标准，因此缺乏价值增大预期构成的基础。

房价的空间预期是购房者对获得社会资源、分享城市发展所提供的公共产品可能性的时空预判断，是房价不同板块发生变化差异的重要推动力。区域场景更为完善的海葵型区域的房价较海螺型更低；金鱼型区域房价远低于海葵型区域和海螺型区域综合反映了场景关系结构的形态与市场主体的房价空间预期具有密切联系，且该联系呈现"阶跃式"变化规则。

3. 区域场景关系结构对我国城市区域房价的形成具有重要影响

一方面，区域核心场景对区域空间氛围构建的影响引导了居住者的经济、社会行为，由此影响了城市的择居行为，并间接地影响了房价。另一方面，区域场景关系结构的网络特征则表征了城市区域的形态及发展阶段，进而影响了房地产市场主体对空间房价的价值量预期，进而综合地、直接地影响了我国城市区域房价的形成。

其中，从区域场景关系结构网络特征的分类来看：在金鱼型区域场景关系结构下，区域发展处于中前期，区域场景有待完善，因此各类房价均较低；在海螺型区域场景关系结构下，区域发展处于中后期，区域场景的发展具有了一定的规模且在完善的过程中，因此其各类房价在"房价空间预期"的作用下保持在较高的水平；在海葵型区域场景关系结构下，区域发展处于后期，区域场景的发展已经趋于平衡，区域场景难有较大的突破或变化，因此其各类房价略低于海螺型区域而远高于金鱼型区域。

综上所述，区域场景关系结构对我国城市区域房价的形成具有重要影响，其中，金鱼型、海螺型及海葵型区域场景关系结构作为主要的结构特征类型，与城市区域房价的高低具有密切的关系。

第二节　场景管理——当今我国城市转型、
发展的新思路

　　当今我国城市面临了诸多的挑战，在"十二五"规划强调我国经济转型发展的背景下，在中共十八大后我国新一届领导集体强调新城镇化建设的时代要求下，我国城市的转型、发展成为对每个城市相关者，尤其是管理者必须重点关注和解决的时代性课题。转型、发展要求我国城市的规划及管理具有更多的创新，"学区房热"、"睡城"、"鬼城"及可能扩大的"保障性住房的空置"问题，显然均不是"穿新鞋走老路"可以解决的。随着我国工业化程度的加深，后工业时代的来临，"变革"影响了城市发展及社会生活的方方面面。如本书结论所描绘的那样，许多城市发展的规律、秩序也在悄然改变。针对这些变化而产生的，源自芝加哥学派的最新研究成果——场景理论，已经做好了应对新变化的挑战。由本书的理论及实证分析可见，场景理论较好地诠释了当今我国城市择居行为及房价空间差异问题中的"怪现象"和"新难题"，发掘了许多新的城市规律，由此也为当今我国城市的转型发展开启了一类创新的管理思路——场景管理。

　　场景管理是基于场景规律提出的创新管理办法。上文提及的诸多我国城市型秩序的形成规律及规则都可以作为场景管理展开的基础。本书作为笔者长期从事的对场景理论及我国城市经济、社会发展、居住及房价相关问题研究的阶段性研究成果，在场景管理部分本书主要只通过一些简单的例子和分析开启读者对场景管理新思想的思考，但暂不展开对其概念、定义及方法、流程的深入分析。①

　　本节则主要通过分析我国城市规划的历史及现状，在借鉴来自芝加哥城市转型规划的经验基础上，针对我国当前城市房价的调控方式转变提出来自于场景管理思想的考量及建议。

---

① 相关的研究进展，有兴趣的读者可以登录作者所在课题组网站 www.mscas.ac.cn/fdc/查阅相关公开材料及论文草稿。

一、我国城市规划的历史回顾及发展现状

由本书第三章对我国城市居住区位演化的历史探索及演绎可见，城市规划及管理在我国具有悠久的历史。我国早在西周（公元前 11 世纪中期~公元前 771 年）时期就有了对城市进行规划和管理的思想及实践。目前较为公认的我国最早的城市规划思想来源于儒家经典——《周礼》。《周礼》针对西周时期的社会及城市状况构建了系统的城市布局体系。例如，在国都的选取方面必须按照"天地之所合也，四时之所交也，风雨之所会也，阴阳之所和也"的风水思想，采用"土圭"的方法进行测定。更值得一提的是，在当时奴隶制农业社会的背景下，对农业发展进行了规划，提出了"凡治野，夫间有遂，遂上有径；十夫有沟，沟上有畛；百夫有洫，洫上有涂；千夫有浍，浍上有道；万夫有川，川上有路，以达于畿"的规划思想。该思想与杜能提出的农业区位理论具有同样的形式，即实现"一致性"的城市规划。然而，其两者的规划目标却由于特定的历史背景和时代特征，服务于不同的目的：杜能"一致性"的目标是实现成本的最小化，实现资本的最大化；而《周礼》的"一致性"则主要服务于统治的集中。《周礼》由于其在儒家学说中的特殊地位，深刻地影响了我国古代城市的布局及发展，现在在我国许多具有悠久历史文化的城市中依然可依稀看到《周礼》的影子。由此可见，历史传统因素对我国的城市规划及形态具有由来已久的影响。

对于新中国成立后我国城市规划的发展，许多学者已经进行了大量的研究、考量和总结。其中，对于我国城市规划发展的阶段进行了回顾的有：苏腾（2004）认为，我国城市规划的法制化发展时间较国外许多国家都较短。因此其从规划法规的研究角度出发，将我国的城市规划划分为：①从 1949 年到 20 世纪 70 年代末的规划法制基本空白阶段；②从 70 年代末到 80 年代末的规划法制行政指令化阶段；③从 80 年代末至今的城市规划法制开端。南京大学的崔功豪（2008）从城市规划观念角度出发，回顾了自 1975 年恢复城市规划以来，我国城市规划的观念变革。其在研究中主要从区域观、体系观、战略观、生态观、人文观和政策观六个方面论述了变化的过程。黄鹭新等（2009）通过分析我国在各时期颁布的政策法规，指出可以将改革开放 30 年来的我国城市规划的发展归结为六个主要

阶段，即恢复重建期、摸索学习期、加速推进期、调整壮大期、反思求变期和更新转型期。

由上述分析可见，我国的城市规划目前还在学习中发展。中国城市规划设计研究院的杨保军（2010）在对我国城市规划30年作回顾后，对未来20年的城市规划进行了展望。其特别指出了我国城市规划的发展应该"别有蹊径"，既要向西方学习，但是又不能简单移植，要充分体现对我国自身特有的政治体制和文化传统的重视。因此，本书认为，在我国未来的城市规划中有必要借鉴场景管理的思想和方法进行设计优化。场景理论发源地——芝加哥城市的规划革新可以成为我国城市学习的范例。

二、来自芝加哥城市规划、转型的经验及启示

美国芝加哥大学作为现代社会学研究的发源地，在人类对社会学的研究方面做出了举世瞩目的贡献，而这些研究大多来自于20世纪二三十年代芝加哥市大变迁、大转型的历史背景。因此，本书也可以认为芝加哥城市的发展与芝加哥城市学派的研究是相辅相成的。

在1955~1976年的21年，芝加哥大力加强了包括高速公路、奥海尔机场在内的城市基础服务设施建设，建设并提升了内环线内的商业区；但由于政治强权镇压异己、滥用赞助提高就业等政策，也引发了一系列城市问题和社会矛盾。到了1989年，芝加哥面临大规模工业衰退、中产阶级大流失、税收萎缩、城市服务衰败、大量的公立学校废弛、公司及职员竞相迁往郊区的局面。此时芝加哥市政府从娱乐和景观两方面入手改造了芝加哥市。随着21世纪的到来，芝加哥城市的发展发生了翻天覆地的变化，现在的芝加哥市早已改变了工业城市时期烟尘滚滚的形象转变为集合众多建筑艺术的花园城市。William Le Baron Jenny在芝加哥设计了世界上第一座钢框架的摩天大楼；1893年哥伦比亚世界博览会的总设计师Daniel Hudson Burnham，草原式建筑的创始人Frank Lloyd Wright，现代主义建筑的奠基人MiesVan der Rohe、Louis H. Sullivan等建筑大师均在芝加哥留下大量建筑佳品。迄今为止，芝加哥共划定了30个历史保护街区，150幢地标建筑，它们是芝加哥全球化文化遗产的重要组成部分（吴之凌、吕维娟，2006）。如今，正是由于芝加哥对城市景观及氛围的追求，吸引了越来越多的高端人群，如律师群体和金融业群体。由此也使得芝加哥市由

"蓝领城市"变成了以咨询、金融商业信息服务为主导产业、具备全球竞争力的人居城市。

芝加哥的城市转型发展经验，被来自世界各国的城市研究者不断地研究和分析。场景理论的提出，可以看做是其中的代表之一。芝加哥市政府从娱乐和景观展开的城市转型实践与这些理论研究实质上是相辅相成的关系，是理论在实践中不断检验的结果。这正是值得我国许多城市，尤其是亟待转型的老工业城市在城市发展变革过程中所要学习和借鉴的宝贵经验。同时，芝加哥市政府在城市规划、管理上的创新尝试及其取得的突破式成果也是我国城市管理应该借鉴的宝贵经验。

三、场景管理在城市规划及管理中实施的优越性

基于上述的分析和讨论，尤其是由芝加哥城市规划、转型的经验及启示出发，本书将首先就场景管理在城市规划及管理中实施可能产生的有别于既有方法、模式的优越性展开讨论。本书认为，场景管理在城市规划及管理中应用的优越性主要将表现在节约财政及监管创新两个方面：

1. 对于城市发展的渐进式考量有助于实现节约、优化的城市财政

当前，在我国的城市建设及规划中，"大干快上"的政绩思想及导向屡见不鲜。尤其是我国一些城市忽略当地产业和人民生活发展的一般规律，大规模进行"新城"建设的举措，为我国一些城市的健康有序发展埋下了隐患。一方面，世界关注的我国"鬼城"现象的出现直接反映了这些举措的不科学、不合理。另一方面，同样备受世界关注的我国由于"城投债"带来的地方政府债务问题更将是未来城市发展所面临的更大危机和隐患。在"十二五"规划对我国城市转型发展的要求下，此类不可持续的城市发展、建设模式必须得到改变。

美国伊利诺伊大学的张庭伟教授（1996）在《从美国城市规划的变革看中国城市规划的改革》一文中就明确地指出了"城市骨架一旦形成，很难改变"。城市在长期的发展中已经形成了较为固定的框架，因此像"新城"建设这样的城市发展方式需要投入较大的人力、物力才能得以实施。虽然，"新城"建设的目的是为了提高人民的生活水平、促进地方经济的发展，但是也必须认清，在我国建设节约型社会的时代背景下，对城市进行"大修大补"未必适合于我国城市的发展。如内蒙古自治区鄂尔多斯市

的康巴什新城和河南省郑州市的郑东新区都是由于违背客观规律而造成的"事与愿违"。

根据场景理论构建的城市居住秩序规律，城市区域的发展是一个渐进完善的过程。因此场景管理进一步认为可以通过对生活、娱乐设施的局部调节而实现区域场景价值效应的最优化，由此集约化地实现影响区域的经济发展模式和改善人民的生活水平，在节约和优化城市财政的基础上走一条可持续发展的城市建设道路。

2. 从基础的城市生活、娱乐设施展开的城市管理有助于实现客观、有效的城市监控

顾朝林、宋国臣（2001）曾经就另一个经典城市理论——"城市意象"（Lynch，1960）如何在城市规划中应用进行了研究。"城市意象"理论是城市感知环境研究的代表作。Lynch（1960）指出，城市意象就是城市居民在受所处环境影响下产生的对周围环境的直接或间接认识。简而言之，就是人大脑中对城市的印象，其具有较大的主观性。在通过对城市地图的大量研究后，其进一步地将这些意象化为包括通道、边缘、街区、节点和标志在内的五类意象构成要素。一方面，目前许多城市在规划及管理中都借鉴了"城市意象"的思路和原则。由于该理论从市民认知、认同角度展开城市管理，在未来进入后工业社会的背景下，在人本理念进一步提升的趋势下，该管理思路将发挥重要的作用。但是，另一方面，从概念上来看，该理论的实施对象过于微观和抽象，意象构建也非常复杂，因此较难适合于大规模、快速的城市监管及管理。

相比之下，场景管理基于场景理论提出的从基础的城市生活、娱乐设施展开的城市管理则更具有可行性。场景管理的实施对象是生活、娱乐设施。这些设施在建设伊始就必须在工商、地税等部门报备，因此具有大量成形的数据，同时其结构及总量也可以通过这些部门进行有效的调控。由此可见，场景思想在城市调控中更具有可行性，在效率上更具有优越性。

第三节 场景管理——当今我国城市社会管理、引导的新办法

由"十二五"规划及中共十八大精神构筑的我国新时期特点，不仅对我国城市发展、转型的规划管理提出了新的要求，还针对更为复杂的社会管理、引导问题提出了迫切的时代要求。从社会管理的对象就范畴上看，本书在我国择居行为中探讨的"房奴、蜗居、蚁族"现象及在我国城市房价空间差异中探讨的"学区房、睡城、鬼城"乃至"保障房空置"等问题都是当今我国社会管理，尤其是城市社会管理必须解决的重点和难点。

针对上述问题，本节主要通过分析我国城市社会管理的历史及现状，在基于场景理论视角对我国城市居住怪现象进行社会管理解读的基础上，针对我国的城市择居行为的管理及引导展开分析和讨论。

一、我国城市社会管理的历史回顾及发展现状

《中国大百科全书》对"社会管理"进行了如下概念阐述：政府和社会团体为促进社会系统协调运转，对社会系统的组成部分和社会生活领域及其发展过程所进行的组织、指挥、监督与调节，是相对于经济管理而言的。随着社会的不断发展，人们对社会管理的认识程度不断深入，认识的范围也不断扩大，社会管理涉及的领域也得到了扩展，从传统的教育、社会救助等到社会保障、公共医疗卫生等。社会管理从广义上讲，是指整个社会的建设和管理，即包括政治、经济、思想文化、社会生活在内的整个社会网络，强调整体的概念。狭义的社会管理，侧重于政治、经济、思想文化、社会生活等并列的小的社会子系统的管理（郑杭生，2006）。

何增科（2006）从政府的角度，对社会管理进行了界定，他认为，社会管理是对社会组织、社会事务和社会生活活动进行的规范和协调。俞可平（2007）认为，社会管理受关注较晚，究其原因是社会体制的问题，社会体制的高度一元化导致了社会管理没有得到其应有的重视。李军鹏（2007）认为，社会发展的各个时期都应该采用不同的社会管理方式，制

定不同的管理措施。借鉴国际社会管理经验的同时要从我国国情出发，不可脱离我国社会发展的现实情况。郁建兴等（2009）认为，我国服务性政府建设将进入新阶段，政府需要在调整经济结构的同时切实强化社会管理职能和增强社会管理能力。龚维斌（2010）认为，我国社会管理体制不能适应经济社会发展的需要，主要存在六个方面的问题：一是社会管理理念不够准确；二是社会管理主体不够多元化；三是社会管理方式不够灵活；四是社会管理法规不健全；五是社会管理载体不够明确；六是社会管理人才缺乏。郎友兴等（2011）认为，我国社会管理的根本目标是建立一个开放、自由、民主、公平、平等、和谐的社会。

综合上述分析和讨论可见，社会管理在我国已经得到了学者们的广泛关注。然而，由于发展阶段、方法、理念的滞后，社会管理在我国城市中的应用尚不能令人满意。随着未来我国城市社会的发展，许许多多复杂的社会问题有待通过社会管理进行化解、管理及引导。由此，城市社会管理的方法及模式显得尤为重要。场景管理思想的提出，为我国未来城市社会的管理提供了科学的依据。下文就当前困扰我国城市社会的主要问题城市择居行为中的怪现象展开分析并提出基于场景管理的"柔性"管理、引导方式。

二、场景理论视角下当前我国城市居住怪现象的社会管理再解读

在前文的分析和研究中，本书已经就当前我国城市居住行为中的许多怪现象展开了定性、定量的分析及解读。本段有选择地就择居行为中的代表性怪现象"房奴、蜗居、蚁族"问题展开社会管理再解读。

在场景理论的视角下，从"房奴"、"蜗居"问题的文化、价值观内涵和场景外延看，一方面其均与购房问题有关；另一方面其对城市中心区位和中心城市的追求同样反映了传统城市文化对"房奴"、"蜗居"群体的影响。从场景的外延上看，吸引"房奴"、"蜗居"群体的城市场景必须具有高等级城市的特性，例如是企业总部的所在地、具有大型群体性活动的场所等。虽然这些城市功能设施可能与"房奴"、"蜗居"群体的生活没有直接的关系，但是由此构成的文化、价值观氛围却满足了这些群体的内在文化诉求。相对于"房奴"、"蜗居"现象，"蚁族"现象中除了具有对传统

城市等级文化的追求外，还具有"家庭文化"因素。在前文理论分析的案例中，本书已经对"家庭文化"、对"蚁族"向大城市移动的现象进行了分析。就目前我国的城市社会情况来看，"蚁族"问题只可能发生在一线大城市。本书认为这一特点的形成根源是只有"一线大城市"才具有吸引"蚁族"的场景。在廉思（2009）对"蚁族"的描述中，其指出"蚁族"群体非常看重"一月一次"的活动，例如到城市中心看一场电影或吃一次火锅等。这些具有"祭祀性"的活动反映了"蚁族"对城市中心文化、价值观的追求。因此，其场景外延可以归结为现代化的、潮流性的城市生活、娱乐设施。

上述分析在场景理论的基础上，进一步地就这些居住怪现象的内涵及外延进行了分析和梳理。从社会管理的角度看，一方面，当前我国城市社会管理中对于此类居住怪现象的关注有限，尚无针对"房奴、蜗居、蚁族"择居现象的社会管理办法；另一方面，以"蚁族"聚集区北京市的唐家岭地区为例，随着《蚁族》一书的发表，北京市政府对该区域的治理逐渐展开。然而，2010年3月开始的对唐家岭地区的"旧村整治改造，拆除非法和违章建筑"，却忽略了在该地区居住已久的"蚁族"群体的搬迁问题。[①] 由此可见，拆迁等办法依然是我国城市社会管理处理和化解这些"居住怪象"的主要办法。由于这些"怪象"内部具有较强的文化、价值观背景及导向，因而利用其他的既有的经济调控方式，也难以化解这些问题。例如，虽然北京市政府针对类似"蚁族"群体提出禁止"群租房"规章制度，但是在现实的房地产租赁市场中"群租房"依然屡禁不止。

三、通过场景管理实现我国城市择居行为的"柔性"引导

基于上述分析及讨论，基于场景理论的视角，本书认为文化、价值观内涵造成的城市社会问题，凭借传统的以经济调控和行政命令为主体的城市社会管理手段是难以有效治理的。因此，本书基于场景管理思想提出了"通过场景管理实现我国城市择居行为的'柔性'引导"的城市社会管理、

---

① 消息来自人民网：《直面唐家岭拆迁："蚁族"将何去何从？》，2010年5月5日08：25，束丽娜编撰，来源：《中国报道》杂志供人民网专用。

引导新策略，其中主要包括两个方面的管理、引导办法。

1. 重视文化、价值观因素在城市居民社会生活中发挥的重要作用

当前，我国中央政府及地方政府在城市社会管理中过多地重视经济属性，而较少地关注社会属性和文化属性的施政方针是造成"城市病"在当前我国许多城市并发的重要原因之一。文化、价值观因素对我国城市居民的择居行为具有重要的影响。当前，我国城市的房价普遍居高不下，却依然有许多年青一代城市居民宁可降低生活水平也要坚持在这些高房价区域居住，并由此形成了具有中国特色的"房奴"、"蜗居"、"蚁族"群体。由此可见，经济诉求已不是中国年青一代城市居民的唯一选择标准，要解决"房奴"、"蜗居"、"蚁族"这些社会矛盾，经济手段将较为乏力。因此，本书建议将场景理论对城市区域文化、价值观的研究应用到中央政府、建设部及地方政府的城市社会管理中，重塑我国当前的城市社会管理。

2. 通过对城市社区的场景建设，"柔性"引导不同年龄层次、不同文化背景的城市居民的居住需求及流动方向

根据场景理论的研究，通过在不同的城市区域中新建特定类型的生活、娱乐设施的方式，可以实现该规划区域场景文化性、价值观的重塑。本书认为，"房奴"、"蜗居"、"蚁族"等特殊群体出现的重要原因是城市区域文化、价值观特性的过度集中、选择范围少、人口基数大而造成的城市结构性拥挤。因此，本书建议，通过丰富城市区域文化、构建价值观多样性社区的办法来解决该问题。一方面，通过场景规划，可以吸引不同目标人群的迁徙，促进地区特殊发展目标的实现。在具体的实践操作中，可以参照场景价值量表对生活、娱乐设施所蕴含文化、价值观的度量进行城区文化、价值观氛围的建设。例如，如果希望增强城区的亲善性，可以新修咖啡馆（4）、烧烤点（4）；如果希望增强城区的魅力，可以新建服装市场（4.75）、画廊（3.75）；如果希望降低城区的违规性，可以新建公园（2.25）、教堂（2.25）。另一方面，多样化的城市社区也可以从侧面分散具有特殊文化、价值观诉求的群体，如"房奴"、"蜗居"、"蚁族"群体中出现的居住文化、价值观诉求集中问题。并且，最终通过这种基于文化、价值观建设的"柔性"引导方式，实现我国城市居住房地产需求的结构平衡。

第四节　场景指数——当今我国城市居住性价比的新考量

"场景指数"是场景管理的一个重要方法与指标。目前，主要用于对我国城市居住性价比的考量。由本书的主要结论可见：一方面，我国的城市择居行为受来自居住者对城市场景特征的认同感影响，即居住者对是否能在所处城市空间中获得更多的发展机会和更便捷地享用公共产品的价值判断影响其居住选择。另一方面，我国城市房价在当今城市经济社会发展及人本理念的背景下，反映了房地产市场各主体对住宅所处空间场景价值量的认可，即房价在现代城市社会中不再仅仅是关于建安成本的计量，也不再完全匹配购房者的收入。为了更进一步地指导我国的城市居住及房地产管理实践，基于上述分析，在场景管理的基础上，本书提出了"场景指数"重要概念。

近十年来，我国房价的上涨成了世界性的议题。各界在关注我国以房地产市场蓬勃发展为代表的城市化进程的同时，一些学者更强调了快速房价上涨背后所蕴含的危机与泡沫。在我国房价调控的相关研究中，对房地产空置率、房价与地价关系、房价收入比展开的相关研究和分析占据了该研究领域的主流。这些研究要么仅从供给角度强调了居住用地成本对住宅价格的影响，要么仅从需求的角度强调了人均收入与住宅价格的失配，而住宅市场是否存在泡沫应该是一个动态均衡的过程，难以仅由单方面因素判断。

由此，根据新古典经济学派提出的均衡价值论，本书提出将基于供需均衡原则，从一个全新的研究视角——住宅"性价比"出发，重新考察我国住宅市场的泡沫问题，并利用场景理论的思想体系，选取来自我国147个主要城市2001~2012年的面板数据，构建"我国城市居住价格场景指数"以度量我国不同区域的住宅性价比，并以此从一个全新的角度，有针对性地对我国政府的房地产宏观调控提出政策建议。

一、国内外居住及房地产相关指数的发展及应用回顾与比较

从国内外房地产市场运行的实践来看，各类房地产指数是衡量房地产市场运行状况的有效手段。当前，在国内外的房地产市场中，存在着大量编制方法各不相同、应用目地各异的房地产指数。这些指数由于技术、数据及目标方面的不同，因而具有各异的方向、精度及准度。在下文中，本书将就国内外居住及房地产相关指数的发展及应用展开回顾与比较。

1. 国内外房地产相关指数的发展及应用比较

房地产指数作为衡量房地产市场各类变动的指标，在国内外得到了广泛应用。国外房地产指数编制发展的历史较早，各国均有目标各不相同的房地产指数，如表 8-1 所示：

表 8-1   国外主要房地产指数

项次	美国房地产价格指数NREI	美国住宅价格指数 HPI	加拿大全国综合房屋价格指数	英国住宅价格指数Halifax HPI	德国住宅房屋价格指数	澳大利亚住宅物业价格指数
编制单位	GRA 公司	美国联邦住宅供给机构监察办公室	Teranet 公司和建安大国民银行	英国房屋抵押贷款协会	Hypoport 公司	LJ Hooker 与 BIS Shrapnel 公司
代表对象	不动产租金和价格	住宅价格的变动	公寓、城镇房屋和住宅销售价格	抵押住房	住宅物业	住宅物业
编制方法	重复销售法	重复销售法	重复销售法	特征价格法	加权平均法+特征价格法	重复销售法
资料来源	各主要城市的房产实际交易资料	联邦全国抵押贷款协会和联邦住宅抵押贷款公司提供抵押贷款交易数据	公共土地登记册	每月的全国抵押贷款房屋数据	私人抵押贷款所产生的EUROPACE平台	公司广泛的办事处网络

由表 8-1 所示，国外的许多独立公司及科研协会均发表了房地产指数，且针对的对象及运用的方法各不相同。从国外的实践来看，这些房地产指数为各国房地产市场的运行发挥了重要的指示性作用。

2.我国现有的主要房地产指数

伴随着我国房地产市场的建立和发展，政府部门及民间机构相继推出了一系列的房地产指数，如表8-2所示。

如表8-2所示，从国内房地产指数覆盖范围来看，全国性的房地产指数较少，而地方性的房地产指数占大部分，主要是一线城市和二线城市的。从编制主体及发布机构来看，民间编制和发布的房地产价格指数只占一少部分，官方的占绝大多数。

3.国内外房地产指数比较

在房地产指数编制方面，国内外房地产价格指数编制方法种类虽多，但其遵循的思路大致可分为两种：一种是直接应用价格指数理论，常用的方法有加权平均法、成本投入法（Input Cost Method）和中位数价格法（Median Price Method）；另一种是应用特征价格理论，常用方法有特征价格（Hedonic）指数模型、重复销售（Repeat Sale）模型和混合（Pooled）模型，混合（Pooled）模型又有两种模型：广义最小二乘法（GLS）模型和极大似然法（MLE）模型。

表8-2　国内主要房地产指数

项次	中房指数	国房景气指数	全国70个大中城市房地产价格指数	西安40指数	伟业指数
编制单位	中国指数研究院	国家统计局	国家统计局	西安市房产管理局市场处与西安西宇公司房地产信息部	伟业顾问与清华大学房地产研究所
代表对象	预售项目、新成屋价格以及二手房价格	由8个分类指数合成运算出综合指数，是房地产市场景气变化的综合反映	销售项目、租赁项目及土地价	销售项目	销售项目及租赁项目（写字楼）
编制方法	加权综合指数法和特征价格法	根据经济周期波动理论和景气指数原理，采用合成指数的计算方法	固定权数加权平均	简单指数法	特征价格法

续表

项次	中房指数	国房景气指数	全国70个大中城市房地产价格指数	西安40指数	伟业指数
资料来源	通过各地建委月报、市场抽样调查和专家调查问卷的方式进行收集	国家统计局房地产统计机构进行的调查，数据资料月月更新	房地产一、二、三级市场的各种房屋的价格资料、各类物业管理价格资料和不同用途的土地交易价格资料	西安在售楼盘价格	通过抽样调查并进行修正获得

　　但目前最主要的房地产价格指数编制方法还是应用特征价格理论的三种方法（Bailey等，1963；Ridker，1967；Case等，1988；Case和Quigley，1991；Jansen，2008；Yonghong Xu，2011）。Ridker（1967）首次把特征价格理论应用到住宅市场；Bailey和Muth（1963）提出重复交易价格法；Mark和Goldberg（1984）认为，重复交易法编制的房地产价格指数要比特征价格法编制的房地产价格指数的数值稍高；Case等（1988）对重复交易价格法进行改进，加入了高斯随机过程以消除异方差的影响；Knight，Dombrow和Sirmans（1995）将非参数估计和表面无关回归应用到特征价格法中编制相应的房地产价格指数；Jansen（2008）针对荷兰的具体情况，构建加权重复销售的房屋价格指数；Yonghong Xu（2011）对厦门新的商品房价格数据应用重复销售价格模型构建指数，并总结出如何选择数据和进行最佳参数估计；Alicia等（2011）在考虑相关空间特性的同时构建了随时间变化的特征指数法模型，通过对澳大利亚布里斯班1985~2005年的物业销售数据分析发现该模型具有很好的预测性。

　　相比而言，国内对房地产价格指数的研究尚处于探索阶段，主要集中在对国外房地产价格指数编制方法定性的介绍和引入，而对其定量的分析和深入研究的较少，运用重复销售模型及混合模型来研究房地产价格指数的更是寥寥无几。裴雨明（2004）对国外流行的几种房地产价格指数编制理论进行了评述，以"中房指数"和"国房指数"为例分析了我国现有房地产指数在编制方法上存在的缺陷。王旭育（2006）对住宅特征价格模型函数形式的建立、模型的估计、模型的检验以及模型存在的问题及处理措施进行理论分析和总结；孙宪华、张臣曦（2009）运用特征价格模型对房屋价格指数进行计算，并且和传统的价格指数计算方法进行比较，并引入质量特征的交叉变量对交互影响进行分析，研究显示房屋特征质量效应的变化对房屋价格指数的影响确实可以从房屋价格指数中分离出来；陈红艳（2010）认为，按"拉氏指数"理论计算的全国 70 个大中城市房地产价格指数，存在着个体与总体、价格采集、样本代表性、计算模型四方面的偏差。陈昌明（2011）认为，我国目前房地产价格指数存在指标不完善，未能消除异质性、时间差较长等问题。

　　综上所述，从方法上看，国外房地产指数编制主要采用特征价格理论，其中，重复销售法和特征价格法是解决房地产价格指数编制中由于房地产结构差异、品质差异所造成的指数偏差等问题的较好方法，混合（Pooled）模型能够克服重复销售法及特征价格法的某些缺陷。我国的房地产价格指数编制方法较为落后，对于上述方法研究较少，且指数过于单一，不能包括所有的物业类型，特别是一些房屋租赁指数和二手房价格指数还很少，少量的房地产价格指数种类也不能充分反映房地产市场的真实运行状况。

　　另外，对于我国房地产市场发展极为重要的房地产性价比的考量也尚未得到足够的重视。针对上述情况，我们提出构建基于我国城市的"城市居住价格场景指数"以度量我国不同区域的住宅性价比，并以此从一个全新的角度，有针对性地对我国政府的房地产宏观调控提出政策建议。

二、我国城市居住价格场景指数的概念与体系

　　本书构建的我国"城市居住价格场景指数"主要度量我国代表性城市房地产的总体性价比。在当今城市择居行为中，城市场景发挥着重要的作用，从一般角度来看，老年人向往安逸的城市场景而年轻人崇尚自由和新奇的社会场景；从特殊的案例来看，我国许多家庭为了子女教育宁可降低居住舒适度也要在学区房购置房产，以及在我国有屡见不鲜的"蚁族"、"房奴"、"蜗居"等现象。这些现象，在看似非经济理性的背后却蕴含着看似合情的价值诉求。那么，我们所支付的择居成本（房价）是否与我们所获得的场景相匹配呢？

　　在过去 10 年我国房地产市场高速发展、房价快速攀升的背景下，许多地区的房地产价格乘势而上、鱼目混珠，由此，笔者认为有必要对房地

产的性价比进行测算。作为城市生活的重要因素，场景在房地产中发挥了独特的影响，对以通勤区位、教育环境、医疗水平、社区服务、治安状况以及社会文化环境等生活属性为代表的居住状况和生活方式的向往与诉求，正越来越多地影响着当今城市房地产的发展。囊括教育环境、医疗水平、交通通信、社会文化等的场景因素可作为房地产属性的较好指标。在此基础上，本书将基于场景理论思想体系构建"城市居住价格场景指数"概念。

1. 城市居住价格场景指数指标的选取

首先，必须向读者指出的是，本书构建的"城市居住价格场景指数"主要是场景指数的"概念指数模型"。之所以称为"概念"，包括两方面的原因：一方面，场景理论尚在发展阶段，因此许多参数和方法尚待进一步地科学证明及调整；另一方面，由于城市数据的局限性，笔者只能获得城市场景的部分数据，由于数据所限，难以全面地反映城市的全局场景。[①]

但是，在相同的测量背景下，我们依然可以通过横向的比较对房价的性价比，甚至是泡沫化程度，一窥究竟。由此，本书根据科学性、系统性、综合性和可操作性原则，对科教、文化、卫生、交通与环境五个层面进行综合考虑构建场景指标体系；在此基础上，本着代表性的原则针对每个层次选取子指标，着重抓住与评价对象关系密切的要素。此外，中国城市居住价格场景指数的选取必须注重各子指标的可靠性。不同部门发布的诸多相似、具有可替代的统计指标，其统计口径、统计频率等方面可能不尽相同。在选取指标时，指标体系尽可能挑选统计频率较为合适、统计方法和统计口径较为稳定的指标作为主要参考指标。

2. 城市居住价格场景指数指标的简介

为了全面反映城市居住的性能属性，"城市居住价格场景指数"指标体系设置了五个一级指标，分别是：科教、文化、卫生、交通、环境。每个一级指标下设若干二级指标，如表8-3所示。

---

① 该部分的研究论文（Working Paper）正在撰写当中，因此尚未在本书中具体地公开数据处理及指数构建的模型公式。目前，该部分只作为介绍"场景指数"的概念及意义而构建撰写。在请各位读者见谅的同时，也请各位读者关注作者所在课题组网站 www.mscas.ac.cn/fdc/以及参阅作者参与主编的《中国房地产市场回顾与展望》系列年度报告以跟踪作者及所在课题组的相关最新研究进展。

表8-3 我国城市居住价格场景指数体系

目标层	一级指标	二级指标	单位
场景指数	科教	普通高等学校	所
		普通中学	所
		小学	所
		普通高等学校教师	人
		普通中学教师	人
		小学教师	人
	文化	剧场、影剧院数	个
		每百人公共图书馆藏书	册
	卫生	医院、卫生院数	个
		医院、卫生院床位数	张
		医生数	人
	交通	每万人拥有公共汽车	辆
		人均城市道路面积	平方米
	环境	建成区绿化覆盖率	%

下文将基于上述指标体系利用场景特征识别方法及相关指数构建方法综合构建本书提出的我国城市居住价格场景指数。

三、我国城市居住价格场景指数的构建与解读

基于表8-3构建的指标体系，本书自中经网数据库选取了来自我国147个主要城市从2001~2012年的面板数据，构建我国城市居住价格场景指数。

1. 我国城市居住价格场景指数的构建

关于我国城市居住价格场景指数的详细结果，请参见附录2（2001~2010年我国城市居住价格场景指数得分）。为了进一步揭示场景与房价之间的匹配性，本书对商品房销售均价排名与本城市居住价格场景指数排名做商，以此反映城市房价的性价比，结果参见附录3（房价场景匹配性标准化数据表）。其中，房价指标比场景指标，数值越大则性价比越低，数值越小则性价比越高。例如：安庆市，在2008年以前，场景指数基本不偏离1，表明安庆市房价在全国范围内较为合理。表中的城市均按照字母顺

序排列。

2. 2001~2010 年我国城市居住价格场景指数的构建与解读

本书选取分析结论（参见附录 3：房价场景匹配性标准化数据表）中最具有代表性的几个城市的场景指数进行解读。

首先，以北京为例，北京市场景指数在 1 和 2 两个区间中，本书认为这是比较符合北京实际的。自 2003 年起，我国房地产市场进入了快速发展的阶段，房价迅速攀升，在此背景下首都北京首当其冲，房价迅速上涨，而较为落后的城市场景建设是制约当时北京居住价值的。对北京人而言，当时最为切身的感受是 4 环、5 环外楼盘配套建设的荒芜。随着奥运周期的到来，北京开始了大规模的城市建设，2006 年起大规模的新设施拔地而起，由此也为北京带来了进一步的城市发展机遇。当前，虽然北京市的房价已经进入了一个相对于全国较高的水平，然而北京市的城市建设水平、场景完善程度也同时在全国领先，因此场景指数显示北京市的城市房价尚处于合理性价比范围之内。

然后，以上海为例，相对于北京而言，上海的城市场景在 2008 年以前一直优于北京，以交通为例，上海的交通环境略优于北京，而场景指数在 2008 年以后快速退化，主要原因有两个：一方面是本指数的相对属性，使得在全国横向比较的同时具有"逆水行舟——不进则退"的全局效用。这也是符合人民群众不断追求高品质生活的时代潮流和历史趋势的。另一方面，从客观上看，上海虽然召开了"世博会"，但是其影响略逊于奥运会。由于本数据截至 2010 年，因此，可以预见上海市的场景健康指数自 2011 年至今将会呈回升的态势。

此外，以宁波、大连为例，这两个城市的场景指数发展趋势比较相近，同为副省级城市的两个城市的房价水平并没有过于偏离城市场景建设水平。这一方面与东南沿海地区经济发展水平、结构较为合理相关以外，还与两地政府的科学管理密不可分。

除了这些主要城市，也不难发现，在安阳、南阳这些二三线城市，其房价性价比普遍略低，且 2008 年以后均呈现一定的上升趋势。本书认为，二三线城市的城市设施及场景发展相对滞后是老大难问题，而房价在一线城市的火爆，给这些城市带来了辐射作用。随着一二线城市限购等房地产调控政策的出台，大量的开发商开始争夺二三线城市的房地产市场，进一步地催生了这些地区的房地产"泡沫"，因此场景指数呈现虚高态势。

3. 我国城市居住价格场景指数的功能及意义

城市居住价格场景指数能够反映房地产的性能属性，度量房地产产品的价格与价值水平，进而指导房地产行业健康可持续发展。场景因素在我国城市居民居住区位选择及分布中具有重要的影响作用。尤其是在截面意义上，场景水平与房地产发展水平显著相关，场景指数越高的地区，房价水平普遍较高；反之较低。我国房地产行业所采用的粗放型发展方式已经不可维持，必须改变现有的经营和发展模式，将发展和经营的重点由原来的规模化转向精细化，在绿色、低碳、人文领域实现新的增长和突破。本指数反映了房地产产品的根本属性，可以为房地产行业的精细化经营服务提供借鉴和参照。此外，场景指数也在某种程度上体现了区域房地产价格的发展潜力。场景的丰富与完善必将带来房地产及其相关行业的不断发展，而房地产的发展又进一步带来周围场景投资的阶跃式增长，从而推动房地产的进一步发展。

综合上述的分析与讨论，本书试图尽可能全面地向读者展示本书研究所获得的三个规律及场景理论在实践中的应用可能性与优越性。随着我国经济、社会的不断进步发展，我国的城市在未来也会发展到一个全新的水平。大量的城市新问题、新现象也会随之而来。尤其是在可预见的、未来的 10 年到 20 年内，我国的工业化逐步完成，社会主义初级阶段建设目标逐步实现后，我国的城市也将面临更多的在发达国家经历过或没经历过的问题。由此，我们既需要更多更先进的城市规划及管理手段，也必须具备基于我国实践而及时应对可能发生的城市问题的能力和理念。场景管理相关方法、理念的提出符合了这一趋势潮流。笔者也希望，未来能有更多的城市相关研究者、管理者加入到对这个初生的、充满创造可能的方法体系的讨论和实践中来，进而为我国的城市发展、百姓生活、国家兴旺做出更多更大的贡献。

第九章 未来研究展望

笔者主持的国家自然科学基金青年基金项目［我国大城市房价的空间属性及其对房价形成与演化的影响研究（71203217）］、博士后基金面上项目［基于场景理论的我国城市居住空间特征及形成机制研究（2011M500412）］以及博士后基金特别资助项目［我国房价的形成机制及其预测模型研究（2012T50151）］的阶段性研究成果，在系统性地总结和梳理了已有研究成果的基础上，揭示了我国城市居住秩序中的三大场景规律，并针对我国的城镇化发展战略、城市规划与发展及城市社会管理提出了场景管理的创新思想。

历经数年的专题研究，笔者日益感觉到：一方面，引入场景理论对我国城市择居行为及城市房价空间差异现象进行研究，从不同的视角探究和解读了这些城市难题，挖掘出了一些重要的潜在规律，取得了一定的研究突破；另一方面，这些研究展现的尚只能是城市经济与社会发展的"冰山一角"。随着研究工作的深入，笔者越发觉得城市择居行为与房价空间差异的症结与整个城市、社会乃至国民经济的运行具有密不可分的时空关联。而无论是"就择居而论择居"还是"就房价而论房价"，最终只能得到"头痛医头、脚痛医脚"的治标不治本的一般性结论。因此，要更进一步地探究择居行为与城市房价就必须将其置于城市房地产行业发展规律、城市可持续发展问题乃至国家城镇化建设战略的大背景中，多角度、全系统地展开更为广泛和深入的研究和探索。这将是一个宏大的时代性课题，将有大量的理论谜团需要学者们去打开，大量的现实问题等待着城市建设者和管理者们去破解。

为此，为了开启更广阔的研究视角和思路，同时，也为了实现本书绪论中拟定的本书将对笔者所从事的对我国城市经济及社会发展、居住及房地产问题相关研究"承上启下"的定位，本章将在对本书研究的创新性与局限性进行梳理和总结的基础上对未来的相关研究进行展望。

第一节　本书的创新性与局限性

笔者自 2010 年在美国芝加哥大学学成归国后，一直致力于将场景理论运用到我国城市房地产经济及管理的研究当中。本书既是笔者所从事相关研究的阶段性成果，也是笔者的第一部针对场景理论及我国城市居住问题而撰写的学术专著。因此，本书在具有一定创新性的同时，也存在许多局限和不足。本节希望就这些问题与广大读者和研究同行进行分享，以求共同解惑、共同进步。

一、本书的创新性

作为应用新方法、新思路展开的对新出现问题的研究赋予了本书重要的创新和价值。本书的创新性主要体现在如下三个方面：

1. 研究视角创新

本书的选题及研究角度直面我国城市居住秩序中的顽疾，从当前我国城市择居行为中出现的"房奴、蜗居、蚁族"非经济理性怪现象及当前我国城市房价变化趋势中暴露出的房价的"空间两极分化"问题出发，创新性地提出将源自芝加哥大学的最新研究成果——场景理论与我国城市居住相关研究相结合展开研究和探索。本书以城市居住空间与获得城市经济、社会资源、分享城市发展所提供公共产品的可能性作为重要研究切入点，基于场景理论思想提出并实证了"在城市中'区域场景'由'城市便利设施'组合而成，城市区域场景不仅蕴含了功能，并通过不同的构成及分布、组合形成抽象的符号感知信息，将包括文化、价值观在内的各类认同感传递给了不同人群，从而引导了其行为模式的选择，进而极大地改变了现代城市的居住秩序"、"我国城市房价在当今城市经济社会发展及人本理念的背景下，反映了房地产市场各主体对住宅所处空间场景价值量的认可"及"区域场景关系结构对我国城市区域房价的形成具有重要影响"等重要创新思想。

2. 研究思路创新

把居住空间与居住者享用城市资源的便捷性、经济性以及关于居住者的潜在发展机会等人本思想引入到城市择居行为及房价空间研究当中的研究思路，体现了本书研究的重要创新。既有研究在对择居行为的相关研究中，往往是从经典的经济学的价值或效应视角出发展开的研究探索，而不能解释当今我国城市择居中出现的"房奴、蜗居、蚁族"等非经济理性现象；而且在对城市房价的研究中，大多采取"由外到内"的研究思路，从宏观经济、国民收入、市场预期等角度展开对城市房价的讨论，而不能解释当今我国城市房价出现的"空间两极分化"现象。针对这些问题，本书基于场景理论，从房价形成的微观基础出发，从居住问题在我国所具有的特殊文化、价值观出发，探索文化、价值观、城市场景及择居行为、房价空间差异之间的关联关系。

由此自下而上的研究，最终实证指出了场景价值量认同感在我国城市择居行为及房价空间差异形成中的重要作用。

3. 研究方法创新

注重学科交叉、具有显著的跨学科和系统研究的特点是本书的重要特点。在本书的方法论体系中，分别采用了来自经济学、社会学、地理学及系统科学的多种理论和方法。其中，最能体现本书研究方法创新的即是ST@GIS集成方法的提出。由于既有场景理论的方法论体系中尚未对空间问题提出较好的解决办法，因而为了克服原有场景理论方法论体系在空间评价中的缺陷，本书结合地理信息系统技术（GIS）将空间、距离因素引入了对区域场景特征的分析，进而对原方法论体系在城市空间研究方面的开展做出了创新。除此之外，将社会网络分析对于"关系"的考量引入场景理论，也体现了本书在研究方法方面的创新。在提出了"区域场景关系结构"重要概念的基础上，本书利用社会网络分析方法对区域场景特征的网络特征进行了挖掘，并构建了网络特征图，从而发现了"金鱼型、海螺型及海葵型"三大区域场景关系结构的核心类型，进一步指出并实证了区域场景关系结构对我国城市区域房价的形成具有重要影响这一核心观点。由此可见，上述研究内容所展现的多方法交叉利用的研究特点体现了本书研究在研究方法方面的创新。

二、本书的局限性

在本书的研究中尚存在许多有待改进的研究局限与不足，其中，主要包括如下两个方面的问题：

1. 研究样本及数据尚待扩充

在本书的研究中样本和数据的有限性是笔者研究的遗憾之一。样本和数据的局限性体现在本书研究的许多方面，如数据的时限、替代变量选择及样本数量的稀缺。场景理论研究需要大量的、微观的城市生活、娱乐设施数据，而目前国内外均没有专门的数据库对这些数据进行系统的梳理。由本书研究所应用的数据来看，即使能够通过一些专门网站获得也需要花费大量的人力和物力。因此，受此客观条件的限制，本书的研究所采用的数据及选择的样本均未能达到最理想的水平。同时，不仅是我国的场景理论研究，在国外的场景理论研究中，也同样存在此类问题。针对数据及样本的局限，笔者展开了大量的尝试，包括试图与一些专门网站合作展开研究。相信随着场景理论研究在我国的推开，未来数据的来源渠道会越来越广。

2. 研究体系及内容尚待拓展

本书的研究体系中尚有许多待解的问题并未得到详细的分析及说明。其中，代表性的未展开内容有：区域核心场景功能、房价空间预期及场景管理。这些内容在本书的研究体系中均未展开深入的分析和探讨，其主要原因是，作为笔者主持的各项基金的在研内容，很多问题尚在研究和探讨之中，未能全部地展现在本书中。未来笔者将继续按照基金研究计划，展开对场景理论及我国城市相关问题的研究。一些待解的问题，笔者也将在未来研究发表的文章及著作中逐步地阐明。

第二节　未来研究展望

"十二五"规划提出的我国转型目标及中共十八大提出的城镇化建设新要求为场景理论及城市居住相关研究在我国的开展提供了千载难逢的重

要时代契机。在此时代背景下，笔者认为，场景理论所强调的城市发展中文化、价值观作用的上升，人本主义下市民认同感的激发，场景理念下城市房地产的调控，城市未来居住生态的发展变化，以及我国城市发展、转型路径都是符合我国新时代发展需求的重要研究课题。

在此背景下，本书基于笔者正在进行的研究工作就未来的相关研究给出展望。

一、居住空间分异极化遏制研究

在现代化、城市化的背景下，城市社会迅速发展，人们的社会地位、经济收入、生活方式、消费类型以及居住条件等方面出现种种分化，在城市地域空间上最直接的体现就是居住区的地域分异。居住空间分异是指不同职业背景、文化取向、收入状况的居民在住房选择上趋于同类相聚，居住空间分布相对集中、相对独立、相对分化的现象。从欧美等国家的经验来看，居住空间分异不仅会带来高密度、拥挤、公共设施匮乏等城市环境方面的问题，而且会引发诸如犯罪率提高、失业、严重依赖社会福利政策等社会问题。在西方国家普遍存在的城市贫民窟顽疾也深刻地表明了居住空间分异的危害。这也是城市学者们在不断探索而试图解释和根除的难题。

1. 居住空间分异是客观存在的事实

就我国而言，导致我国近几十年来城市居住分异持续发展的原因有：

（1）分配政策、住房政策的变化引发居住空间分异。

（2）城市地段和区位的优劣是城市居住空间分异形成的主要推动力。

（3）城市居民在经济上的差异直接导致了居住空间分异的形成。

在市场经济中，公民的收入水平差异也就决定了必然存在居住分异，这是居住市场化的产物。然而，居住分异不能与两极分化画等号，应当采取措施防范居住分异发展成两极分化，即防止从"居住条件的分化"到"引发居住的分异"到"诱使社会的分层"再到"最终使各层之间的差异发展成为'社会断裂'"。

针对"社会断裂"的防范，许多学者提出了"混居模式"这一城市居住空间布局理念。然而，空间地理位置上的混合，并未触及分异问题的根本。在现实生活中，居住分异可视为对城市空间资源的占有不公，这将孕育产生各社会群体之间的矛盾。因家庭支付能力所导致的不同消费水平及生活方式的差异也同样可以产生群体之间的心理隔阂。矛盾与隔阂的发展或恶化都可能危及社会稳定。因此，让具有不同消费水平的群体生活在同一个社区或邻近社区，就可能呈现出一个"两难"的尴尬状态。

事实上，不同收入群体在邻里层面的整合，要比建设具有"混居"功能的项目本身更为困难。不同的价值标准、不同的生活方式作用于同一邻里环境，当找不到契合点时，就很容易发生冲突，更谈不上社区感的形成了。因此，混合居住邻里必须要有一个强有力的主导价值观和行为模式来起着规范和约束作用。如果能够在各群体混居的空间体内建设有助于沟通的环节和设施、建立有助于传递和谐的文化价值取向，那么，差异造成的隔阂就能得到很大程度的"熨平"。场景理论为该问题的解决提供了新的思路。

2. 通过场景管理化解"混居模式"面临的"两难"抉择

如同本书第三章所描述的，在城市中，场景的构成可以视为"城市便利设施"的组合。场景理论认为，首先这些组合不仅蕴含了功能也传递了文化、价值观。无论哪一个群体，当其使用这些"城市便利设施"时，即置身于这些场景，就会受到相似的文化、价值观的辐射。其次，对于散布在城区的文化娱乐类场景，当邻里成员置身于其间并开展活动，就会因情感的交流与互动从而有可能减弱甚至消除不同群体间的心理隔阂，从而达到和睦相处的境界。最后，通过城市建设、建造街头艺术小品、丰富城市空间的文化内涵，以蕴含温馨、共处的寓意传递和谐居住理念。

作为展望，本书只提供了笔者正在构建和完善的五类场景，以说明问题并启发思考，如表9-1所示。

表9-1　五类城市场景的功能及其表征性元素

场景类型		内涵及功能	表征元素
情感绽放型场景	内涵	以各种主要展现众人肢体运动，且公众可以发生互动的场所及活动形式	歌舞厅、健身所
	功能	受场所以及活动主题所蕴含的文化价值观的渗透；有助于协调性、互动性、强化邻里氛围、社会认同感、散发社会问题思绪	

场景类型		内涵及功能	表征元素
社会感悟型场景	内涵	以公众可以置身于其间的各种历史、人文景观及物理空间	公园、博物馆
	功能	能够激发对历史、对人物、对现实的再思考。有助于反思人生、认同社会、感受变迁、激励志向、传导主体价值观	
追求发展型场景	内涵	面向公众的且有助于提升置身其中者的发展技能与知识的场所与活动	图书馆、体育馆
	功能	能调整对社会现象的认识、提升发展的技能、补充所需要的知识。对期望有更好前景的个人或家庭有助于获得更多的发展机会	
温馨享受型场景	内涵	体现沉思、私密、静谧、独享色彩的场所与行为	茶馆、咖啡屋
	功能	借助于喧嚣尘世中的静谧处所，得以充分地、自主地调整个人的思绪、认识和情感。有助于修正个人的社会行为	
文化多元型场景	内涵	展现外来文化、异域风情的场所及活动	西餐、星级酒店
	功能	了解外来文化、丰富对异域文化价值理念的认识。有助于充实个人及家庭的文化素养、扩展文化认同感	

表9-1展现的是笔者正在构建和完善的五类场景。在未来的研究中，笔者期望能够基于场景理论，通过对城市空间场景元素的组合、调配，进而散射出相关的文化、价值理念，而后影响人们的行为，最终实现对居住空间分异极化的抑制。

二、城市可持续发展新动力挖掘

当笔者引入场景理论关于文化和价值观对现代城市生活及城市发展的影响力正在逐渐增强这一新论断时，城市居住相关问题的解读就具有了更多的新意。这种新意及影响，却不仅仅局限于本书阶段性研究所展现的城市择居行为及房价空间差异中所表现的新规律的产生。推而广之，可以预见，越来越强调"人力资本"及"内生动力"的当今世界社会经济发展，将不可避免地受到来自城市居住新理念的冲击。在此趋势背景下，城市如何实现可持续发展？什么是支撑城市可持续发展的新动力？

这些学术界热衷的研究命题、城市建设者和管理者聚焦的社会现实，必须在新背景下，从新的视角，展开系统性的再研究。基于对本书研究理论及思路的延伸，笔者提出，可以展开"场景营造"城市区域功能的"正能量"挖掘研究。

场景理论认为，场景是有现实价值的。其通过城市生活设施、文化场所、市政秩序向市民、向社会传递着城市共识，散发着城市文化的氛围，甚至独特的"韵味"，并以此感染人、导引人的行为。场景理论的创始者其创新性还体现在场景的感染和导引行为是可以借助城市的功能设施来实现的，即场景的价值蕴含在人们对城市功能的享用过程中。城市功能对于居住者而言，其直接的感受是街区的功能，尤其是街区的文化功能。城市居住者"集中在'日常生活圈'（是指城市居民的各种日常生活，如居住、就业、教育、购物、医疗、游憩、通勤等所涉及的空间范围，是城市的实质性城市化地带）"，通过营造"日常生活圈"中的人文环境，建设"日常生活圈"中的场景来塑造居住者的人文精神、提升居住者对城市及社区的认同感，这是构建和谐社区、城市和谐居住的基础。在城市建设中，应改造、建设街区，使之具有繁荣城市的生活、文化、就业与创业的物理性功能，并在其间蕴含着丰富的文化理念，传递出相应的场景价值。

场景理论的城市发展观与其他城市发展观的最大不同之一在于，是否关注"人"，或者称为"人力资本"或"人力资源"的由来。如何将"人口"——这一现实的、庞大的、对社会财富具有消耗功能的"吞噬器"转化为"资本"——这个富有创造力的、永无止境的、推动社会前行的"发动机"？"场景营造"就是场景理论给出的重要"转化渠道"。

由此，笔者也进一步认为，营造城市的各类场景并实施有效的场景管理，在实际操作层面上即可通过功能性街区的建设与管理，挖掘并展现城市街区的潜在场景价值，展现城市街区的"正能量"，由此实现将"人口"转化为"资本"，进而为城市的可持续发展提供源源不断的动力。

三、我国人口城镇化发展道路探索

城镇化是一个老话题。诺贝尔经济学奖获得者斯蒂格利茨曾经断言，21 世纪的发展主要取决于美国的科技进步与中国的城市化进程。回溯过去 30 年来的我国经济、社会发展，城市化（或称城镇化）在此过程中发挥了重要的作用。在城镇化的发展背景下，城市的发展、扩展为城市工业部门的发展提供了重要的劳动力和土地，也因此为我国的发展带来了诸多综合效益。由场景管理在城市规划及社会管理中发挥的作用及具有的优势可见，对人的引导是场景规律在现实操作和运用中起效的关键。场景管理始终紧扣对城市新型行为的关注。由此，笔者认为，场景管理能够对当前我国最为重要的发展战略问题——人口城镇化的科学、合理推进发挥支撑、辅助作用。

从我国当前发展的实际情况来看，虽然，一方面，城镇化作为一种红利与土地、人口红利一起在很长一段时间助力了我国城市的发展与经济的腾飞；但是，在另一方面，人们又不得不注意到在此背景下出现的许多因快速城镇化而诱发的问题的出现，如土地财政与高房价、地方债务与半城市化。在我国实施以科学发展观为统领，强力推进转方式、调结构的现实背景下，如何认识我国当前所拥有的发展优势与潜力，如何将改革开放以来我们创立并已熟悉的、适用且已运用娴熟的中国特色社会主义市场经济制度、机制及管理办法延续其"正能量"，持续让其发挥效益，这是学术界、实业界当前尤为关注的话题。

回溯这几十年我国的高速发展历程，可以得出这样的认识：改革与开放是中国经济发展的强大动力，农村社会组织的变化、农业生产方式的调整是当时的中国经济走出"濒临崩溃边缘"的良方。转移农村富余劳动力、提升农业劳动生产率、实施现代农业的规模化和标准化生产、改造农村旧貌建设社会主义新农村，等等，这些又是在我国进一步实施改革开放以来为社会、为大众所"耳熟能详"的语句和理念。从几十年的改革发展实践看，这些理念的实现无不与城镇化相关。就"红利论"而言，城镇化红利既是诸多红利之一，又是一种极易为各级政府操作和社会各群体获益的红利。

1. 以往的城镇化——土地城镇化

在城镇化实现的过程中，首先，一个最醒目的标志就是土地使用功能转换，从农业（泛指农、林、牧、渔）用地转为城市建设用地；其次，在大多数情况下，城镇化要求土地所有制权属发生变化，从集体所有制转变为全民所有制。我国现行土地制度具有二元结构特征：集体所有制、全民所有制。集体所有制持有的土地主要用于农业生产，以农业生产用地为主（这里指的农业是指宽泛的农业概念，包括农、林、牧、渔）。全民所有制持有的土地主要用于第二产业、第三产业的用地，包括城镇建设、道路交通、工矿企业用地，等等。二者可以转换，绝大多数情况下是单向转换，即从集体所有制转向全民所有制，从农业用地转向非农业用地。首先，由于中国人口众多，在目前的科技条件下，人们的生存还必须依赖谷物等农产品。因而，切实保护农业生产用地、保持一定数量的农田是必须的。其次，农业人口赖以生存的保障是土地、是农田。在国家还无力提供农民衣食住行所需的物质产品的背景下，就必须依靠农民在土地上的生产来获得维持生存的产品。因此，数量巨大的农业人口就必须要有面积量巨大的农业用地来保障。为此，国家对两种土地的管理有不同的要求，对土地产权的转换设立了严格的制度。

人们对城市的最直观的印象是高楼大厦、宽敞的公众的公共活动空间、舒适的住宅、惬意的消费环境。这些都是必须建立在土地之上，需要空间支撑。因此，从乡村变为城镇，必须要从农业用地的空间中划出建设用地的空间，即存在着土地转换，其可以用一个刚性指标表征，即城市建设用地量。一个地区倘若城市建设用地量增加，就代表着该地区城镇化水平提升。这种从土地使用的状况来评价城镇化率，就被称为"土地城镇化"。

2. 新型的城镇化——人口城镇化

人口城镇化通常指的是人口向城镇逐步集中，或者是乡村地区转变为城镇地区，乡村人口变为城镇人口，城镇人口比重不断上升的一个过程。在城镇化推进的过程中，一个最根本的命题是，居住于城市中的人是社会财富的创造者，并且人们在城市中所创造的社会财富要大于在农村的创造量。城市是人们创造社会财富的园地。要成为这种园地，一是靠城市建设能够提供所必需的环境、设施、场所、制度；二是靠进城者的素质与能力。通常，在农村创造社会财富与在城市创造社会财富，其实现路径、方法、手段不同，其所依附的制度环境、人与人之间的社会关系不同。如果说，在城市创造社会财富主要取决于城市建设所提供的硬件、进城者的素质与能力，那么，后者是处于主导地位的。城镇化的一个外在特点是大量的人口积聚在城镇。但积聚的人口若不能成为社会财富的创造者，或积聚的人口在城镇创造的社会财富小于其在农村创造的社会财富，则诸如"城镇病"、"拉美陷阱"就会自然而然地形成。

3. 人口城镇化面临的挑战

城镇具有高于农村的劳动生产率，城镇能够为人的全面发展提供更多的支持。仅此两点，就足以使成千上万的农民期望成为市民，就足以使各级政府具有加快城镇化速率的执政冲动。如前所述，人口城镇化是实施城镇化战略的首选策略，尤其是在我国，更是当代所必须选择和认真加以实施的城镇建设的要义。然而，其在时下面临着两个最为显著的挑战。

第一，源于制度层面的挑战。在当前，国内的许多研究成果表明，人口城镇化遭遇最大的挑战是指包括户籍制度在内的社会管理制度。刘惠生、王效端（1996）认为，现行的户籍制度是阻碍人口城镇化的又一道鸿沟。其核心是对"农业人口"、"城市人口"的严格甄别。中国的"城市人口"具有特殊含义：其享有一个农村人口无法得到的特权，包括平价粮、油与燃料的供应、几近免费的公费医疗、住宅、其他各种福利保险待遇和农村人口无法逾越的就业特权。陶然、曹广忠（2008）认为，城镇化将大量的人口引入城镇，然而户籍制度差异所带来的城市福利差异，事实上是将户籍制度下的城市农村二元结构带进城市。在同一个相对狭小且物理边界清晰的区域内有两种不同的福利待遇，将是社会失和的根源，更容易造就"社会断裂"。鲁德银（2010）从土地管理制度推导出制约人口城镇化的根源在于，土地国有化与市场化的冲突；强制征收和廉价补偿妨碍和谐社会建设，导致土地过度城镇化，危及国家粮食安全。相伟（2011）提出实施城镇化体制改革攻坚，推动人口城镇化，具体涉及城乡间要素流动、农村生产要素的产权及流转、土地承包经营权及使用权的流转、农村土地制度改革的配套改革、耕地保护制度、农村金融制度、社会保障制度和农村基层社会管理和公共服务体制。由"中国特色人口城镇化战略研究"课题资助并由桂江丰等人执笔撰写的《中国人口城镇化战略研究》一文中就影响人口城镇化发展的至关重要的各项管理制度进行了剖析，并提出四个方面的调整，即逐步剥离户籍制度关联福利、推行一元化户籍登记、稳步推进农村土地流转、强化流动人口公共服务管理统筹协调职能（桂江丰等，2012）。

第二，源于城市认同感的挑战。城镇化一个最为清晰的事实就是大量的农村居民进城成为市民，是从"熟人社会"进入"公民社会"。对于进城者而言，生活方式、就业形式、文化氛围等都与其之前有着极大的不同。面对这种差异能否适应，面对城市已有的制度、生存与生活方式是否认同，这是人口城镇化面临的一个重要的挑战。为此，许多学者也展开了大量的专题研究。

沈关宝（2005）从两个层面论述了进城流动人口文化不认同现象。文化不认同的第一个层面是，城镇的"软件"，即制度体系与流动人口之间的"隔离"，具体表现为城镇的各种制度性安排不接纳进城的流动人口。文化不认同的第二个层面是，城镇居民和流动人口之间的"隔离"，具体表现为不同的地域文化和生活观念的摩擦与冲撞。吴玉军、宁克平（2007）指出，中国城市化由于其自身的复杂性和特殊性，为进城务工者融入城市生活体系造成了诸多障碍，使广大农民工面临着身份认同问题。贵永霞（2010）从心理学的角度提出了农民工城市认同与城市依恋的理论构想，并通过问卷调查得出农民工在城市打工的工龄和城市融入以及城市归属都呈显著正相关，城市抵御和城市融入以及地域认同中城市疏离和城市归属呈微弱的负相关等结论。王开庆、王毅杰（2011）分析了流动儿童的城市认同以及影响因素。认为不同的教导内容、学校类别、社区人员构成，形成了流动儿童与城里人不同的交往机会，影响了流动儿童的城市认同及融合。徐翔（2012）通过对择定的进城农民工群体的跟踪调查，得出结论：农民工城市认同程度高，对城市的感情联系比较紧密，对城市比较有归属感、支持感、认同感，这样农民工就有在城市长期居住下去的意愿，也因此农民工的城市适应会得到加强；如果农民工对城市文化不认同，那么产生的"文化休克"型精神障碍会对农民工城市适应造成非常恶劣的负面影响，并认为影响农民工社会网络的因素包括个人的、文化的和结构的三个方面。

从人口城镇化所面临的挑战分析，本书认为对这两个挑战都应当给予积极的回应，实施有效的对策；其次，要恰当地把握时机和力度，以既积极又稳妥，既有效又便捷为原则。基于制度层面的挑战是现实的，也是需要正视和回应的，但其需要的代价又将是巨大的，有些举措也不是短期就能见效的；基于认同感层面的挑战是迫切的，其涉及不同群体间的社会关系、涉及是否会极化社会分异等事关社会稳定的大局，需要高度关注。

因此，可以通过场景管理促进人口城镇化进程中的认同感增进。以关于城市二元结构问题的破解为例：身份差异、福利差异、认同差异这三者都是造成城市二元结构的原因。并且，这种差异是构建和谐社会、城市和谐居住之"大敌"。在三种差异中，认同差异最具破坏力，对身份差异和福利差异的功效有放大作用。在实施这三项差异的化解举措时，应当考虑：化解身份差异涉及体制，对社会既有的稳定秩序构建有较大的震动作用；化解福利差异涉及经济支撑能力，对城市政府的经济发展水平、对现行的国家财税制度有较深刻的依附性；而化解认同差异，则可以借助氛围、借助对城市发展、借助城市建设的成果之环境营造来实现，即借助场景理论，通过场景管理以丰富化解认同差异，增进城市认同感，以调和因制度层面所形成社会分异的思绪纷争，推进城市不同群体和谐共处，共同发展。

由此，笔者进一步提出利用场景管理增进认同感的三个措施：

举措之一：人口城镇化涉及农村居民在居住环境、就业方式上的转移，也是在经历着一个社会管理制度和方式的转换，并且这种转移和转换有着一个渐进的过程。在这个过程中，制度的规约、场景的引导、氛围的"熏陶"至关重要。如果说规约的制度是外部性的话，通过场景所具有的"无时不在"的、具有"潜移默化"的导引功效，其对于进城农民就是内生性的。

举措之二：城镇化有两个内因：农村劳动力富余、城乡资金收益差。对于富余的农村劳动力，一是如何更顺利地从"农民转为市民"？二是如何使集聚到城市的（或集聚在一起的）农村人适应从熟人社会向公民社会的转变？这既有就业技能问题，也有城市理念问题，如关于居住、关于城市文化、关于信息获取。充分利用场景的文化价值功能、信息传播功能、理念构想孕育发酵功能，则对上述问题就有着积极的化解作用。

举措之三：从农民工自身的角度看农民与市民在城市认同感差异之原因，自身文化素养、获取文化元素的经济承受能力两者并存。农民对城市生活是向往的，具有融入城市的内动力，即农民具有缩小与市民关于城市认同感之差距的潜在动力。提升农民的城市意识，缩小与市民的城市意识差距，应当基于农民的内在需求，针对上述原因实施相关的城市建设，即营造适合农民参与的社会文化氛围。这种氛围包括经济承受能力及传递的文化内容。

上述研究展望，有的来源于笔者拟申报科学基金项目的申请构思，有的则直接是笔者正在撰写的工作论文（Working Paper）。虽然在许多方面，上述的研究尚停留在创作方面，因而在行为逻辑、内容设计等诸多方面均有待进一步地整理和改进。但是，笔者将这些研究计划及概念草案置于本书展望中的主要目的是，期望能够通过更广泛的分享以激发更多的人参与到相关的研究中，与笔者展开对话和讨论。所谓"众人拾柴火焰高"，笔者也真诚地希望更多的人参与到与本书相关的研究中来，进而为我国的城市居住相关研究、城市的经济发展与社会建设做出更多更大的贡献。

附　录

附　录　1

评分一致性系数表（注：No.为序号，CI 为一致性系数值）

No.	名称	CI	No.	名称	CI	No.	名称	CI
1	彩票	0.91	20	越南菜	0.71	39	礼品	0.77
2	宠物服务	0.75	21	自助餐厅	0.85	40	体育用品店	0.82
3	摄影/摄像/冲洗	0.45	22	"4S"专卖店	0.74	41	烟酒专卖店	0.83
4	冰淇淋/冷饮	0.80	23	汽车救援	0.82	42	婴幼儿用品	0.85
5	法国菜	0.74	24	汽车美容装饰	0.75	43	杂货	0.87
6	韩国料理	0.71	25	汽车/零配件	0.78	44	珠宝首饰	0.72
7	咖啡馆	0.81	26	汽修美容	0.72	45	大学	0.54
8	咖喱/南亚菜	0.66	27	家具店	0.75	46	电脑培训	0.84
9	快餐/小吃	0.83	28	博物馆	0.74	47	技校	0.45
10	面包店	0.76	29	图书馆	0.87	48	家教	0.59
11	比萨/意大利菜	0.73	30	百货商场	0.78	49	企业管理	0.44
12	日本料理	0.81	31	便利店	0.84	50	武校	0.55
13	烧烤	0.74	32	菜市场	0.81	51	中小学	0.49
14	素食	0.83	33	二手/闲置	0.75	52	艺术培训	0.66
15	泰国菜	0.84	34	服饰/饰品	0.74	53	幼儿园	0.52
16	甜品冷饮	0.74	35	服装市场	0.83	54	语言培训	0.71
17	蟹宴	0.83	36	花店	0.84	55	连锁型宾馆	0.67
18	印度菜	0.79	37	化妆品店	0.77	56	旅行社	0.85
19	粤港菜	0.68	38	乐器/钢琴	0.82	57	庙宇教堂	0.88

续表

No.	名称	CI	No.	名称	CI	No.	名称	CI
58	遗址	0.46	68	动物园	0.23	78	书店	0.45
59	招待所	0.91	69	高尔夫	0.71	79	网球	0.70
60	会展/会议	0.70	70	歌舞厅	0.68	80	夜总会	0.67
61	媒体/出版	0.74	71	公园	0.31	81	音像店	0.50
62	设计广告策划	0.59	72	画廊	0.67	82	游乐园	0.70
63	KTV	0.75	73	活动中心	0.44	83	健康养生	0.67
64	保龄球	0.53	74	健身中心	0.41	84	药店	0.85
65	迪厅/舞厅	0.61	75	酒吧	0.79	85	咨询服务	0.74
66	电影院	0.29	76	溜冰滑雪	0.58			
67	钓鱼	0.52	77	运动场	0.45			

附　录　2

2001~2010 年我国城市居住价格场景指数得分

城市	2001 年	2002 年	2003 年	2004 年	2005 年	2006 年	2007 年	2008 年	2009 年	2010 年
安庆市	3.36	4.07	3.61	3.77	4.47	3.66	3.84	4.38	4.06	4.21
安阳市	6.30	7.01	7.64	7.43	7.29	7.35	6.71	6.34	6.25	6.64
鞍山市	10.60	11.26	9.56	9.11	8.29	8.96	8.60	7.51	7.79	7.47
蚌埠市	5.91	5.65	5.20	5.57	5.57	5.83	5.76	5.74	5.50	5.54
包头市	10.75	10.46	10.50	12.51	12.31	12.06	12.34	10.81	11.41	10.93
宝鸡市	5.16	5.77	9.63	9.44	10.05	10.15	11.54	10.62	8.07	8.72
保定市	10.23	10.50	8.62	9.09	8.42	7.48	7.77	7.19	10.86	7.28
北京市	100.00	98.59	97.83	93.68	87.23	92.10	90.93	90.16	93.03	93.28
本溪市	7.24	5.95	6.31	5.78	6.15	5.40	5.54	5.43	5.76	5.15
亳州市	3.57	2.97	5.05	4.91	5.02	4.90	4.42	6.83	4.97	6.14
沧州市	5.16	4.92	3.90	3.80	4.57	5.16	5.62	8.37	9.19	5.25
常德市	7.19	5.76	7.66	7.50	7.06	6.32	5.87	7.47	6.88	7.13
朝阳市	3.06	2.67	2.90	2.82	3.07	2.68	1.93	2.28	2.11	2.62
潮州市	3.41	2.43	2.63	2.42	3.23	1.82	2.93	2.34	2.75	2.46
郴州市	6.40	4.97	5.88	4.81	4.75	4.38	4.20	4.63	4.59	4.26
成都市	28.13	30.06	28.88	30.79	27.66	31.54	31.64	34.41	32.26	33.41
承德市	4.95	5.47	4.34	4.35	4.16	3.93	4.23	3.72	4.58	4.15
池州市	1.81	0.96	2.70	2.37	3.09	2.55	2.30	3.17	2.94	3.45
赤峰市	8.65	7.55	9.63	9.19	7.56	9.36	8.37	10.92	7.98	6.73
滁州市	2.46	1.70	2.60	2.61	2.29	2.23	2.44	3.04	2.20	1.99
达州市	2.16	3.31	3.16	2.70	2.45	2.45	1.96	2.83	2.67	2.96
大连市	22.13	22.85	21.45	21.37	19.84	21.68	21.74	20.73	22.60	21.42
大庆市	13.61	15.72	11.87	11.74	11.25	11.79	13.22	11.47	11.56	12.18
大同市	10.04	10.51	11.35	10.82	10.45	10.52	11.20	11.69	11.06	10.93
丹东市	6.01	6.26	5.69	5.51	5.66	5.14	5.00	3.68	4.55	4.52
德阳市	2.32	2.50	2.63	2.42	3.67	2.91	2.18	2.73	2.77	2.98
佛山市	5.99	19.82	20.74	20.92	20.05	22.47	21.97	25.48	23.04	23.12
抚顺市	9.42	9.66	9.25	8.40	7.74	8.14	7.93	8.09	7.19	6.94

续表

城市	2001年	2002年	2003年	2004年	2005年	2006年	2007年	2008年	2009年	2010年
抚州市	4.33	3.43	4.99	4.82	5.36	5.43	4.36	5.25	5.77	7.11
阜新市	4.46	4.59	4.99	4.62	4.99	3.93	3.48	3.95	3.82	4.04
阜阳市	7.61	6.14	8.59	8.97	8.18	8.48	7.43	10.90	8.57	9.42
赣州市	4.38	4.92	4.14	3.83	3.94	3.79	4.20	3.79	4.04	3.97
桂林市	10.90	10.81	8.80	8.73	8.82	8.39	9.22	6.63	8.50	7.98
哈尔滨市	27.75	33.37	30.71	34.80	34.87	39.95	34.91	36.39	36.96	37.18
邯郸市	12.09	10.74	10.28	11.60	9.53	9.60	10.63	10.80	10.82	9.07
杭州市	32.61	32.62	30.45	29.73	30.55	36.58	39.45	31.96	30.94	30.58
合肥市	18.67	21.45	17.87	18.74	18.01	19.19	19.64	17.49	18.57	19.01
鹤壁市	4.09	3.97	3.96	3.44	4.14	3.59	3.41	3.71	3.35	3.44
鹤岗市	3.39	4.07	3.46	3.26	3.84	3.17	2.73	3.54	2.77	3.09
黑河市	1.40	1.90	1.35	1.14	0.51	0.90	0.61	0.07	0.08	0.60
衡阳市	10.86	12.04	10.59	10.16	9.02	9.22	9.24	10.88	10.73	11.17
呼和浩特市	12.18	13.05	12.98	13.35	12.36	13.43	13.88	12.23	12.96	13.42
呼伦贝尔市	3.23	5.01	2.71	2.87	2.97	2.73	3.09	1.84	1.30	1.42
葫芦岛市	4.80	3.07	4.98	4.41	5.10	4.33	4.16	4.59	4.62	5.11
湖州市	5.60	5.22	5.41	4.43	5.77	5.51	5.57	4.91	4.90	4.43
怀化市	5.10	4.99	4.30	4.53	3.81	4.67	5.16	3.75	4.29	3.03
淮北市	8.10	6.64	6.37	6.62	6.14	7.04	7.10	7.69	6.97	6.87
黄山市	3.41	2.41	3.49	3.11	4.07	2.79	3.26	3.58	3.23	3.03
鸡西市	5.93	4.71	5.28	4.32	4.40	3.73	3.76	4.25	4.32	4.00
吉安市	4.84	5.96	3.60	2.71	3.18	2.63	2.39	2.92	2.81	3.20
佳木斯市	5.32	4.95	5.80	5.26	5.39	5.36	5.20	5.35	5.10	5.80
嘉兴市	5.48	7.31	6.85	7.30	7.15	7.96	6.72	5.45	6.30	6.09
江门市	5.06	7.28	7.86	7.98	7.87	7.50	7.47	7.73	7.34	7.29
焦作市	6.77	6.43	5.91	6.20	6.46	5.43	5.50	4.96	5.05	5.41
金华市	5.43	5.60	5.82	5.80	7.10	6.72	6.94	5.52	6.57	5.30
锦州市	7.35	7.21	6.76	6.66	6.95	7.24	6.12	5.62	5.88	5.65
晋城市	4.20	5.55	3.48	3.61	3.45	3.33	3.69	3.10	3.26	3.31
晋中市	3.44	3.48	4.20	3.95	4.28	4.00	4.94	3.79	6.35	5.82

城市	2001 年	2002 年	2003 年	2004 年	2005 年	2006 年	2007 年	2008 年	2009 年	2010 年
景德镇市	4.34	4.32	4.37	4.49	4.06	3.88	4.65	3.33	4.42	4.05
九江市	10.21	10.53	7.34	7.09	6.33	6.68	6.66	4.16	5.17	4.83
开封市	7.22	6.92	6.65	6.32	6.14	5.91	5.46	5.73	5.47	5.45
克拉玛依市	6.48	7.60	3.92	4.22	4.50	4.39	4.82	2.97	3.65	2.96
乐山市	5.21	4.09	5.54	5.34	5.30	5.25	4.54	5.95	4.85	5.62
丽水市	2.67	2.32	2.67	2.37	2.93	2.09	2.15	2.03	2.42	2.57
辽阳市	6.36	5.91	5.57	5.44	5.93	5.08	5.22	4.30	7.95	4.53
临汾市	4.41	4.52	5.73	5.54	5.75	6.08	9.84	7.32	9.20	6.88
柳州市	7.90	8.61	8.72	8.58	8.48	8.82	8.68	8.30	5.34	7.81
六安市	7.08	5.65	8.52	8.20	7.82	7.30	6.10	9.41	7.71	10.30
娄底市	3.05	2.67	2.90	2.94	3.21	2.52	3.08	2.61	2.81	2.94
泸州市	5.83	4.97	5.75	5.42	5.52	5.27	4.56	5.84	5.17	5.48
洛阳市	10.85	9.55	10.60	9.85	10.41	10.11	9.94	10.69	10.34	10.59
漯河市	5.37	6.94	3.77	3.97	6.04	5.52	5.15	6.63	5.69	6.41
马鞍山市	4.98	5.40	4.66	4.23	4.46	3.75	4.09	3.56	3.84	3.48
茂名市	3.10	2.94	4.68	5.31	7.00	4.77	4.31	6.75	5.48	6.81
绵阳市	6.71	6.81	7.02	6.50	6.77	7.25	7.15	7.82	7.44	7.12
牡丹江市	6.20	6.68	6.27	6.10	6.07	5.67	5.20	4.94	4.73	4.77
南昌市	16.51	15.66	18.00	19.46	20.92	20.52	20.62	18.84	19.13	16.46
南充市	7.00	7.06	8.22	8.30	8.77	9.10	8.63	10.65	8.42	9.24
南宁市	15.02	16.43	15.02	16.65	19.00	20.07	19.83	20.04	20.19	20.73
南阳市	8.24	8.33	10.00	9.97	9.54	9.52	8.54	10.23	9.05	10.27
内江市	5.32	4.46	6.13	6.01	5.15	5.34	4.54	6.17	4.75	5.63
宁波市	11.72	13.79	13.68	14.01	13.95	15.71	16.13	15.73	17.73	16.32
攀枝花市	7.39	6.82	6.43	6.09	5.78	5.06	5.00	4.77	4.58	3.92
盘锦市	4.67	5.76	4.69	4.54	4.80	4.62	5.15	2.86	7.83	8.45
平顶山市	6.30	5.72	6.24	6.02	5.80	6.19	5.83	6.59	6.43	6.79
萍乡市	6.38	5.99	6.27	5.78	5.72	5.73	4.44	4.63	4.26	5.04
濮阳市	5.81	5.69	5.40	5.31	5.28	5.38	5.34	5.84	5.05	5.07

续表

城市	2001 年	2002 年	2003 年	2004 年	2005 年	2006 年	2007 年	2008 年	2009 年	2010 年
七台河市	2.15	2.35	2.46	2.41	2.24	2.55	2.51	2.53	2.35	2.59
齐齐哈尔市	10.34	10.02	8.74	9.18	9.27	9.59	8.18	8.39	13.38	13.64
秦皇岛市	9.01	7.90	5.77	5.77	6.77	6.05	7.89	6.18	6.58	5.72
衢州市	4.18	4.09	3.72	3.90	4.73	4.37	4.49	4.26	4.23	4.23
三门峡市	3.43	3.62	3.10	2.39	2.63	2.22	2.50	1.94	2.63	2.57
三亚市	3.99	3.92	3.07	3.26	4.62	3.88	3.50	3.85	4.10	4.45
商丘市	7.88	6.86	9.12	8.45	8.33	8.02	7.06	10.35	9.13	9.97
上海市	82.56	82.17	84.12	83.57	77.14	83.73	83.09	82.68	84.91	82.90
上饶市	1.89	2.49	2.46	2.07	3.00	1.89	1.98	3.11	3.19	3.01
邵阳市	4.53	4.74	4.36	4.04	4.02	4.12	3.46	3.56	3.76	6.53
绍兴市	5.33	6.73	5.15	5.35	5.65	5.59	6.19	4.01	5.22	4.19
沈阳市	35.31	33.97	33.57	32.34	29.08	31.57	33.74	33.25	32.09	32.67
石家庄市	20.14	17.71	16.94	17.54	17.30	18.07	18.97	20.46	21.95	18.36
绥化市	3.71	2.48	3.97	3.51	3.30	2.60	2.75	3.36	3.08	2.86
遂宁市	4.74	3.77	5.88	5.16	5.32	4.60	3.56	5.72	5.15	5.19
台州市	6.61	6.95	6.53	6.65	6.75	6.67	6.03	7.34	6.35	6.25
太原市	22.79	22.41	24.95	25.61	24.79	25.42	24.10	23.74	24.59	24.53
唐山市	14.54	16.89	19.09	16.88	15.83	16.13	15.62	18.30	16.48	16.30
铁岭市	3.55	3.16	3.72	3.11	3.40	2.85	3.11	2.30	2.50	2.21
铜陵市	4.40	4.44	3.54	3.75	4.56	3.69	4.06	3.01	3.39	2.96
温州市	10.21	11.13	10.15	10.35	9.17	11.30	11.56	11.26	11.50	10.89
乌海市	4.89	6.46	5.04	4.80	4.32	6.68	5.22	6.18	4.97	5.26
乌鲁木齐市	18.73	19.22	18.01	18.01	15.03	18.48	19.48	18.47	18.66	17.09
芜湖市	7.21	7.43	5.96	6.11	6.04	6.93	7.02	6.68	6.75	5.81
吴忠市	1.61	0.80	1.33	2.56	1.23	2.37	3.06	3.33	3.58	4.83
梧州市	4.44	4.24	3.93	3.88	3.71	3.05	4.22	2.17	2.85	2.90
西安市	36.91	37.76	39.87	40.10	36.75	38.97	37.05	41.87	37.55	38.98
西宁市	11.73	11.14	10.78	8.45	7.59	8.88	9.29	6.65	6.57	7.32
湘潭市	7.14	6.21	6.76	5.94	6.30	6.49	5.96	5.24	5.72	5.37

城市	2001 年	2002 年	2003 年	2004 年	2005 年	2006 年	2007 年	2008 年	2009 年	2010 年
忻州市	4.11	3.58	4.56	4.14	3.88	4.09	3.23	4.69	4.39	5.86
新乡市	8.07	7.34	7.51	7.50	8.01	7.61	7.51	7.03	7.33	7.80
信阳市	5.82	4.99	7.46	7.22	7.04	6.56	5.75	8.18	7.08	8.66
邢台市	6.25	5.70	4.95	4.95	5.45	5.73	7.33	6.41	8.92	6.46
许昌市	4.14	4.14	3.44	4.09	4.20	4.18	5.03	3.54	3.61	3.73
宣城市	2.47	1.78	3.57	2.78	3.26	2.05	1.81	3.33	2.65	3.26
阳泉市	5.12	5.04	4.75	4.15	4.44	4.79	4.45	4.48	8.41	8.89
伊春市	4.54	4.49	5.03	4.47	4.17	3.76	3.25	3.25	3.77	3.95
宜宾市	4.85	3.86	5.05	4.62	4.84	4.86	4.18	4.84	4.31	5.68
宜春市	5.31	3.39	5.85	5.41	6.10	4.36	3.81	5.16	4.51	5.54
益阳市	7.10	5.39	6.87	6.20	6.65	5.09	4.30	5.77	4.97	5.66
银川市	13.15	13.89	13.68	13.72	11.67	13.53	13.28	11.43	9.02	8.31
鹰潭市	1.54	1.82	1.68	1.95	2.60	1.59	1.58	0.80	1.91	1.43
营口市	4.15	4.91	4.43	5.73	4.97	4.33	4.69	4.89	4.74	4.77
永州市	8.60	5.65	7.19	5.45	5.20	5.39	4.99	5.23	4.62	5.06
玉林市	4.66	3.64	5.08	4.53	5.06	4.59	4.12	4.98	5.16	5.29
岳阳市	6.59	5.48	5.45	5.81	6.13	5.97	7.13	8.03	9.27	8.38
运城市	3.67	3.32	3.91	4.01	3.60	3.99	3.23	5.65	4.81	5.40
湛江市	9.70	5.24	8.36	8.11	10.49	8.77	7.95	9.60	8.81	10.79
张家界市	2.14	2.02	3.26	2.85	2.58	3.80	2.82	3.34	2.33	2.52
张家口市	6.46	6.44	6.53	6.55	6.43	5.72	5.84	5.29	5.67	5.45
长沙市	22.51	22.01	20.91	22.23	22.97	22.26	22.13	19.72	21.19	20.59
长治市	5.29	5.24	5.65	5.43	5.86	5.10	5.36	6.21	6.47	5.96
肇庆市	4.19	4.10	3.47	3.45	4.29	3.64	5.18	3.56	4.17	3.66
郑州市	23.21	23.77	23.60	25.35	23.20	24.94	24.18	23.94	24.39	23.82
中山市	8.41	7.05	8.88	9.57	9.70	10.63	9.78	11.72	11.10	11.94
重庆市	52.14	50.71	54.10	53.25	47.44	65.59	66.34	81.65	69.31	72.99
舟山市	5.51	4.25	3.73	3.62	4.14	3.61	3.77	3.64	4.06	4.05
周口市	2.95	3.48	2.68	2.61	3.18	2.61	2.59	3.27	2.80	3.07
驻马店市	2.12	2.35	3.22	3.01	3.54	2.85	2.74	3.55	3.46	3.66
自贡市	6.28	5.53	5.40	4.84	5.90	5.40	5.38	6.41	5.20	5.95

附 录 3

2001~2010 年我国房价场景匹配性标准化数据表

城市	2002 年	2003 年	2004 年	2005 年	2006 年	2007 年	2008 年	2009 年	2010 年
安庆市	0.85	0.64	0.91	1.03	0.82	0.91	1.16	0.82	0.74
安阳市	1.63	1.75	1.29	1.42	1.73	2.13	1.65	1.92	2.22
鞍山市	1.20	0.79	0.91	0.75	0.78	0.92	0.81	0.90	1.00
蚌埠市	1.52	0.48	0.49	0.54	0.68	0.68	0.64	0.60	0.46
包头市	3.30	3.71	3.57	2.86	2.52	1.25	1.00	1.68	1.19
宝鸡市	1.49	2.97	2.53	4.39	3.86	5.04	3.91	1.84	2.55
保定市	2.94	1.37	2.83	2.47	1.91	1.75	1.46	3.21	2.06
北京市	1.00	2.00	2.00	2.00	1.00	1.00	1.00	1.00	1.00
本溪市	0.40	0.57	0.68	0.60	0.51	0.66	0.61	0.71	0.66
亳州市	0.95	1.41	1.03	0.92	0.68	1.09	1.43	1.17	1.34
沧州市	0.53	0.48	0.67	0.82	0.98	0.91	1.98	2.26	0.90
常德市	0.97	1.98	2.81	2.06	1.13	1.78	2.24	2.18	2.60
朝阳市	0.64	0.68	0.70	0.72	0.74	0.76	0.65	0.94	0.92
潮州市	0.70	0.64	0.70	0.78	0.71	0.74	0.60	0.79	0.52
郴州市	0.99	1.06	1.21	1.39	1.27	0.98	1.33	1.45	1.29
成都市	2.88	2.75	2.71	2.00	1.75	1.75	2.17	2.67	2.67
承德市	0.27	0.30	0.48	0.53	0.50	0.42	0.59	0.61	0.67
池州市	0.76	0.86	0.61	0.56	0.49	0.44	0.43	0.44	0.42
赤峰市	1.61	2.27	2.73	2.13	2.61	2.26	3.00	1.91	1.41
滁州市	0.40	0.50	0.68	0.55	0.49	0.47	0.51	0.37	0.39
达州市	1.11	1.08	0.99	0.61	1.01	0.86	0.76	0.71	0.64
大连市	0.50	0.55	0.58	0.71	0.62	0.54	0.67	0.92	1.00
大庆市	2.37	1.65	2.75	1.42	1.25	1.78	1.54	1.57	1.61
大同市	1.97	2.58	2.46	2.00	1.70	2.33	3.17	2.41	2.93
丹东市	0.90	0.81	0.44	0.49	0.51	0.61	0.47	0.47	0.65

城市	2002 年	2003 年	2004 年	2005 年	2006 年	2007 年	2008 年	2009 年	2010 年
德阳市	0.90	0.86	0.76	0.84	0.64	0.43	0.51	0.50	0.49
佛山市	7.50	0.85	0.77	1.08	1.09	0.67	1.11	0.91	0.82
抚顺市	1.34	1.06	0.55	1.29	1.00	1.29	0.95	0.91	0.89
抚州市	1.19	0.95	1.23	1.46	1.75	1.12	1.41	1.59	2.17
阜新市	0.81	0.87	1.03	0.71	0.81	0.59	0.59	0.88	0.86
阜阳市	1.63	2.55	2.32	1.90	1.90	1.40	2.32	1.28	1.32
赣州市	1.43	1.27	1.16	1.13	1.04	0.87	0.81	0.71	0.51
桂林市	0.46	0.55	1.03	1.34	1.00	1.50	0.75	1.27	1.12
哈尔滨市	1.83	2.83	28.00	4.40	6.75	5.17	5.00	4.80	4.00
邯郸市	2.31	2.76	2.28	2.48	2.10	2.11	2.03	1.90	1.89
杭州市	0.43	0.43	0.38	0.50	0.67	0.75	0.50	0.63	0.50
合肥市	2.69	1.35	1.07	1.13	1.25	1.69	1.37	1.28	1.13
鹤壁市	0.29	1.03	1.01	1.17	1.02	1.00	1.13	1.02	0.97
鹤岗市	1.00	0.94	1.17	0.91	0.86	0.87	1.02	0.86	1.06
黑河市	0.13	0.47	0.96	0.40	0.88	0.99	0.87	0.54	0.69
衡阳市	4.04	4.67	4.21	3.88	3.97	4.09	4.31	3.67	4.76
呼和浩特市	2.13	2.23	2.45	1.95	1.50	2.00	2.24	1.18	1.77
呼伦贝尔市	0.60	0.44	0.45	0.47	0.49	0.64	0.39	0.61	0.64
葫芦岛市	0.39	0.64	0.72	0.99	0.73	0.54	0.63	0.72	0.55
湖州市	0.32	0.37	0.30	0.28	0.25	0.26	0.19	0.16	0.15
怀化市	1.38	1.28	1.24	1.16	1.36	1.63	1.32	1.35	1.10
淮北市	1.69	1.18	1.13	0.85	1.15	1.33	1.19	1.35	1.53
黄山市	0.86	0.42	0.40	0.63	0.57	0.60	0.63	0.53	0.45
鸡西市	0.37	1.42	1.42	0.66	0.68	0.65	0.73	0.62	0.58
吉安市	1.53	1.18	1.01	1.08	1.08	0.97	1.02	1.02	0.90
佳木斯市	0.87	1.24	1.42	1.36	1.39	1.46	1.33	1.05	1.34
嘉兴市	0.57	0.51	0.42	0.31	0.36	0.27	0.18	0.23	0.22
江门市	2.07	1.11	1.11	1.19	1.09	0.70	0.70	0.63	0.54
焦作市	1.41	1.91	1.80	2.19	1.91	1.38	0.78	1.39	1.47
金华市	0.53	0.41	0.26	0.18	0.24	0.24	0.21	0.22	0.15
锦州市	0.67	0.52	0.75	1.04	1.57	1.32	0.72	1.16	0.72

续表

城市	2002 年	2003 年	2004 年	2005 年	2006 年	2007 年	2008 年	2009 年	2010 年
晋城市	0.94	0.70	0.69	0.60	0.42	0.30	0.33	0.58	0.62
晋中市	1.13	1.03	0.79	0.76	0.99	1.10	0.97	1.79	1.68
景德镇市	0.73	0.76	0.59	0.78	1.09	1.04	0.66	1.10	1.11
九江市	3.30	2.61	2.19	2.05	2.20	1.49	0.97	0.63	0.86
开封市	1.96	1.62	1.83	0.67	0.95	0.76	1.22	1.25	1.11
克拉玛依市	1.43	0.64	0.67	0.92	0.79	1.36	1.11	1.11	0.79
乐山市	1.23	1.62	1.60	1.47	1.43	0.90	1.06	1.02	0.79
丽水市	0.28	0.18	0.12	0.09	0.06	0.08	0.06	0.09	0.13
辽阳市	0.65	0.63	0.55	0.68	0.56	0.74	0.51	1.17	0.59
临汾市	1.15	1.69	0.81	0.79	0.92	1.60	1.22	2.27	2.00
柳州市	1.16	1.00	0.97	0.97	0.92	1.11	0.88	0.59	0.98
六安市	0.86	2.60	2.00	1.68	1.71	1.12	1.55	1.18	1.71
娄底市	0.30	1.07	0.93	1.08	0.39	1.07	0.90	1.02	1.04
泸州市	1.44	1.54	1.38	1.62	1.59	1.15	1.43	1.34	1.10
洛阳市	2.03	3.38	2.57	2.37	1.93	1.93	1.66	2.35	2.37
漯河市	2.84	1.20	1.04	1.64	1.56	1.25	2.31	1.75	2.18
马鞍山市	0.84	0.47	0.42	0.23	0.34	0.33	0.27	0.22	0.29
茂名市	1.00	0.96	0.90	1.25	1.06	0.80	1.76	1.26	1.64
绵阳市	1.58	1.43	1.19	1.29	1.40	1.53	1.56	1.24	0.96
牡丹江市	0.91	1.02	2.29	1.01	1.43	1.25	0.95	0.81	0.68
南昌市	1.90	1.00	1.57	2.25	1.50	1.64	1.69	1.88	1.56
南充市	2.45	2.58	2.72	3.64	3.89	3.39	2.42	1.95	2.20
南宁市	0.50	0.95	0.63	1.67	1.67	1.60	1.57	1.27	1.85
南阳市	3.08	2.74	3.45	3.53	3.66	3.34	2.61	3.47	4.28
内江市	1.37	1.93	1.78	1.58	1.75	1.50	1.75	1.18	1.30
宁波市	0.36	0.40	0.25	0.20	0.30	0.32	0.30	0.32	0.32
攀枝花市	0.26	0.93	1.06	0.56	0.60	0.80	0.85	0.69	0.99
盘锦市	0.59	0.54	0.59	0.64	0.75	1.15	0.26	0.98	1.30
平顶山市	1.15	0.65	1.16	1.26	1.67	1.82	1.92	1.95	2.07
萍乡市	1.42	1.58	1.36	0.64	1.16	1.19	1.28	1.04	1.16

城市	2002 年	2003 年	2004 年	2005 年	2006 年	2007 年	2008 年	2009 年	2010 年
濮阳市	1.43	1.52	1.33	1.17	1.32	1.56	1.32	1.34	1.39
七台河市	0.46	0.48	1.04	0.63	0.65	0.68	0.78	0.85	0.72
齐齐哈尔市	1.76	1.69	4.24	2.50	3.10	2.18	2.21	3.33	3.86
秦皇岛市	0.49	0.47	0.44	0.53	0.41	0.47	0.32	0.36	0.40
衢州市	0.54	0.28	0.40	0.32	0.31	0.39	0.34	0.31	0.20
三门峡市	1.11	0.77	0.60	1.04	0.72	1.04	0.99	0.72	0.94
三亚市	1.11	0.11	0.05	0.08	0.03	0.04	0.02	0.04	0.02
商丘市	2.77	4.03	1.63	3.59	2.65	1.60	3.91	3.91	4.18
上海市	1.00	0.50	0.50	0.50	1.00	1.00	2.50	1.50	1.50
上饶市	0.96	0.86	0.94	1.00	0.95	0.97	1.03	0.92	0.76
邵阳市	1.47	1.19	1.18	1.00	1.33	1.21	1.22	1.21	2.37
绍兴市	0.46	0.15	0.25	0.14	0.14	0.17	0.12	0.12	0.07
沈阳市	1.40	1.40	1.50	2.43	2.43	2.71	2.57	2.86	2.71
石家庄市	2.25	2.44	2.82	3.18	2.67	2.61	3.92	2.23	2.75
绥化市	0.90	0.74	0.86	0.98	0.93	0.99	1.06	0.81	0.88
遂宁市	1.07	1.38	1.57	1.60	1.44	1.18	1.86	1.71	1.39
台州市	0.48	0.17	0.26	0.11	0.12	0.15	0.22	0.13	0.17
太原市	1.55	0.44	1.44	1.44	1.67	1.70	1.73	1.89	1.11
唐山市	2.82	3.43	1.94	1.94	1.89	1.45	1.83	1.85	2.05
铁岭市	0.67	0.59	0.66	0.64	0.52	0.58	0.66	0.72	0.64
铜陵市	0.96	0.54	0.45	0.44	0.29	0.19	0.22	0.27	0.20
温州市	0.22	0.17	0.15	0.15	0.20	0.16	0.12	0.08	0.18
乌海市	1.83	1.10	0.77	0.79	1.73	0.93	1.59	1.35	0.78
乌鲁木齐市	0.80	1.00	1.50	1.63	2.59	2.35	8.59	2.35	1.76
芜湖市	2.10	0.66	0.56	0.41	0.43	0.53	0.36	0.49	0.33
吴忠市	0.73	0.67	0.58	0.76	0.83	0.98	0.92	0.79	0.98
梧州市	0.27	0.52	0.46	0.82	0.58	0.80	0.71	0.68	0.81
西安市	5.00	4.75	2.75	5.00	3.80	5.00	6.00	6.75	8.00
西宁市	2.08	1.56	1.12	1.15	1.38	1.56	0.70	0.98	1.32
湘潭市	2.08	2.12	1.92	2.03	1.85	1.61	1.16	1.40	1.02

续表

城市	2002 年	2003 年	2004 年	2005 年	2006 年	2007 年	2008 年	2009 年	2010 年
忻州市	0.94	1.13	0.94	0.99	1.14	1.05	1.28	1.43	2.00
新乡市	1.60	1.59	1.15	2.36	2.51	2.80	2.30	2.54	2.84
信阳市	0.82	2.10	0.49	2.25	1.47	1.61	3.10	2.50	3.56
邢台市	1.63	1.09	1.47	0.69	1.28	1.88	1.58	3.11	1.89
许昌市	0.58	0.88	0.73	0.80	1.06	1.35	0.92	0.82	0.96
宣城市	0.50	0.82	0.52	0.54	0.45	0.52	0.47	0.46	0.57
阳泉市	0.90	1.12	0.97	0.83	1.01	0.67	0.69	1.65	2.86
伊春市	1.25	1.16	1.44	1.29	1.28	1.20	1.14	1.25	1.29
宜宾市	1.05	1.47	1.33	1.17	1.01	0.99	0.99	0.80	1.00
宜春市	1.15	1.97	1.73	1.79	1.31	1.19	1.52	1.27	1.56
益阳市	1.70	2.70	1.59	2.53	1.68	1.44	1.85	1.50	1.72
银川市	0.76	0.95	1.29	1.13	1.52	2.41	1.68	1.03	1.00
鹰潭市	0.38	0.75	0.77	0.80	0.92	0.59	0.77	0.39	0.43
营口市	0.80	0.62	1.00	0.85	0.89	0.99	0.83	0.66	0.56
永州市	1.75	2.83	1.83	1.56	1.71	1.60	1.73	1.54	1.54
玉林市	0.64	0.97	1.00	1.17	0.61	0.73	1.27	1.30	1.43
岳阳市	1.64	1.65	1.94	1.97	2.27	2.48	1.93	4.31	2.56
运城市	0.88	0.85	0.90	0.78	1.06	1.03	1.80	1.53	1.70
湛江市	0.12	1.05	0.96	1.60	1.21	1.07	1.32	0.79	1.31
张家界市	0.89	0.42	0.47	0.77	0.93	0.72	0.92	0.87	0.76
张家口市	1.03	1.37	1.36	1.60	1.36	1.61	1.46	1.44	1.09
长沙市	2.83	2.17	2.64	3.00	2.42	2.36	1.87	2.50	2.36
长治市	1.06	0.75	0.36	0.67	0.85	0.66	1.48	1.36	1.58
肇庆市	0.04	0.27	0.30	0.42	0.31	0.41	0.33	0.36	0.34
郑州市	2.33	2.40	2.60	2.30	2.40	2.44	2.30	2.20	2.50
中山市	1.85	0.32	0.48	0.66	0.85	0.52	0.68	0.69	0.92
重庆市	15.33	13.67	13.67	12.33	12.67	12.67	15.00	13.67	11.67
舟山市	0.14	0.08	0.07	0.06	0.09	0.11	0.06	0.06	0.06
周口市	0.26	0.99	0.93	0.90	1.08	1.07	1.12	0.98	1.14
驻马店市	1.00	1.08	0.96	0.92	0.94	1.06	1.21	1.19	1.25
自贡市	0.89	1.45	1.37	1.69	1.67	1.49	1.44	1.09	1.12

参考文献

边燕杰、约翰·罗根、卢汉龙、潘允康、关颖:《"单位制"与住房商品化》,《社会学研究》1996 年第 1 期。

蔡禾:《城市社会学:理论与视野》,中山大学出版社 2003 年版。

曹振良:《房地产经济学通论》,北京大学出版社 2003 年版。

陈毕新、陈小鸿:《轨道交通对城市住宅价格的影响因素分析》,《价格理论与实践》2006 年第 12 期。

陈昌明:《我国房地产价格指数探讨》,《现代经济信息》2011 年第 7 期。

陈红艳:《试析房地产价格指数的偏差与完善》,《江西社会科学》2010 年第 6 期。

程海燕、施建刚:《房地产市场区位性及其投资影响分析》,《房地产市场》2000 年第 7 期。

褚劲风、周琪:《轨道交通对其沿线商品住宅价格的影响——以上海地铁一号线为例》,《上海师范大学学报（自然科学版）》2004 年第 2 期。

崔功豪:《中国城市规划观念六大变革——30 年中国城市规划的回顾》,《上海城市规划》2008 年第 6 期。

董昕:《城市住宅区全及其影响因素分析》,《城市规划》2001 年第 6 期。

杜德斌、崔裴:《论住宅需求、居住选址与居住分异》,《经济地理》1996 年第 6 期。

费孝通:《略谈中国的社会学》,《社会学研究》1994 年第 1 期。

费孝通:《重建社会学与人类学的回顾和体会》,《中国社会科学》2000 年第 1 期。

冯尔康、常建华:《中国历史上的生活方式与观念》,馨园文教基金会出版社 1998 年版。

冯健、周一星、程茂吉:《南京市流动人口研究》,《城市规划》2001 年第 5 期。

傅筑夫：《中国古代城市在国民经济中的地位和作用》，载《中国经济史论丛》，三联书店 1980 年版。

龚维斌：《我国社会管理体制存在的主要问题》，《理论视野》2010 年第 1 期。

顾朝林、宋国臣：《城市意象研究及其在城市规划中的应用》，《城市规划》2001 年第 3 期。

顾朝林：《城市社会学》，东南大学出版社 2002 年版。

贵永霞：《农民工的城市认同与城市依恋研究》，西南大学硕士论文，2010 年。

郭斌、王莹：《基于动态计量经济学模型的城市房价影响因素研究》，《商业研究》2010 年第 11 期。

郭晓宇：《住房需求研究综述》，《生产力研究》2008 年第 17 期。

何增科：《中国社会管理体制改革与社会工作发展》，中国社会出版社 2008 年版。

华揽洪：《重建中国——城市规划三十年（1949~1979）》，三联书店 2006 年版。

黄慧明：《地铁对广州市商品住宅的空间影响研究》，《现代城市研究》2001 年第 4 期。

黄健柏、江飞涛、陈伟刚：《对我国房价与地价相互关系的再检验》，《预测》2007 年第 2 期。

黄鹭新、谢鹏飞、荆锋、况秀琴：《中国城市规划三十年（1978–2008）纵览》，《国际城市规划》2009 年第 1 期。

江曼琦：《城市空间结构优化的经济分析》，人民出版社 2001 年版。

蒋芳、朱道林：《基于 GIS 的地价空间分布规律研究——以北京市住宅地价为例》，《经济地理》2005 年第 2 期。

金三林：《我国房价收入比的社会差距与住房政策体系的基本构想》，《经济纵横》2007 年第 9 期。

孔煌：《市场预期与房地产价格波动》，《中央财经大学学报》2009 年第 2 期。

况伟大：《预期、投机与中国城市房价波动》，《经济研究》2010 年第 9 期。

郎友兴、汪锦军、徐东涛：《社会管理体制创新研究论纲》，《浙江社会科学》2011 年第 4 期。

李二玲、李小建：《基于社会网络分析方法的产业集群研究——以河南省虞城县南庄村钢卷尺产业集群为例》，《人文地理》2007 年第 6 期。

李军鹏：《政府社会管理的国际经验研究》，《中国行政管理》2007 年第 12 期。

李玲、谷树忠、胡克林：《都市地价空间分析方法及其应用——以北京市为例》，《资源科学》2003 年第 4 期。

李路路：《论单位研究》，《社会学研究》2005 年第 4 期。、

李培林：《社会学与中国社会》，社会科学文献出版社 2008 年版。

李平、张庆普：《企业关键之力资本识别的社会网络分析法研究》，《南开管理评论》2008 年第 3 期。

李若建：《广州市外来人口的空间分布分析》，《中山大学学报》（社会科学版）2003 年第 3 期。

李雪铭、张馨、张春花、申娜：《大连商品住宅价格空间分异规律研究》，《地域研究与开发》2004 年第 6 期。

李远：《十年改革怪现象：五星旗下启示录》，百姓文化事业有限公司 1991 年版。

李志、周生路、张红富、姚鑫、吴巍：《基于 GWR 模型的南京市住宅地价影响因素及其边际价格作用研究》，《中国土地科学》2009 年第 23 期。

李志刚、吴缚龙、卢汉龙：《当代我国大都市的社会空间分异——对上海三个社区的实证研究》，《城市规划》2004 年第 6 期。

廉思：《蚁族——大学毕业生聚居村实录》，广西师范大学出版社 2009 年版。

梁丹、甘豫华：《郑州城市居民择居行为及影响因素分析》，《平顶山学院学报》2010 年第 5 期。

梁云芳、高铁梅、贺书平：《房地产市场与国民经济协调发展的实证分析》，《中国社会科学》2006 年第 3 期。

廖天飞：《从房价收入比和住房租售比看房价的合理性》，《福建建筑》2008 年第 9 期。

刘冰、张晋庆：《城市居住空间分异的规划对策研究》，《城市规划》2002 年第 9 期。

刘惠生、王效端：《论加速我国农村人口城镇化的途径与对策》，《管理教育学刊》1996 年第 4 期。

刘建军：《单位国家：社会调控体系重构中的个人、组织与国家》，天津人民出版社 2000 年版。

刘军：《法村社会支持网络的整体结构研究块模型及其应用》，《社会》2006 年第 3 期。

刘军：《社会网络模型研究论析》，《社会研究》2004 年第 1 期。

龙开胜、李凤：《跳出地价陷阱——理性认识地价与房价关系之争》，《资源与人居环境》2006 年第 1 期。

鲁德银：《论中国特色的土地城镇化道路》，《农村经济》2010 年第 8 期。

鲁西奇、马剑：《空间与权力：中国古代城市形态与空间结构的政治文化内涵》，《江汉论坛》2009 年第 4 期。

路风：《单位：一种特殊的社会组织形式》，中国社会科学出版社 1989 年版。

吕萍、甄辉：《基于 GWR 模型的北京市住宅用地价格影响因素及其空间规律研究》，《经济地理》2010 年第 30 期。

罗家德、王竞、张佳音、谢朝霞：《社会网研究的架构——以组织理论与管理研究为例》，《社会》2008 年第 6 期。

罗平、牛慧恩：《基于 SD-GIS 模型的兰州市住宅价格时空模拟研究》，《兰州大学学报》（自然科学版）2002 年第 4 期。

马思新、李昂：《基于 hedonic 模型的北京住宅价格影响因素分析》，《土木工程学报》2003 年第 9 期。

梅志雄、黎夏：《基于 esda 和 kriging 方法的东莞市住宅价格空间结构》，《经济地理》2008 年第 5 期。

梅志雄、黎夏：《基于地统计分析的房价空间分布差异研究——以东莞市 2006 年普通住宅价格为例》，《华南师范大学学报》（自然科学版）2007 年第 4 期。

孟斌、王劲峰、张文忠、刘旭华：《基于空间分析方法的中国区域差异研究》，《地理科学》2005 年第 4 期。

钱锡红、杨永福、徐万里：《企业网络位置、吸收能力与创新绩效——一个交互效应模型》，《管理世界》2010 年第 5 期。

钱瑛瑛、陈哲、徐莹：《基于空间失配理论的上海市中低价位商品房选址研究》，《现代城市研究》2007 年第 3 期。

钱瑛瑛、王振帅：《城市成长管理理论下保障性住房可持续发展策略》，《中国房地产》2009 年第 3 期。

秦晖：《传统十论》，复旦大学出版社 2004 年版。

裘雨明：《城市房地产价格指数编制理论及方法评价》，《绍兴文理学院学报》2004 年第 24 期。

任荣荣、郑思齐、龙奋杰：《预期对房价的作用机制：对 35 个大中城市的实证研究》，《经济问题探索》2008 年第 1 期。

邵道生：《中国社会的犯罪问题："游民犯罪论"》，中国社会出版社 1998
　　年版。

沈关宝：《我国人口城镇化的特点及其成因探析》，《江苏社会科学》2005 年
　　第 5 期。

沈悦、刘洪玉：《房地产价格与宏观经济指标关系的研究》，《价格理论与实
　　践》2002 年第 8 期。

沈悦、刘洪玉：《我国房地产业的增长空间分析》，《建筑经济》2003 年第
　　7 期。

师立新：《百姓心理预期对房价的影响》，西安建筑科技大学 2009 年硕士
　　论文。

宋利利、路燕：《新乡市普通住宅价格空间分布特征研究》，《城市发展研究》
　　2009 年第 7 期。

宋伟轩：《大城市保障性住房空间布局的社会问题与治理途径》，《城市发展
　　研究》2011 年第 8 期。

宋雪娟、卫海燕、王莉：《西安市住宅价格空间结构和分异规律分析》，
　　《测绘科学》2011 年第 3 期。

苏方林：《基于地理加权回归模型的县域经济发展的空间因素分析——以辽
　　宁省县域为例》，《学术论坛》2005 年第 5 期。

苏腾：《〈北京市城市规划条例〉比较、分析和建议》，清华大学硕士毕业论
　　文，2004 年。

孙明洁：《城市社会学的主要理论及其发展》，《城市问题》1999 年第 3 期。

孙宪华、张臣曦：《质量交叉效应及其对房地产价格指数的影响——基于
　　Chow 检验的交叉变量分析》，《统计与决策》2009 年第 21 期。

陶然、曹广忠：《"空间城镇化"、"人口城镇化"的不匹配与政策组合应
　　对》，《改革》2008 年第 10 期。

陶松龄、陈蔚镇：《上海城市形态的演化与文化魄力的探究》，《城市规划》
　　2001 年第 6 期。

田克勤：《中国共产党与二十世纪中国社会的变革》，中共党史出版社 2004
　　年版。

田英、赵军、管信龙：《1990~2005 年甘肃省人口经济压力空间格局及变化
　　分析》，《资源环境与发展》2008 年第 1 期。

汪云林、李丁、付允、韩伟：《国家自然科学基金合作网络分析——以中国

西部环境和生态科学为例》,《研究与发展管理》2008 年第 2 期。

王波:《纽约:市场、法律、政府三方保障出租房》,《中国地产市场》2006 年第
9 期。

王德、黄万枢:《外部环境对住宅价格影响的 hedonic 法研究——以上海市为
例》,《城市规划》2007 年第 9 期。

王沪宁:《当代中国村落家庭文化》,上海世纪出版股份有限公司 1991 年版。

王开庆、王毅杰:《生活情境中的情感归属与身体归属——流动儿童城市认
同研究》,《中国青年研究》2011 年第 3 期。

王林、易文华:《中低价位住房区位选址综述》,《经济研究导刊》2009 年第
4 期。

王霞、朱道林:《地统计学在都市房价空间分布规律研究中的应用——以北
京市为例》,《中国软科学》2004 年第 8 期。

王旭:《当代美国大都市区社会问题与联邦政府政策》,《世界历史》2001 年
第 3 期。

王旭育:《城市住宅特征价格模型的理论分析》,《上海管理科学》2006 年第
28 期。

王颖:《城市社会学》,三联书店 2005 年版。

王玥、王闯:《沈阳市居民择居行为影响因素分析》,《现代经济》2008 年第
8 期。

魏立华、李志刚:《中国城市低收入阶层的住房困境及其改善模式》,《城市
规划学刊》2006 年第 2 期。

温海珍、贾生华:《住宅的特征与特征的价格——基于特征价格模型的分
析》,《浙江大学学报》(工学版) 2004 年第 10 期。

温海珍:《城市住宅的特征价格:理论分析与实证研究》,浙江大学 2003 年硕
士论文。

翁少群、刘洪玉:《宏观调控下的房价表现——从需求方心理预期的角度分
析》,《价格理论与实践》2005 年第 6 期。

吴迪、高鹏、董纪昌:《保障性住房违规出租问题的博弈分析和治理研究》,
《管理评论》2011 年第 2 期。

吴迪、高鹏、董纪昌:《公共租赁房租金定价研究》,《数学的实践与认识》
2011 年第 5 期。

吴迪、高鹏、董纪昌:《基于场景理论的中国城市居住房地产需求研究》,

《系统科学与数学》2011 年第 3 期。

吴迪、高鹏：《"城中村"问题的国内理论研究进展》，《学术论坛》2009 年第 12 期。

吴迪、李秀婷、高鹏、董纪昌：《我国房地产市场的短期量价变化研究及预测》，《改革与战略》2011 年第 3 期。

吴迪：《基于场景理论的我国城市居住空间研究》，中国科学院研究生院 2011 年版博士论文。

吴良镛：《芒福德的学术思想及其对人居环境学建设的启示》，《城市规划》1996 年第 1 期。

吴启焰：《大城市居住空间分异研究的理论与实践》，科学出版社 2001 年版。

吴文钰：《城市便利性、生活质量与城市发展：综述及启示》，《城市规划学刊》2010 年第 4 期。

吴宇哲、吴次芳：《基于 kriging 技术的城市基准地价评估研究》，《经济地理》2001 年第 5 期。

吴玉军、宁克平：《城市化进程中农民工的城市认同困境》，《浙江社会科学》2007 年第 4 期。

吴玉鸣、徐建华：《中国区域经济增长集聚的空间统计分析》，《地理科学》2004 年第 6 期。

吴之凌、吕维娟：《解读 1909 年〈芝加哥规划〉》，《国际城市规划》2008 年第 5 期。

相伟：《我国人口城镇化的难点与对策》，《宏观经济管理》2011 年第 10 期。

向大庆：《商品住宅消费中的择居意向与价值观》，《新建筑》1995 年第 5 期。

谢静：《钓鱼台 7 号院："最天价"楼盘考验"最严厉"政策》，《证券日报》2011 年 5 月。

熊海璐、吴晓燕：《浅析武汉市住房价格空间分异的原因——基于 Hedonic 模型》，《区域经济》2011 年第 4 期。

徐翔：《网络文化提升城市认同的路径探析》，《城市观察》2012 年第 2 期。

徐晓林、赵铁、［美］特里·克拉克：《场景理论：区域发展文化动力的探索及启示》，《国外社会科学》2012 年第 3 期。

许光建、魏义方、戴李元、赵宇：《中国城市住房价格变动影响因素分析》，《经济理论与经济管理》2010 年第 8 期。

许晓晖：《上海市商品住宅价格空间分布特征分析》，《经济地理》1997 年第

5 期。

闫妍、许伟、郜慧、宋洋、张文、袁宏、汪寿阳：《基于 tei@I 方法论的房价预测方法》，《系统工程理论与实践》2007 年第 7 期。

杨保军：《城市规划 30 年回顾与展望》，《城市规划学刊》2010 年第 1 期。

杨辰：《日常生活空间的制度化——20 世纪 50 年代上海工人新村的空间分析框架》，《同济大学学报》（社会科学版）2009 年第 6 期。

杨宽：《中国古代都城制度史研究》，上海古籍出版社 1993 年版。

杨上广、王春兰：《上海城市居住空间分异的社会学研究》，《社会》2006 年第 6 期。

杨盛元：《大城市居住区位演变浅议以重庆为例》，《经济地理》1996 年第 5 期。

叶迎君：《居住空间分异初探》，《规划师》2001 年第 8 期。

于铭松：《韦伯儒教伦理与资本主义发展理论解析》，《中国社会科学院研究生院学报》2004 年第 5 期。

余英时：《现代儒学论》，上海人民出版社 1998 年版。

俞静、朱嵘：《从我国住房政策调整看城镇低收入群体居住问题》，《规划师》2006 年第 10 期。

俞可平：《推进社会管理体制的改革创新》，《学习时报》，2007 年 4 月 23 日。

郁建兴、吴玉霞：《社会管理体制创新与服务性政府建设——基于浙江省宁波市海曙区的研究》，《当代中国政治研究报告》2009 年第 10 期。

张光直：《关于中国初期"城市"这个概念》，《文物》1985 年第 1 期。

张庭伟：《1990 年代中国城市空间结构的变化及其动力机制》，《城市管理评论》2001 年第 1 期。

张庭伟：《从美国城市规划的变革看中国城市规划的改革》，《城市规划汇刊》1996 年第 3 期。

张庭伟：《始显点理论》，《城市规划汇刊》1982 年第 4 期。

张文忠、刘旺：《西方城市居住区位决策与再选择模型的评述》，《地理科学进展》2004 年第 5 期。

张文忠：《城市居民住宅区位选择的因子分析》，《地理科学进展》2001 年第 9 期。

张占斌：《城镇化红利潜能究竟有多大》，《人民论坛》2013 年 3 月。

张祚、李江风、刘艳中、黄琳：《经济适用房空间分布对居住空间分异的影响——以武汉市为例》，《城市问题》2008 年第 7 期。

赵凤：《城市居住空间分异现状及分析》，《经济与社会发展》2007 年 8 月。

赵铁：《都市生态学术传统的传承》，广西人民出版社 2008 年版。

赵自胜：《城市商品住宅价格空间分异研究》，河南大学 2010 年硕士论文。

郑杭生：《社会学视野中的社会建设与社会管理》，《中国人民大学学报》
2006 年第 2 期。

郑杭生：《转型中的中国社会和中国社会的转型：中国社会主义现代进程的
社会学研究》，首都师范大学出版社 1996 年版。

郑捷奋、刘洪玉：《深圳地铁建设对站点周边住宅价值的影响》，《铁道学报》
2005 年第 10 期。

郑娟尔、吴次芳：《地价与房价的因果关系——全国和城市层面的计量研
究》，《中国土地科学》2006 年第 6 期。

郑睿祺、刘洪玉：《房价收入比的性质与合理取值范围》，《中国房地产》
2002 年第 8 期。

郑思齐、曹洋、刘洪玉：《城市价值在住房价格中的显性化及其政策含
义——对中国 35 个城市住宅价格的实证研究》，《城市发展研究》2008
年第 1 期。

郑思齐、符育明、刘洪玉：《城市居民对居住区位的偏好：支付意愿梯度模
型的估计》，《地理科学进展》2005 年第 1 期。

郑思齐、王寅啸：《房价上涨预期对住房需求的放大效应研究》，《中国物价》
2007 年第 6 期。

郑芷青：《广州市商品住宅价格分布特征研究》，《热带地理》2001 年第 1 期。

中国人口与发展研究中心课题组：《中国人口城镇化战略研究》，《人口研
究》2012 年第 3 期。

周春山、罗彦：《近 10 年广州市房地产价格的空间分布及其影响》，《城市规
划》2004 年第 3 期。

周华、李同升：《基于 Hedonic 模型的西安市住宅价格空间分异机制研究》，
《西安文理学院学报》（自然科学版）2007 年第 2 期。

周蜀秦：《西方城市社会学研究的范式演进》，《南京师大学报》（社会科学
版）2010 年第 6 期。

周霞、刘管平：《风水思想影响下的明清广州城市形态》，《华中建筑》1999
年第 6 期。

周昭霞：《基于单中心扩展模型的杭州城市地价空间结构研究》，浙江大学

2005 年硕士论文。

朱海燕、魏江:《集群网络结构演化分析》,《中国工业经济》2009 年第 10 期。

A. W. Evans, *Urban Economics*: *A Introduction*, Oxford, Basil Blackwell Ltd., 1985.

Alexander Wilson, *The Culture of Nature*: *North American Landscape from Disney to the Exxon Valdez*, Between The Lines Press, 1991.

Alicia N. R., D.S., "Prasada Rao: Hedonic Predicted House Price Indices Using Time-Varying Hedonic Models With Spatial Autocorrelation", *School of Economics Discussion Paper*, No. 432, July 2011.

Alm, James, H. Spencer Banzhaf, "Designing Economic Instruments for the Environment in a Decentralized Fiscal System", *Journal of Economic Surveys*, Vol.26, No. 2, 2012, pp. 177-202.

Alonso W., *Location and Land Use*, Cambridge, Harvard University Press, 1964.

B. Womack, "Transfigured Community: Neo-Traditionalism and Work Unit Socialism in China", *The China Quarterly*, No.6, 1991, pp. 32-34.

Bailey M.J., R.E. Muth, H.O. Nourse, "A Regression Method for Real Estate Price Index Construction", *AmeLStat. Assoc*, Vol. 58, No. 304, 1963, pp. 933-942.

Berry, Brian J. L., *Commercial Structure and Commercial Blight*: *Retail Patterns and Processes in the City of Chicago*, University of Chicago Press, 1963.

Berry, Brian J. L., *Island of Renewal -Seas of Decay*: *The Evidence on Inner-City Gentrification*, Washington: The Brookings, 1985.

Borer, Michael Ian, "The Location of Culture: The Urban Culturalist Perspective", *City & Community*, Vol.5, No. 2, 2006, pp. 173-197.

Bowen W. M., "Theoretical and Empirical Considerations Regarding Space in Hedonic Housing Price Model Applications", *Growth and Change*, Vol. 32, No.4, 2001, pp.466-490.

Brueckner Jan K., Jacques-François Thisse, Yves Zenoub, "Why Is Central Paris Rich and Downtown Detroit Poor? An Amenity -Based Theory", *European Economic Review*, Vol. 34, No.1, 1999, pp.91-107.

Capozza ed., "Determinants of Real House Price Dynamics", *NBER Working Paper*, 2002.

Capozza ed., "Expectations, Efficiency, and Euphoria in The Housing Market", *Regional Science and Urban Economics*, Vol. 26, No.3, 1996.

Case B., J. M. Quigley, "The Dynamics of Real Estate Prices", *The Review of Economics and Statistics*, Vol. 73, No. 1, 1991, pp. 50–58.

Case ed., "The Behavior of Home Buyers in Boom and Post-Boom Markets", *New England Economic Review*, Vol.30, No.7, 1988.

Case ed., "The Efficiency of the Market for Single-Family Homes", *American Economic Review*, Vol. 79, No. 1, 1989.

Charles Madigan, *Global Chicago*, University of Illinois Press and the Chicago Council on Foreign Relations, 2004.

Chen, Xiaoyong, Kozo Ikeda, Kazuyoshi Yamakita, Mitsuru Nasu, "Three-Dimensional Modeling of Gis based on Delaunay Tetrahedral Tessellations", In *Spatial Information from Digital Photogrammetry and Computer Vision*: *ISPRS Commission III Symposium*: International Society for Optics and Photonics, 1994, pp. 132–139.

Christaller, Walter, *Die Zentralen Orte in Süddeutschland*: *Eine Konomisch-Geographische Untersuchung ber Die Gesetzmässigkeit Der Verbreitung Und Entwicklung Der Siedlungen Mit Städtischen Funktionen*: Wissenschaftliche Buchgesellschaft, 1933.

Clark, T.N., "Amenities Drive Urban Growth", *Journal of Urban Affairs*, Vol. 24, No. 5, 2002, pp.493–515.

Clark, T.N., "Making Culture into Magic: How Can It Bring Tourists and Residents", *International Review of Public Administration*, Vol. 12, 2007, pp.10–18.

Clark, T.N., *Citizen Politics in Post-Industrial Societies*, Boulder: Westview Press, 1997.

Clark, T.N., *City Money*: *Political Processes, Fiscal Strain, and Retrenchment*, New York: Columbia University Press, 1983.

Clark, T.N., *Community and Ecology*: *Dynamics of Place, Sustainability and Politics*, Amsterdam, Netherlands, Boston, MA: Jai/Elsevier, 2006.

Clark, T.N., Daniel Silver, Lawrence Rothfield, *Scenes*, Chicago: University of Chicago, 2007.

Clark, T.N., Prophets, Patrons, *The French University and the Emergence of the Social Sciences*, Cambridge: Harvard University Press, 1973.

Clark, T.N., Rothfield, *Cultural Scenes and Urban Vitality*, Grant Proposal University of Chicago, 2005.

Clark, T.N., *The City as an Entertainment Machine*, Amsterdam: Elsevier B. V., 2004.

Clark, T.N., *The New Political Culture*, Boulder: West View Press, 1998.

Clark, T.N., *The Presidency and the New Political Culture*, American Behavioral Scientist, 2002.

Clark, T.N., *Urban Innovation*, Newbury Park CA: Sage, 1994.

Clark, T.N., "The New Chicago School—Not New York or LA, and Why It Matters for Urban Social Science", *American Political Science Association*, 2004.

Clark, T.N., "Making Culture into Magic: How Can It Bring Tourists and Residents?", *International Review of Public Administration*, Vol.12, No. 1, 2007.

Clark, T.N., Richard Lloyd, Kenneth K.Wong, Pushpam Jain, "Amenities Drive Urban Growth: A New Paradigm And Policy Linkages", *Amenities Drive Urban Growth: A New Paradigm and Policy Linkages*, Vol.1, Iss: 9, 2003, pp.291–322.

Clayton J., "Rational Expectations, Market Fundamentals and Housing Price Volatility", *Journal of Real Estate Economics*, Vol. 24, No.4, 1996, pp. 234–241.

Craig ed., *Community Participation and Geographic Information Systems*, London: Taylor and Francis, 2002.

Crampton, "Maps as Social Constructions: Power, Communication, and Visualization", *Progress in Human Geography*, Vol.25, No.2, 2001, pp. 11–13.

D. W. Miller, The New Urban Studies: Los Angeles Scholars Use Their Region and Their Ideas to End the Dominance of the "Chicago School", *The*

Chronicle of Higher Education, 2000.

Davis, Steven J., John Haltiwanger, "Gross Job Creation, Gross Job Destruction, and Employment Reallocation", *The Quarterly Journal of Economics*, Vol.107, No. 3, 1992, pp. 819–863.

Di Wu, Jefferson Mao, T. N. Clark, "The Influence of Regional Culture and Value in Sustainable Development of Chinese Urban Residential Choice", *2011 International Conference on Management and Sustainable Development*, 10. 1109/ APPEEC. 2011. 5749091.

Di Wu, Peng Gao, Jichang Dong ed., "The Influence of Regional Culture and Values on the Flow of Chinese Young Talents", *2011 International Conference on Computer and Management*. 10.1109/ CAMAN. 2011. 5778821.

Di Wu, Peng Gao, Jichang Dong, "Impact of Subsidy on Low–Rent Housing Lessees' Welfare in China", *International Journal of Information Technology & Decision Making*, Vol.11, No.3, 2012, pp.663–640.

Di Wu, Peng Gao, Jichang Dong, "Research for the Demand of Housing in Chinese Cities based on the Theory of Scenes", *Journal of Systems Science and Mathematical Sciences*, Vol.31, 2011, pp.253–264.

Di Wu, *The Research of Urban Residential Space in China: Based on Theory of Scenes*, Graduate University of Chinese Academy of Science, 2011.

Di Wu, Xiuting Li, Dongbin Cao, "The Study of Civic Residential Choice– A New Application of the Theory of Scenes in China", *GCREC*, 2011.

Ding ed., "The Effect of Residential Investment on Nearby Property Values: Evidence from Cleveland, Ohio", *Journal of Real Estate Research*, Vol. 19, No.1, 2000, pp.9.

Dipasquale D., Wheaton W. C., "Housing Market Dynamics and the Future of Housing Prices", *Journal of Urban Economics*, Vol.35, No.1, 1994, pp. 1–27.

Dobson, J. E., "A Conceptual Framework for Integrating Remote Sensing, GIS, and Geography", *Photogrammetric Engineering and Remote Sensing*, Vol.59, 1993, pp.1491–1496.

Eppled ed., "Equilibrium among Local Jurisdictions: Toward an Integrated

Treatment of Voting and Residential Choice", *Journal of Public Economics*, Vol. 24, No.3, 1984.

Ester Baauw, Mathilde M., Bekker and Wolmet Barendregt, "A Structured Expert Evaluation Method for the Evaluation of Children's Computer Games", *Lecture Notes in Computer Science*, Vol.3585, 2005, pp. 457–469.

Evans, Alan W., "The Assumption of Equilibrium in the Analysis of Migration and Interregional Differences: A Review of Some Recent Research", *Journal of Regional Science*, Vol.30, No. 4, 1990, pp. 515–531.

Everett. M., *Social Network Analysis*, Westminister: Textbook at Essex Summer School, 2002.

Farina, "From Global to Regional Landscape Ecology", *Landscape Ecology*, Vol. 8, 1993, pp. 153–154.

Faust, Skvoretz, *Logic Models for Affiliation Networks*, New York: Blackwell, 1999.

Firey Walter, *Land Use in Central Boston*, Westport Connecticut Greenwood Press Publishers, 1947.

Florida, *Cities and the Creative Class*, London: Routledge, 2004.

Florida, *The Flight of the Creative Class*, New York: Harper Collins, 2007.

Florida, *The Rise of the Creative Class*, New York: Basic Books/Perseus, 2002.

Frank and David Strauss, "Markov Graphs", *Journal of the American Statistical Association*, Vol. 81, No. 395, 1986, pp. 832–842.

Gamez Martine M., Monrero Lorenzo J. M., Garcia Rubio N., "Kriging Methodology for Regional Economic Analysis: Estimating the Housing Price in Albacete", *International Advances in Economic Research*, Vol.6, No. 3, 2000, pp.2–10.

Geoghegan, Jacqueline, Lisa A. Wainger and Nancy E. Bockstael, "Spatial Landscape Indices in a Hedonic Framework: An Ecological Economics Analysis Using Gis", *Ecological Economics*, Vol.23, No. 3, 1997, pp. 251–264.

Gerald D. Suttles, "The Cumulative Texture of Local Urban Culture", *The*

American Journal of Sociology, Vol.90, No.2, 1984, pp.283–304.

Glaeser, Saks, "Corruption in America", *Journal of Public Economics*, Vol. 90, No.6, 2006. Glaeser ed., Consumer City, *Journal of Economic Geography*, Vol.1, 2001.

Glen Weibrod, Moshe Ben –Akiva and Steven Lerrnan, "Tradeoffs in Residential Location Decisions: Transportation Versus Other Factors", *Transportation Policy and Decision–Making*, Vol.1, No.1, 1980, pp.22–34.

Griffith, Daniel A., "Spatial Autocorrelation", Association of American Geographers Washington, DC, 1987.

Harris, Ullman, "The Nature of Cities", *Annals of American Academy of Political and Social Science*, No.03. 1945, p. 242.

Hoyt, "The Structure and the Growth of Residential Neighborhood in American Cities", *Journal of the American Statistical Association*, Vol. 35, No. 209, 1940, pp. 205–207.

Inglehart, Ronald, *Culture Shift in Advanced Industrial Society*, Princeton University Press, 1990.

Ingrid Nappi Choulet, Tristan –Pierre Maury, "A Spatial and Temporal Autoregressive Local Estimation for the Paris Housing Market", *Journal of Regional Science*, Vol.51, No.4, 2011, pp.732–750.

J. L. Moreno and H. H. Jennings, "Statistics of Social Configurations", *Sociometry*, Vol. 1, No. 3, 1938, pp. 342–374.

Jacobs, Jane, *The Death and Life of Great American Cities*, Random House: New York, 1961.

Jane Jacobs, *The Economy of Cities Random House*, New York, 1969.

Jang, Wonho, "Urban Scenes and Creative Place: The Case of Mullae–Dong of Seoul", *Global Urban Studies*, Vol.4, 2011, pp.3–15.

Jansen S.J.T., "Developing a House Price Index for the Netherlands: A Practical Application of Weighted Repeat Sales", *The Journal of Real Estate Finance and Economics*, Vol. 37, No. 2, 2008, pp. 163–186.

Jeanty, P. Wilner, Mark Partridge and Elena Irwin, "Estimation of a Spatial Simultaneous Equation Model of Population Migration and Housing Price Dynamics", *Regional Science and Urban Economics*, Vol.40, No.

5，2010，pp. 343-352.

Jeremy Ginsberg，Matthew H. Mohebbi，Rajan S. Patel，ed.，"Detecting Influenza Epidemics Using Search Engine Query Data"，*Nature*，Vol. 457，2009，pp.1012-1015.

Joan Iverson Nassauer，"Culture and Changing Landscape Structure"，*Landscape Ecology*，Vol.10，No. 4，1995，pp. 229-237.

Kirk，William，August Lösch and Isaiah Berlin，"Problems of Geography"，*Geography*，Vol.48，No. 4，1963，pp. 357-371.

Knight，John R.，Jonathan Dombrow and C. F. Sirmans，"A Varying Parameters Approach to Constructing House Price Indexes"，*Real Estate Economics*，Vol.23，No. 2，1995，pp. 187-205.

Krige，"A Statistical Approach to Some Basic Mine Valuation Problems on the Witwa-Tersrand. J. Chem. Metal. Min. Soc"，*South Africa*，No.52，1951，pp. 119-139.

Lawrence A. Brown and Eric G. Moore，"The Intra-Urban Migration Process: A Prospective"，*Human Geography*，Vol. 52，No. 1，1970，pp. 1-13.

Losch，August，*Theory of Location*，English translation: New Haven，1940.

Lowell Dittmer and Lu Xiaobo，"Personal Politics in Chinese Danwei under Reform"，*Asia Survey*，Vol. 1，No.3，1996，pp. 132-154.

Lucas，Robert E.，*Lectures on Economic Growth*，Harvard University Press，2002.

Lynch M.，"Learning and Leadership: Cultural Change and the Sydney Opera House"．*International Journal of Arts Management*，Vol. 4，No. 3，2002，pp. 4-7.

Lynch，Kevin and Lloyd Rodwin，"A Theory of Urban Form"，*Journal of the American Institute of Planners*，Vol.24，No. 4，1958，pp. 201-214.

Lynch，Kevin，*The Image of the City*，MIT press，1960.

Malpezzi，Susan M. Wachter，"The Role of Speculation in Real Estate Cycles"，*Journal of Real Estate Literature*，Vol.13，2005，pp.141-164.

Mankiw N. G. and Weil, D. N.，"The Baby Boom，the Baby Bust，and the Housing Market"，*Regional Science and Urban Economics*，Vol.12，No. 9，1989，pp. 235-258.

Mannheim, *Man and Society in an Age of Reconstruction*, London: Routledge, 1940.

Mark, Jonathan H. and Michael A. Goldberg, "Alternative Housing Price Indices: An Evaluation", *Real Estate Economics*, Vol.12, No. 1, 1984, pp. 30–49.

Mead, *Culture and Commitment: A Study of the Generation Gap*. Chicago: University of Chicago Press, 1970.

Michael J. Dear, *From Chicago to LA: Making Sense of Urban Theory*, Thousand Oaks, CA: Sage, 2002.

Michael Storper, Allen J. Scott, "Rethinking Human Capital, Creativity and Urban Growth", *Journal of Economic Geography*, Vol.9, 2009, pp.147–167.

Mill, John Stuart, *Collected Works: Essays on Economics and Society*, University of Toronto Press, 1967.

Mind, Self, *Society: From the Standpoint of a Social Behaviorist*, University of Chicago, 1934.

Morancho, Aurelia Bengochea, "A Hedonic Valuation of Urban Green Areas", *Landscape and Urban Planning*, Vol.66, No. 1, 2003, pp. 35–41.

Muellbauer and Murphy, "Booms and Busts in the UK Housing Market", *The Economic Journal*, Vol.107, No.445, 1997, pp.1701–1727.

Nielsen. J., *Heuristic Evaluation, Usability Inspection Methods*, New York: John Wiley & Sons, 1994.

Olmo J. C., "Prediction of Housing Location Price by a Multivariate Spatial Method: Cokriging", *Journal of Real Estate Research*, Vol.29, No. 1, 2007, pp.91–114.

Olmo J. C., "Spatial Estimation of Housing Prices and Locational Rents", *Urban Studies*, Vol.32, No.8, 1995, pp.1331–1344.

Orford, "Modeling Spatial Structures in Local Housing Market Dynamics: A Multilevel Perspective", *Urban Studies*, Vol.37, No.9, 2000, pp.1643–1671.

Osland, Liv, "An Application of Spatial Econometrics in Relation to Hedonic House Price Modeling", *Journal of Real Estate Research*, Vol.32, No.

3，2010，pp.289-320.

P. Moran，Notes on Continuous Stochastic Phenomena，*Biometrika*，Vol. 37，1950.

Pace，R. Kelly，Bang R.，Gilley O. W.，Sirmans C. R.，"A Method for Spatial-Temporal Forecasting with an Application to Real Estate Prices"，*International Journal of Forecasting*，Vol.16，No.2，2000.

Pacione，Michael，"The Internal Structure of Cities in the Third World"，*Geography*，2001，pp. 189-209.

Park，Robert，Ernest W. Burgess and Roderick D. McKenzie，"The City：Suggestions for the Study of Human Nature in the Urban Environment"，Chicago，1925.

Paul W. Holland and Samuel Leinhardt，"An Exponential Family of Probability Distributions for Directed Graphs"，*Journal of the American Statistical Association*，Vol. 76，No. 373，1981，pp. 33-50.

Paul Waddell，"A Behavioral Simulation Model for Metropolitan Policy Analysis and Planning：Residential Location and Housing Market Components of UrbanSim Environment and Planning"，*Planning and Design*，Vol. 27，2000，pp. 247-263.

Poterba，"Housing Price Dynamics：The Role of Tax Policy and Demography"，*Brookings Paperon Economic Activity*，Vol.10，No.2，1991.

Preece，Jenny，"Building"，*Communications of the ACM*，Vol.45，No. 4，2002，pp. 37.

Preece. J.，Rogers. Y.，& Sharp. H.，*Interaction Design：Beyond Human-Computer Interaction*，New York：John Wiley & Sons，2002.

Quigley，"Housing Demands in the Short Run：Analysis of Polychromous Choice"，*Economic Research*，Vol. 3，No.1，1973，pp. 33-49.

R. E. Park，E.W. Bugerss，McKenzie，*The City*，Chicago：University of Chicago Press，1925.

R. F. Muth，*Cities and Housing：The Spatial Pattern of Urban Residential Land Use*，Chicago：University of Chicago Press，1969.

Richard Florida，*Who's Your City?How the Creative Economy Is Making Where to Live the Most Important Decision of Your Life*，Random House

Canada Press, 2008.

Ridker R.G., J.A. Henning, "The Determinants of Residential Property Values with Special Reference to Air Pollution", *The Review of Economics and Statistics*, Vol. 49, No. 2, 1967, pp. 246–257.

Robert D. Putnam, *Bowling alone: The Collapse and Revival of American Community*, Nova Iorque, Simon and Schuster, 2000.

Robson, B.T, *Urban Social Areas*, Oxford: Oxford University Press, 1975.

Roehner, "Spatial Analysis of Real Estate Price Bubbles: Paris, 1984–1993", *Regional Science and Urban Economics*, Vol.29, No. 1, 1999, pp. 73–88.

Ruoppila, Sampo and Anneli Kährik, "Socio-Economic Residential Differentiation in Post-Socialist Tallinn", *Journal of Housing and the Built Environment*, Vol.18, No. 1, 2003, pp. 49–73.

Sassen, Saskia, *The Global City: New York, London, Tokyo*, Princeton University Press, 2001.

Scott, Allen J., "Industrial Organization and Location: Division of Labor, the Firm, and Spatial Process", *Economic Geography*, 1986, pp. 215–231

Scott, *Social Networks Analysis*, London: Sage Pub, 1991.

Sean Holly, M. Hashem Pesaran, Takashi Yamagata, "The Spatial and Temporal Diffusion of House Prices in the UK", *Journal of Urban Economics*, Vol. 69, No.1, 2011, pp. 2–23.

Shiller, "Market, Volatility and Investor Behavior", *The American Economic Review*, Vol. 80, 1990.

Simmons, *Patterns of Residential Movement in Metropolitan Toronto*, Toronto: University of Toronto, Department of Geography Research Publication, 1974.

Skvoretz, "Biased Net Theory: Approximations, Simulations and Observations", *Social Networks*, Vol. 12, No. 3, 1990, pp. 217–238.

Smith, T.W.A.V. Clark J.O.Huff and P.Shapiro, "A Decision Making and Search Model for Intra-Migration", *Geographical Analysis*, No.11, 1979, pp. 1–22.

Soja, Edward, *Postmetropolis: Critical Studies of Cities and Regions*,

Malden, MA: Blackwell, 2000.

Stevenson S., "New Empirical Evidence on Heteroscedasticity in Hedonic Housing Models", *Journal of Housing Economics*, Vol. 13, 2004, pp. 136–153.

Stuart Gabriel, Gary Painter, "Pathways to Homeownership: An Analysis of the Residential Location and Homeownership Choices of Black Households in Los Angeles", *Presented at the 2001 Annual Meetings of the American Real Estate and Urban Economics Association*, 2001.

Sui, Daniel Z., "Gis, Cartography, and the Third Culture: Geographic Imaginations in the Computer Age", *The Professional Geographer*, Vol.56, No. 1, 2004, pp. 62–72.

Sweeney, James L., "A Commodity Hierarchy Model of the Rental Housing Market", *Journal of Urban Economics*, Vol.1, No. 3, 1974, pp. 288–323.

Taltavull, Paloma and Stanley McGreal, "Measuring Price Expectations: Evidence from the Spanish Housing Market", *Journal of European Real Estate Research*, Vol.2, No. 2, 2009, pp. 186–209.

Tiebout, "A Pure Theory of Local Expenditures", *Journal of Political Economy*, Vol. 5, No. 64, 1956, pp. 416–424.

Tobler, "A Computer Movie Simulating Urban Growth in the Detroit Region", *Economic Geography*. Vol. 46, No. 6, 1970, pp. 234–240.

Todd H. Kuethe, "Spatial Fragmentation and the Value of Residential Housing", *Land Economics*, Vol.1, No.88, 2012, pp.16–27

Wang Shouyang, Lean Yu, Kin Keung Lai, "Crude Oil Price Forecasting with TEI@I Methodology", *Journal of Systems Sciences and Complexity*, No. 18, 2005, pp. 145–166.

Wang Tao, Shao Yun-fei, *A Study on the Dynamic Expert Evaluation Method on Enterprise Technological Innovation*, 2010 International Conference on E-Business and E-Government (ICEE), 2010.

Wasserman, Faust, *Social Networks Analysis: Methods and Application*, Cambridge: Cambridge University Press, 1994.

Weber, Alfred, Theory of Industrial Location. 1909.

Weibrod, Moshe Ben –Akiva, Steven Lerrnan, Tradeoffs in Residential Location Decisions: Transportation Versus Other Factors, *Transportation Policy and Decision-Making*, Vol. 1, No.1, 1980, pp. 1–14.

Wellman, Barry, S. D. Berkowitz, *Social Structures: A Network Approach*, Cambridge: Cambridge University Press, 1988.

Wheaton, William C., "Urban Residential Growth under Perfect Foresight", *Journal of Urban Economics*, Vol.12, No. 1, 1982, pp. 1–21.

Wilson, James Q. and George L. Kelling, "Broken Windows", *Atlantic monthly*, Vol.249, No. 3, 1982, pp. 29–38.

Wolpert, Julian, "Behavioral Aspects of the Decision to Migrate", *Papers in Regional Science*, Vol.15, No. 1, 1965, pp. 159–169.

Yong hong Xu, "Using Repeat Sales Model to Estimate Housing Index in Price Engineering", *Systems Engineering Procedia*, Vol. 2, No. 2, 2011, pp. 33–39.

Zukin Sharon, "Gentrification: Culture and Capital in the Urban Core", *Annual Review of Sociology*, Vol.13, 1987, pp.129–147.

Zukin, Sharon, *Loft Living: Culture and Capital in Urban Change*, New Jersey: Rutgers University Press, 1989.

索　引

后　记

当键盘敲到这里，顿时又语塞了，此时此刻太多太多的感想浮现在我的心头。又是那么不经意间的一想，却又突然时光荏苒，思绪不知飞到了哪个夏天，当定过神来，这转念间却已然是 2013 年这个略显凉爽的夏天了。又是一个忙碌的季节，习惯性地从文件夹中调出了当年的各种"鸿篇巨著"，不经意间又五味杂陈地回忆起了那一篇篇饱含深情却又略显悲壮的"临别感言"。想想当年那么多的小幼稚，摸摸现在收不回的大肚子，我不禁感慨起来，学海无涯虽尚不敢轻言苦作舟，但至少我的体型已经为学术事业壮烈"牺牲"了。不过，好在令人欣慰的是，一本厚过一本的笔稿文山、一字贵过一字的科研收获，让我多少有了些许安慰。虽说是个艰辛的历程，还好，看起来我这人生重要的几个年头好在、好像、确实没有荒废。

自谦抑或是得意，这一刻，在之前这短短的 300 字里我想我已经释然了，剩下的只有说不完、道不尽的感谢。这是一个无尽的航程，老师、家人、同学、朋友，你们的关心、帮助和爱护是我一路走来最亮的启明星和最强的"核动力"。

现在我也是一名大学教师了，出于对这一职业的各种偏爱，我首先想要感谢的是我的授业恩师们。汪寿阳老师、高鹏老师、董纪昌老师，此时此刻我多么想说一句：师傅在上，请受徒儿一拜。但是想想，为了保持本书严谨的风格，我还是将这句话留在心底吧。真诚地谢谢中国科学院大学所有帮助过、关爱过我的老师们，你们的传道授业解惑之恩学生会永远铭记在心。我还要特别感谢芝加哥大学的 Clark 教授，感谢您将我带入了场景的世界。

我要深深地感谢我的父母。谢谢你们给我的最幸福温馨的家，这是我人生最最宝贵的财富。我要祝爷爷、奶奶、外公及我最亲爱的家人们快乐、健康。还有深深的思念送给我最亲爱的外婆。

特别的，作为大师兄，我想说：课题组可爱的师弟师妹们，你们是我最可爱的人，秀婷、董志、林睿、晓欣、贺舟、丹晓、曼綦、张欣、晨丹、孔倩、克成、李凌，谢谢你们。

最后让我感谢所有帮助过我、鼓励过我的人吧！我会继续地、好好地努力！

吴迪

2013 年 5 月于中国科学院大学管理学院 7 号楼